BCG
頂尖顧問教你
轉型思考術

用5個步驟挑戰舊規則
啟動新未來！

Thinking in New Boxes:
A New Paradigm
for Business Creativity

BCG巴黎分公司資深顧問
魯克‧德布拉班迪爾
Luc de Brabandere

BCG創意暨情境規劃專家
亞倫‧伊恩
Alan Iny——著

李芳齡——譯
BCG台灣分公司——審訂

目錄
Contents

Praise

各界推薦──全球 BCG 頂尖顧問‧業界領袖‧專業媒體

　　在好點子的生命週期愈來愈短、創造力愈來愈重要的現代，該如何超越傳統的創意生成方法，想出務實有用的點子？在充滿不確定性的年代，要如何為將來做更好的準備？如何產生更好的點子？你手上這本書，為這個有時看來似乎很抽象的課題，提供一個具體實用的方法，藉由擴展你的視角與眼界，幫助你因應可能面對的任何問題。這個方法已經證實對我們全球各地的客戶和團隊很有助益，《出版者週刊》（*Publishers Weekly*）評價本書為「任何敢於以新方式看待世界的領導者必讀的傑作」。魯克和我非常高興本書的繁體中文版即將問市。

　　　　　　──BCG 創意暨情境規劃專家、本書共同作者　亞倫‧伊恩

　　多數企業把創新列為重要策略要務之一，而創造力正是邁向這個旅程的關鍵第一步。本書開啟了看待機會的不同視野，幫助領導人和組織因應現今及未來將面臨的最艱難挑戰。讀者將可擺脫在傳統腦力激盪術中感受到的挫折，辨識出現行框架中的疑問或問題，

找出新穎且實用的新框架。

——BCG 創新策略主題全球領導人　安德魯·泰勒 Andrew Taylor

亞太地區是現今舉世變化最快速的地區，我們預期，未來六十年間，這個地區將出現超過 10 兆美元的新消費，誕生超過 2,000 家營收超過 10 億美元的新公司，投入龐大的基礎建設支出。這一切意味著，組織和領導人必須不斷地尋找「新實踐」，而非只是尋找「最佳實踐」。本書傳達的核心訊息之一是，沒有任何一個好點子可以永遠合用，我們必須不斷地重新評估束縛我們的假設與限制，本書可以幫助你做到這點。在這個地區快速變化演進和快速成長的經濟體中，BCG 和包括銀行業、零售業、電信業、媒體產業乃至於公共部門的許多客戶合作，透過創新和創造力來創造成長。我們很驕傲本書的繁體中文版問世，使我們得以繼續和企業界及其他領域分享我們的新思維。

——BCG 亞太地區主席　詹梅賈亞·辛哈 Janmejaya Sinha

想要準確預測未來是非常困難的事，在變化速度每分鐘加快的現今世界，這已經變得近乎不可能做到。不過，倘若你在新框架內思考，你能可靠地預測幾種不同的未來情境，並預做準備。本書正是指引你的組織和個人如何求生存的務實指南。

——BCG 合夥人兼董事總經理　李炅陣 K. J. Lee

台灣在高科技產業扮演不可或缺的角色，以高科技密度而言，台灣排名世界第二，僅次於美國。然而，我在台灣遇到的高階領導人都說，台灣的經濟前景未必樂觀。為什麼？實際上，台灣大科技公司的利潤率下滑，營收趨近零成長；台灣許多企業領導人說：「這

主要和創新有關，我們迫切想知道該如何促進創新。」談創新訣竅的書籍不少，但這些訣竅大多是無法複製的「最佳實踐」。但本書不一樣，書中介紹的是經過實戰考驗的方法，不僅在西方公司，也在亞洲的全球性公司被檢驗過，內含你可以依循的具體步驟。有人說，台灣欠缺行銷能力；有人說，台灣受到文化束縛。這些論點或許有其道理，本書也探討這些問題。你可以從未來往回檢視現在，辨識出變革管理的重要課題。我期望本書能引導你的公司做出改變，轉型為一個真正以創新為基礎和導向的公司。

　　　　　　　——BCG 資深合夥人兼董事總經理　太田直樹 Naoki Ota

　　本書新穎獨創且無比實用，提出一個全新的創新創意思考流程，這是一本真正值得從第一頁細讀到最後一頁的商管書籍。

　　　　　　　——荷蘭皇家飛利浦公司（Royal Philips）策略暨創新長
　　　　　　　　　　　　　　　　吉米・安德魯 Jim Andrew

　　本書作者憑藉對人性的深入了解，提出 5 個步驟的創意思考指南，幫助讀者克服束縛他們的框限，想像並創造其未來。在現今變化快速且競爭激烈的工作與生活環境中，這是人人必讀的佳作。

　　　　　　　——洛克希德馬丁公司（Lochheed Martin）技術長
　　　　　　　　　　　　　　　雷伊・強生 Ray O. Johnson

　　我相信，所有公司及品牌必須思考的基本改變之一是：如何有創意地思考以創新品牌，使品牌做到差異化。本書探討的就是這個主題。在這個快速變化的世界，我們必須以新穎思維和遠見走在別人前面，本書挑戰我們更有創意地思考，是我多年來讀過最棒的商管書之一。

本書向老狗傳授新把戲，啟發與實用性兼具，以完整且有條不紊的步驟指引你如何磨銳思考及發揮創意。

本書為創意思考及在組織中建立可持久的工作文化提供了優異的建議，為所有類型組織的員工與經理人提供非常有助益的工具。

這是一本敢於用新方式看待世界的領導者必讀的傑作。

Foreword

推薦序

——徐瑞廷
BCG 合夥人兼董事總經理

　　「你認為彩虹有幾種顏色？」多數讀者大概都會說是七種，但實際上有好幾千種顏色。人類為了便於理解，常會把事情簡化成幾種分類或是模型，以處理這世界上各類這些事情。這種心理模型，便是本書所謂「框架」（box）的意涵。

　　利用框架來理解、處理事情的例子隨處可見。我們常以客戶區隔（segmentation）的方式，將數以萬計的客戶簡單分成幾個類別，針對不同的客群來設計商品、制定價格或決定通路等。或者，我們用資產負載表與損益表等常用的財務報表，來了解一家公司的財務狀況。

　　框架可幫助我們快速掌握大致狀況，讓複雜的事情變得容易理解並應對。然而缺點是，我們的思考將會被這些設定好的框架所侷限。換句話說，會產生盲點。

　　這個時代，由於科技進步、訊息流通、全球化、法規鬆綁等因素，各個產業的競爭加劇，也越來越不穩定。在既有遊戲規則下的贏家，愈來愈有可能被制定新遊戲規則的公司打敗。因此，組織要

保持競爭力，必須要有一定的機制，來隨時檢視目前的思考框架是否過時，並適時有效的替換成新的框架。

各位可能常聽到要跳脫既有框架思考（thinking outside the box），其主要目的是鼓勵不要陷入既定思維，要有新的想法和作為。然而，常遇見的問題就是，「了解要跳脫原有的框架了，然後呢？」最後結果通常不是天馬行空、漫無目的的發散思維，就是脫離不了現實，仍被既有的思考框架綁架。

傳統「跳脫框架思考」的方法，主要是「先發散後收斂」，也就是說，先鼓勵你不設限地想一些新點子（發散階段），然後再選出其中更合適的（收斂階段）。本書提出的「在新框架思考」則採取更積極的手法，不只鼓勵你跳脫既有框架，而是先幫助你釐清並挑戰目前的框架，並提供你新的框架來源，最後還提供定期檢視的機制，讓你能有效的幫助組織換個框架來想事情。

在 BCG，我們主要利用「在新框架思考」幫助客戶做三件事。一是點子發想（ideation），幫助公司想新的產品點子、商機或商業模式；其次，幫助公司做情境分析，為未來提前做準備；最後，幫助公司制定新的願景。

首先，在發想階段，我們常用的一個新框架是宏觀趨勢（megatrend），即為未來約五至十年內發生機率較高的趨勢，如老齡化、都市化、健康意識、硬體大眾商品化等。BCG 內部有個團隊隨時追蹤約上百個宏觀趨勢的相關發展。在發想會議上，我們會預先篩選出幾個宏觀趨勢，說明各個宏觀趨勢可能帶來的商機後，與客戶的各個事業單位對照檢視。由於客戶的組織通常是圍繞著產品或服務區分，若以未來趨勢的角度來看，經常能激發出一些有趣的想法。

其次，在情境分析上，傳統的做法多為找出幾個重要變數如

GDP，預測其未來三至五年後可能的數值範圍，取其最高、最低與最有可能值，做出三種情境。這我們稱為預測性思考（predictive thinking），其目的是做出線性預測，期望未來能落在一個範圍內，而公司只要確保其策略與資源在該範圍內能夠充分應付即可。

然而，由於未來的不確定性大幅提升，預測未來變得越來越非現實。我們利用「在新框架思考」，提出了預期性思考（prospective thinking）的方式來做情境分析。簡單來說，我們不做未來的預測，而是思考「如果這件事發生的話怎麼辦？」（what-if scenario），針對幾個相對較為極端的情境去做準備。

舉例來說，如果你是電信營運商，可以從幾個角度去模擬未來情境，包括十年後的辦公環境、家居生活、學生的日常生活等，最後總結出的幾個未來情境中，可能出現資訊以零成本完全流通的狀況，也就是通話和數據都免費的情境；也有因為隱私或法規的限制，導致資訊流通的成本比現在更高的情境。若營運商能提早針對各種可能的情境做準備，就可能有較高的機率能存活。

最後，「在新框架思考」也能幫助公司重新思考自己的願景。過去已經有許多成功案例，如 BIC 從書寫工具的製造商，重新定位成用完即可丟的產品製造商。利用新的框架重新思考公司的願景，能夠幫助公司脫離現在的紅海，成功獲得下一波的成長動能。

每一位執行長、經理人、政府官員、小型企業主及員工都是一個個體，因此，縱使存在文化差異，我們都很容易被思維中的既有假設束縛。我們愈能辨識出那些束縛我們的舊框架，並且有系統地挑戰它們，就愈能產生新框架。本書提出的方法論與工具，皆由 BCG 經多年實戰使用測試，確實為許多客戶帶來效果。希望能對各位有所助益。

前言

　　徐緩起伏的丘陵間有座農莊，活潑的拉布拉多犬沙特（Sartre）天天躍過農莊後面的圍籬，跑進林間嬉戲，追逐松鼠。後來，圍籬被拆除了，想溜去林間玩耍的沙特終於不需要再跳過籬笆了。可是，每次來到從前的籬笆豎立處，沙特仍然縱身一跳。牠已經發展出根深柢固的記憶與假設，致令牠幾乎不可能注意到那地方已經沒有籬笆了。

　　沙特的行為，某種程度上相仿於牠的命名來源——法國存在主義哲學大師沙特（Jean-Paul Sartre）所撰寫的名劇《無路可出》（*No Exit*）裡三個主角的行為。嘉辛（Garcin）、愛絲黛拉（Estelle）和伊內芝（Inez），這三人被長期囚禁在名為「地獄」（Hell）的一間方形密室裡，他們渴望離開這幽閉恐怖的地方。可是，劇終時，房門突然打開，他們可以自由離去了，但他們卻害怕而不敢走出這房間，踏入未知的外界。

　　那隻拉布拉多犬繼續跳過空籬笆的行為可能令人覺得滑稽，存在主義大師沙特的劇作中，那三位可憐主角的困境可能令人感到有

點笨拙，但這些情節呈現了深層的人性真相。

為了對這個世界建構意義，所有人每天創造了無數的心智模式（mental model），我們在本書中稱之為「框架」（box）。這些框架當中，有許多將幫助你一段時間，就如同拉布拉多犬沙特跳過籬笆的方法幫助牠多年。但是，它們可能也會導致你窒礙不前，令你難以注意到周遭的重要改變。我們的大腦把我們拉向熟悉的事物，因此，我們依附著那些可能已不再適用的舊框架。多數人趨避風險，順從既有信念與看法，對事物的急遽變化視而不見。

在變動混亂有增無減的現今世界，這種知覺力的失靈可能使我們付出高昂代價。仰賴你的既有框架來簡化無窮無盡的未知，是有用的做法，事實上，也是無可避免的做法。但是，對任何一個心智模式過度仰賴或仰賴得過久，可能導致你錯失大好機會，使你未能看到重要的「圍籬缺口」，或是阻礙你在未知的混沌中成功（基本上，這就是《無路可出》一劇中三個主角的命運）。

我們是有數十年實務經驗的企業策略顧問，擁有和世界各地重要組織共事的經驗，因應可能影響成千上萬員工及數百萬顧客的重大挑戰。我們目睹贏家與輸家、領先者與追隨者、在變遷中升騰者與被擊潰者，他們的主要差別，在於我們稱為「在新框架內思考」（thinking in new boxes）的策略創意。這種思考結合了務實分析和源源不絕的創意，在新框架內思考時，你持續不斷地提出並檢驗假設，包括各種新的方法，以擁抱複雜性，並在不確定的環境中找到出路，準備好迎接必然出現的破壞與顛覆。

也許你是正要推出一個新點子的創業者，或是正在設計一棟耀眼雄偉大樓的建築師，或是苦思一套新軟體程式的工程師，或是想推動社會改革的政治人物，或是領導組織度過嚴峻經濟情勢的經理人。不論你面對的是什麼樣的挑戰，本書中敘述的創意思考流程都

能改變你詮釋周遭發生之事和解決問題的方式。儘管你不知道接下來會發生什麼（事實上，沒人知道），這個創意思考流程都能改進你領導團隊的方式。你將在許多面向重新發揮思考的充分力量，使用我們的務實思考流程，產生豐富流暢、擴展視野、改善生活、既實用又可靠的創意。

本書介紹的思考流程將幫助你想像、塑造，然後推出能幫助你和你的同仁打造出下一個便利貼（Post-it）或 iPad 的新設計、策略與願景；或者，至少能幫助你以全新的方式去思考商業創意。它將激發你想像多種可能的未來事業情境，讓你做出更好的準備。它甚至能引導你更開放地思考你的人生，教你如何詢問正確的問題，使你更能在私生活與職場上達成目標。

我們保證，本書將引領你學習不同的、更有成效的思考方式，這將改變你的事業經營方式以及生活方式，而且，這些改變將非常有趣。

新事實的新思維框架

首先問一個很簡單的問題：彩虹裡有幾種顏色？

你會說五種？七種？十種？在學校裡，你可能學到彩虹有固定數量的顏色，常見的解釋是，人的眼睛只能看到七種顏色——紅、橙、黃、綠、藍、靛、紫——許多人在兒時被告知彩虹有七種顏色。不過，這不太正確。至少，根據物理學，彩虹是顏色的連續光譜。為應付類似這樣的複雜概念（在此例中，彩虹有無限種顏色），我們的心智做了簡化工作，把物理事實放到一個更容易估算、處理的「框架」中。*

框架的類型很多，包括見解、方法、理念、戰術、理論、型態、策略等等。人的每一個想法可以用無數的心智模式（或「框架」）來表達與（或）詮釋，你的大腦不停地使用框架，你才得以應付和處理事實。大腦非得這麼做不可，因為這世界為我們呈現無數的人、

---

* 事實上，許多研究顯示，我們的眼睛通常只能看到彩虹裡的六種顏色（沒有看到靛色），因此，我們的心智回答：「七種顏色」（因為我們從小到大被如此告知），其人為使然的程度遠超乎我們的覺察，這個回答可能跟文化有關，在很多文化中，「七」是一個特別的數字。

地、事、物，我們得使用型態和系統來簡化它們，把它們分門別類。

我們全都有許多大大小小的框架，最小型的框架是把相似的東西歸成一類，例如「消費性電子產品公司」、「我居住的社區的咖啡店」。稍大一點的框架例子，包括刻板印象或判斷，例如「我們的顧客喜愛巧克力」、「籃球員個頭都很高」。至於「民主」或「自由」之類的典範，則是非常大的框架，大到你有時甚至不知道它只是一個框架，就像在一艘非常大的船上，大到令你忘了自己是在大海上。其他大大小小的框架，包括我們普遍稱之為結構、假設、架構、心態、參考系統等等的東西。

所有這類框架使這個世界變得更可以掌控與應付。我們經常把各種經驗和觀察到的資訊分門歸類，並且試圖用這些框架來理解事物，對事物建構意義。但縱使是看似最明顯、被廣為接受的框架，我們也不應把它們和事實混為一談，舉例而言，會計帳目只不過是對過去財務情形的縮影，不能正確代表目前的財務情形；把顧客區分為各種市場區隔，固然實用，但這仰賴人為的區分與歸納，具有扭曲作用。

除了簡化，框架也是你的心智對事實的含糊表述。你的腦海裡可能對「Google」標誌的六個字母顏色有一個看似牢固的印象，但你能很有把握地說出哪些顏色重複出現兩次嗎？你的框架幫助你對事物建構意義，但只能到一定程度的詳細（在此例中，其詳細程度是足以使你不會把 Google 的標誌和其他公司的標誌搞混），只能維持一定的期間。所有框架都可能需要修正、改進、甚至更換。

舉例而言，你在一家餐廳吃晚餐，一位看起來五十多歲、西裝筆挺的銀髮男士走進餐廳，身旁伴隨一位比他年輕許多、穿著牛仔褲及 T 恤的女性，他們的容貌有點像，你立刻研判他們是父女。但是，他們在你隔壁桌坐下後，你注意到一些明顯特性，漸漸了解更

多。也許，這位男士向這位年輕女性提供一個投資機會，你研判她是他的一個富有客戶。也許，他們手握手，你研判他們是配偶。或者，他們想吸引你的注意力，好讓他們的同夥趁機偷走你的皮夾。不論如何，你無法免於做出一個解釋，無法免於建立框架。

在企業界，這類一連串的「研判」無時無刻不在發生。舉例而言，你公司的執行長出人意料地發布一項人事異動，任命一位新的財務長，並且感謝前任財務長的貢獻，贊許她想花更多時間和家人相處。你可能相信此宣布的表面說法；或者，你可能研判前任財務長和執行長不和，這可能是因為你在茶水間聽到有關於財務失當的謠言，幾天後，公司宣布新的經費報銷規定，於是，你研判前任財務長浮報她的費用。或者，你聽說董事會召開緊急會議，執行長極力爭取保住他的職務，因此，你研判原任財務長被他拿來作為犧牲的棋子。

當我們看到一架飛機在非洲失事或是兩家公司合併的新聞時，我們立即想到這些事件如何發生及為何發生，所有這類例子顯示，你對事實的詮釋隨著你收集到的資料而演進。就如同科學家先提出暫時性假說（working hypothesis），經過實驗或調查後，再修正成為更可靠、更有把握的「理論」，你也根據新資訊來修正與改進你的框架。當修改不足以解決問題時，例如新獲得的觀察和你現有的框架完全不相容時，可能需要一個徹底不同的框架。

此外，仰賴單一框架通常並不足夠，這世界的複雜性需要你經常在多個理論、模式和策略之間切換。就如同你用以描繪餐廳那對銀髮男士和年輕女性的「框架」隨著你的觀察而改變演進，你也使用並更新其他的心智模式，例如這湯是否美味；用哪一支叉子吃甜點；當服務生詢問你是否滿意你的餐點時，要不要誠實告知；該給這位服務生多少小費。

必須知道的是，你眼前多面向而難以了解的世界，和你心智中認知、詮釋與簡化的世界，兩者有重要的差別。就如同我們常說的，人們使用他們的心智模式或框架（例如觀念與刻板印象）來處理複雜、不斷變化、且通常混沌的眼前事實。

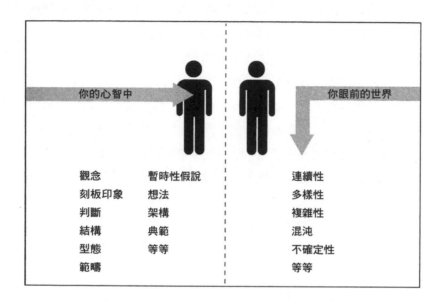

我們相信，在變化加快和充滿挑戰的世界，想要更有創意，想要生存繁榮，你不能只是「跳脫框架」思考（think outside of the box），你必須學習以新框架思考，這指的是刻意地（非僅是下意識地）創造各種新的心智模式，並且有條理地探索和排序它們。

沒有框架，就無法思考

不使用各種心智模式（亦即框架）來簡化事物，你根本無法思

考或做決策，更遑論產生新點子，或是在看到一個好點子時能辨察它。多數時候，思考包含了分類（classification）流程：你的大腦面對事實——許多的刺激、元素和事件，為理解所有不同的外界輸入，你的心智仰賴大腦已經創造出的既有範疇來處理它們，或者，若這些既有範疇中沒有一個和眼前的事實相符，你的心智便會創造新的範疇。

你可以把心智想成一個有分隔和抽屜的大櫥櫃，用來整理混亂的事實，把事實分門別類成更容易理解與處理的東西。我們用分門別類來創造秩序，把具有一些相同或共通性質的東西歸成一類。不先把事物放在這類框架裡，我們就無法應付真實生活的許多複雜層面，這些框架是人類思考與創意的材料。當身為銷售員的你說「我的顧客」時，或是身為教師的你說「我的學生」時，你就是在使用一個框架來範疇化，或是在你的腦中想像一群顧客或一群學生。這不同於說「我的小孩」或「我的辦公室」；通常，「我的小孩」或「我的辦公室」指的是很確切的人事物，但「顧客」或「學生」的集合體大到需要做出簡化。

在猶太教和基督教通用的聖經中，神把亞當安置於伊甸園，叫他成為其他動物的主人：「神說：『我們要照著我們的形象，按著我們的樣式造人，使他們管理海裡的魚，空中的鳥，地上的牲畜，和全地，並地上所爬的一切昆蟲。』」[1]

為建立他的主宰力量，亞當所做的第一件事是什麼呢？他為每一種動物取名。實質上，這是亞當在說：我是獅子的主人，因為我告訴牠：「你是獅子」。我是熊的主人，因為我告訴牠：「你是熊」。名字不存在於任何地方，只存在於我們的心智裡，但人們需要它們，以便處理事實。為動物、事物及事實的其他面向取名，我們才能做

1　Genesis 1:26.

出區分、做出判斷，在事物間建立連結，形成秩序，施加掌控；最重要的是，將事物區分為更容易了解的範疇。

其實，最早形式的框架之一、大概也是人類史上最重要的發明之一，就是範疇（category）。亞里斯多德在其著作《工具論》（*Organon*）中建立了十種範疇（包括「量」、「場所」等等），以組織可作為一論點中的主語（subject）和述語（predicate）的所有可能種類事物。他這麼做等於為邏輯學建立基礎，引領出更形式化的人類推理。*

當然，範疇只是比較簡單的一種框架，我們的思考還需要許多其他更複雜的心智模式，包括刻板印象、型態、系統、法則、假設、典範等，這些框架幫助我們應付事實。若你跟多數人一樣，會與飢餓的獅子保持安全距離，因為你的心智中已經形成一個「肉食性貓科動物」的框架，視獅子為危險的野獸。每當你看到一種動物貌似你曾經見過、並予以分類的其他動物，你就會把新想法放入那些先前的框架裡，這些框架會指引你做出立即的反應。

人都喜歡降低不確定性，事實上，他們迫切需要降低不確定性，因為未知總是令人感到非常不安。框架是簡化與減輕你的焦慮感的一種捷徑，在思考真實生活中的狀況或問題時，你把它人屬化：你根據截至目前為止曾經出現於你眼前的所有事物，使用你的判斷、假設、範疇及其他的心智模式，照著你的形象，按著你的樣式，重新創造這個世界。你需要這些框架來產生進一步的相關想法——不論是互補或對立，密切相關或非常迥異的事物。

---

*　亞里斯多德為何會提出十種範疇，而不是八種、九種或十二種呢？著名的法國語言學家艾米爾‧本溫尼斯特（Emile Benveniste）認為，理由很簡單：在希臘語中，動詞「to be」有十種不同說法，包括「I am」、「I am in France」、「I am a man」、「I am happy」等等，亞里斯多德觀察到這十種「to be」的用法，這是呈現於他眼前的事實，因此他心智中認知到十種很有幫助的範疇。若亞里斯多德住在「to be」用法更多或更少的其他地方，他提出的範疇種類可能增加或減少。

由此可見，框架是速寫，是你的心智在簡化、命名與架構事物（例如一頭飢餓的獅子、一個哭泣的嬰兒，或你的朋友的國家出現的群眾暴動），使你能夠決定如何做出最佳反應。

跳脫框架思考還不夠

但是，你如何使用框架來產生新創意與方法呢？

傳統的創意或創新研習營鼓勵你跳脫框架思考，數十年來，這類研討會的主持人呼籲人們這麼做，但這建議有三個基本問題：（1）很難做到在框架外思考；（2）你的框架很多，要決定跳脫哪一個或哪幾個框架，很不容易；（3）就算你能研判決定要跳脫哪一個框架，這也往往不夠，你仍然需要一個新框架，因為沒有框架，我們的心智很難有效思考。

設若你是芝加哥市中心一家銀行的高階主管，在一場公司的研習營中，有人要求你跳脫框架思考，在此境況下，「跳脫框架」並非指跳脫於銀行外，而是指跳脫你對你的銀行的**認知方式**，可能也指跳脫你對於一般銀行的暫時性假說。

換言之，框架並不是有形的東西，它是存在你心智中的一個模式。你形成的每一個心智模式，不論它們多麼高明或實用，最終都將需要更新與更換，因為在你的框架固定不變的同時，世界不停地演進。那隻名為沙特的狗聰明地跳過阻擋牠去農莊後林探險嬉戲的籬笆，但後來出現改變，籬笆被拆掉了，牠那跳過籬笆的舊型態已經不再有道理，不再有用處了，牠需要丟棄牠的舊框架，建立一個新框架，在此新框架中，他眼前的世界不再包含那道籬笆。

沙特狗未能認知到，心智模式可以指引你，釋放你，但它們也

可能遮掩真相，阻礙你。它們使你陷入僵化的假設和陳舊的行動途徑，把你推向陳規舊習，它們阻塞你的創意，束縛控制你。

　　光是「跳脫框架思考」，為何行不通？主要原因之一是難以做到，通常是不可能做到。如同沙特狗的情況，一般需要時間和努力，才能改變心智模式，形成有用的新心智模式。其次，你通常使用不只一個框架來處理任何一個狀況，因此，你使用了無數的理論、假設或方法，這意味的是，研判你應該「跳脫」的是哪一個框架並不容易。最後，就算你能從你使用的眾多框架中辨識出應該跳脫哪一個，你仍然難以跳脫其外而思考，因為這個框架外的空間太廣大，在這麼大的未知空間中漫遊徘徊，是相當困惑之事。

第一個「框架外」的框架

「跳脫框架思考」這句話的初源難考，似乎是出自 1960 年代和 1970 年代的企業文化。一般相信，這句話最初指的是如今人們所熟悉的、用以激發創意思考的「九點連線謎題」（nine-dot puzzle）。這個謎題要你以四條直線一筆到底連結方格內的九個點，如下圖所示。

乍看之下，似乎不可能做到，事實上，若你的筆不離開這九個點構成的方格的話，確實不可能做到。唯一的解方是把至少一條線延伸至這方格的界限外（參見下圖），這就是「框架外」（outside the box）一詞的由來。[2]

---

* 「九點連線謎題」的發明者到底是誰，也有爭議。有人說是英國學者、領導力主題專家約翰・阿戴爾（John Adair）在 1969 年探討企業文化時提出的，管理顧問麥克・范斯（Mike Vance）則說，這個謎題源自迪士尼公司總部。最早引用「框架外」一詞的是 1975 年 7 月刊的《航太週刊》（*Aviation Week & Space Technology*），但「不受框限的思考」這個概念起源更早，例如 1945 年時，愛荷華州的《歐文每日記事報》（*Oelwein Daily Register*）如此定義藍天思維（blue-sky thinking，樂觀思維）：「十足的思考，推想，在藍天中馳騁想像。發掘事實使我認識了藍天思維理論。」

2　Sources regarding the concept "thinking outside the box" include http://en.wikipedia.org/wiki/Thinking_outside_the_box, www.phrases.org.uk/meanings/think-outside-the-box.htm, and John Butman.

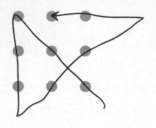

　　這個經典謎題激發人們探討舊式商業創意模式的兩個基本問題：第一個問題是：「你使用怎樣的框架？」第二個問題是：「你如何在這些框架外思考？」

　　回答第一個問題時，通常是思考諸如下列問題：我從事的是哪種事業？我的大部分時間在做什麼事？哪些技巧使我獲益？我在我的事業日常活動中思考時，抱持哪些假設（包括明言或未明言的假設）？

　　設若你出席一場會議，在座的是汽車業主管，那麼，你們抱持的最牢固框架之一可能是：「我們是一家汽車業公司」；若在座的是會計師，你們抱持的最牢固框架之一可能是：「我們是一家會計師事務所」。*這種創意模式認為，若你是一位會計師，當你用「特定方式」來思考事情時，意味著你會像個會計師般地思考。傳統的創意理論敦促你跳脫這類框架之外，但是，這種思維的最創意元素通常是在框架外沿著框線去思考：「我們的競爭者是否採取什麼不同做法？若是的話，我們應該仿效他們嗎？」

　　現在，想像一下，若要求你以完全不同行業的人士（例如軟體工程師、護士或飯館酒保）來看待一家會計師事務所，這種方式的框外思考將加入一種不同元素，可能會產生更不傳統、更有創意的

＊　　切莫誤以為本書在鼓勵「創意會計作帳手法」。

思考。軟體工程師會不會把會計視為一套基本原則加上一套附加的「應用程式」呢？護士會不會根據財務問題的嚴重程度來區分客戶呢？「跳脫框架思考」不會自然地激發你去做這種天馬行空的思考。

我們並不是說「跳脫框架思考」是無用的做法，它可能是用以檢視事業問題或其他創意工作的重要方法，問題在於，它雖幫助人們避免提出太明顯或太因襲的解方，但沒能指引人們往何處去尋找最佳解方。要求人們避免太因襲守舊的思考，就如同要求他們別走幹道，但未提供他們改走哪些道路，或他們是否應該考慮搭飛機或搭乘火車的任何資訊。

所以，與其要求你去思考如何用四條直線來連結九個點，我們更偏好要求你去思考另一個問題，這個問題更能象徵我們在本書中介紹的「新典範」。

請看下圖的正方形，試想如何把它等分為四塊？有哪些不同方法可以這麼做？

如下圖，你可以畫一條直線和一條橫線；或者畫對角線；或把它區分為四條塊。

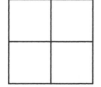 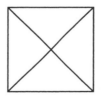

還有其他選擇嗎？你是否考慮到其他可能的形狀？

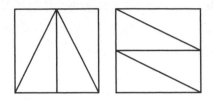

你有沒有想到把它區分為既非三角形、亦非矩形的方法？像是把「X」線旋轉一下，或使用非直線來區分？

你已經開始看出，解答可能有無限種。我們還未嘗試使用曲線來區分呢：

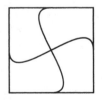

愈深入思考，你就愈能確定，有無限的方法可以把正方形區分為四等分。當你在你的心智中形成種種這類模式時，你認知到了新

視野的開啟：可能永無止境的新視野。這種從幾個解答躍至無窮解答的情形，就像從「跳脫框架思考」躍至「新框架」：你徹底改變你檢視問題的方式，了解到你眼前的可能性有多麼寬廣。

大逃離

多年前，在巴黎舉行的一場研討會上談到「跳脫框架思考」。會後，某個與會者上前詢問我們：「你們談的這個框架到底是什麼？」

提出此疑問的矮個頭男士很聰穎，他了解我們所謂的框架只是一種隱喻，但他逼問更多解答：「這框架是誰建立的？可以拆除這框架嗎？我為何應該試圖擺脫它？跳脫這框架，如何幫我產生新想法？」

此人的聰慧提問促使我們開始疑問，要求人們「跳脫框架思考」是否有用？這幾乎就像在告訴他們，他們被他們的框架囚禁，應該逃離！就某種意義而言，我們的框架的確把我們束縛於特定的世界觀，跳脫框架思考意味的是逃離至少一條栓繩。不過，更廣義地來說，我們認知到，唯有人們真的覺察他們身陷某種監牢裡，並且了解這監牢的細節，他們才會明白我們為何要求他們逃離這監牢，以及該如何試圖逃離。他們將需要了解是哪些規矩與做法把他們束縛於他們的模式上，哪裡是脆弱點，他們必須如何做才能發現這監牢的缺口，並從其中一個缺口逃離。一旦他們逃離這監牢後（亦即跳脫此框架後），他們還需要知道該前往何處，這指的是他們得尋找新框架。

我們很快就認知到，在巴黎的那位聰明男士扮演了尋求自由的

被監禁者角色，他具有最終引領出自由解放的好奇心和務實的創意推理。其實，光是主張擺脫框架（或逃離監牢），並不會帶來自由，你必須深思這框架的性質，疑問當初為何會形成這框架，力圖了解那些掌控它的策略與約束，這些是你邁向自由的頭幾步。誠如我們將在本書中強調的：懷疑是邁向創意與解放的關鍵第一步。

如同劇作《無路可出》中的三位主角，人們往往極難察覺自己被一個模式束縛，尤其是當這模式存在於他們的下意識裡，或是緊密地編織於文化或他們的期望之中，致使他們不再能夠看出這根深柢固的模式對他們形成多大的阻礙。你之所以難以擺脫你的現有框架，可能是因為你太熟悉、太自在於這個框架，超脫此框架外的無垠空間看起來太不確定，危險四伏。

我們相信，追求創造力就是追求自由的壯舉：你必須自由，才能有創意；但你首先得覺察你身陷監牢，你才會追求自由。不論是多麼聰明的人，不論是運作得多好的組織，歷經時日，全都不免被自己的框架束縛。

當你對你的任何框架提出疑問時，你也在質疑你自己，質疑你的心智能力。當你詢問「這是怎樣的一個框架？」時，你也必須捫心自問：我是怎樣的一個被囚禁者？我身陷怎樣的監牢裡？我該如何逃離這監牢？一旦獲得自由後，我將尋求建立怎樣的世界？

換言之，你必須先意識到你的現有心智模式的存在，並且開始懷疑和研究它們，你才會開始尋求擺脫它們。這也意味著你先形成新的心智模式，然後擺脫舊的心智模式，再形成更多的心智模式。

由於你的大腦需要模式或框架，才能夠思考，因此，想要務實地創意，想要在充滿不確定性的世界中應付變化，你首先必須更加了解你的現有框架，再發展出**各種**新框架來應付情況或課題。接著，你才能謹慎選擇使用哪些框架，儘管，你必須擁抱在這麼做時必然

存在的不明確性。這些新模式——這些新框架，這些新的思考方式讓你不僅看到可能性，也看出你必須做什麼，才能夠生存與繁榮。

　　追求建立新框架，你可能會覺得這聽起來很困難，但是，使用本書提供的指南，並佐以一些練習，這將會變得更容易、更直覺化。

CHAPTER 2

如何創造並使用框架

請完成以下句子:「……是一種鳥。」接著,完成這個句子:「鳥是一種……」

你覺得這兩道題目,哪一個比較容易?多數人能快速且輕易地提出鳥的例子:鳩、烏鴉、麻雀、鴿子……

第二個句子可能稍難點,我們猜想,你會想一想,然後,你可能會說:「鳥是一種動物。」若你如此完成這個句子,沒什麼好丟臉的,不過,我們也不會稱讚你,因為這個回答落入一般所謂的「舒適區」,並沒有充分運用我們提供給你的創意自由。

在試著完成第一個句子時,你別無選擇,只能尋找鳥的例子;你沒有冒險的自由,這是較自然而然的思考模式,你被卡陷於「鳥」的框架中。但在試著完成第二個句子時,你可以做的事太多了,你可能說:鳥是一種會飛的東西;鳥是一種人們喜愛觀看的東西。你可能說:鳥是一種有羽毛的東西;或鳥是一種自由的象徵。你也可能提出更刺激、更令人吃驚的回答,例如:「鳥是一種我想烤來吃的東西」,或:「鳥是一種適合關在籠裡、擺在我家客廳的東西」。

換個方式來說，你可以自由地違反你的第一邏輯，冒個險；你有機會建立許多不同的框架。

這兩個例子迫使你以兩種不同方式思考：在回答第一個句子時，你使用的是**演繹性**思考（deductive thinking）；在回答第二個句子時，你使用的是**歸納性**思考（inductive thinking）。這樣的挑戰能讓人們體驗這兩種思考方式，並且鼓勵他們充分利用歸納性思考的創意自由，而非只是簡單回答：鳥是一種動物。

在做演繹性思考時，你的心智使用一種邏輯流程（例如基本算術）來解答一個只有一種可能解答（或只有有限正確解答，例如鳥的例子）的問題。當你使用演繹推理去解答一個問題時，你以後將會持續想到這個解答。

500 減 400 等於多少？唯一的解答是 100。光速是多少？只有一個正確回答：299,792,458 米／秒（但你可以用不同的單位作答，例如 186,282 英哩／秒）。什麼東西是鳥的一種？有很多可能的回答，但它們全都演繹自你的「鳥」的框架裡的相同事物子集，任何一個回答要不就是正確，要不就是不正確。

在做歸納性思考時，你的心智可以朝許多不同方向，自由地做出新聯想、冒險、發明、想像，其最終結果可能仍然合乎邏輯，但也可能是非常出乎意料之外的邏輯。在歸納性思考之下，眼睛看到的只是表象，事實上，眼睛（以及心智）經常會欺騙你，因為它簡化了你眼前的世界，這種簡化有時無害，有時有害。

在面對你眼前的世界時，你如何詮釋它？根據你的邏輯推理，抑或根據你的想像？使用客觀標準抑或主觀標準？換個方式來說，演繹及歸納是幫助你解決問題的兩種不同思考方式。

歸納指的是，你觀察到某個事物，使用此資訊來創造新的心智模式，或是更新既有的心智模式。例如，你今天閱讀到有關於祕魯

的有趣之事，你決定今年秋天去那兒旅行；或是你對你的顧客進行問卷調查，並根據這個調查結果，對此市場發展出一種新的區隔方法。

演繹指的是，你使用你的既有心智模式來做出行動；你有一個想法，並以此來面對或改變世界。例如，你明天可能花時間為你的秋季祕魯之旅做準備（例如，預訂今年 10 月前半個月中最廉價的班機，或是看看你的朋友當中有沒有人在祕魯有熟人），或者，你打電話給一個廣告與行銷代理商，為你的每一個新的顧客區隔分別研擬行銷計畫。

簡言之，演繹性思考使用既有的框架，歸納性思考創造新的框架。這兩種思考方式對於務實的創意都很重要，但不是同時重要（見下文）。為了建立新框架，在新框架內思考，你必須充分了解這兩種思考。

來看看在商業領域如何並用歸納及演繹。若你從事財務性質工作，或是曾經上過初級會計學，你應該熟悉複式簿記法（double-entry bookkeeping），這是會計中被廣為採用的記帳方法，每一項活動必須分別在貸方與借方記入相同金額，例如，當你以 10 元賣出一項東西時，現金項目增加 10 元，存貨項目減少 10 元。

複式簿記法的概念是 15 世紀時達文西（Leonardo da Vinci）的共同研究者暨數學教師帕奇歐里修士（Friar Luca Pacioli）編纂出來的，但在此之前，已有人試用過了。帕奇歐里修士推出此方法時指出，一個成功的商人需要具備三樣東西：足夠的現金或信用額度、優秀的簿記員，以及能夠讓他一目了然其業務狀況的會計制度；複式簿記法似乎符合第三項，因為你可以在任何時候快速看出每一個帳目裡有多少金額。

就某些方面而言，複式簿記法比之前的單式簿記法更為複雜，

例如，在單式簿記法下，只需記錄你在一天結束時有多少現金，不需要有分別的資產、負債等等帳目。但是，複式簿記法使你對獲利、淨值，以及資本與收入的區別有更穩健的了解，也內建了一種抓錯機制。＊

自出現這種歸納性思考得出的新框架後迄今，世界已有了顯著改變，稅務、外匯、證券交易、企業購併等等的會計複雜程度已顯著提高，但會計制度的基本核心並未改變，過去幾個世紀，我們在這個五百多年前以歸納性思考得出的框架上演繹創造。[1]

數學領域的複數概念也是類似情形。在複數概念於 16 世紀出現之前，並不存在負數的平方根，這使得一些多項式無解。自從數學家使用歸納性思考得出複數或虛數概念的框架，並定義「i」為－1 的平方根後，幾世紀以來，工程學、電磁學及量子物理學等領域以這突破為基礎，演繹出非常重要的應用。

現在，我們回顧第 1 章的圖（見右頁），讓你了解你的思考如何在這兩個空間之間來來回回流動。

在西方社會，演繹性思考固然重要且受重視，但歸納性思考是更深廣的思考形式。歸納性思考促使你詢問問題，挑戰僵化的規則和陳舊的架構，冒那些你在演繹性思考中無法冒的險。歸納性思考總是會增添東西，這種思考形式最有可能產生創新的發現。歸納性思考不是純粹且客觀的邏輯，這有部分是因為它和你的潛意識、你的主觀經驗，以及你個人的參數有關，任何兩個人看到的和詮釋的眼前世界不會完全相同，他們使用這些詮釋來建構新模式的方式也

＊　譯註：在複式簿記法中，借貸不平衡就代表其中有帳目不正確。

1　Sources for the presentation of double-entry bookkeeping include Michael Chatfield, *A History of Accounting Thought* (New York: Dryden Press, 1977); http://en.wikipedia.org/wiki/Double-entry_book-keeping_system; and Regina Libina, "The Development of Double-Entry Bookkeeping and Its Relevance in Today's Business Environment" (Honors College Thesis, Pace University, 2005)

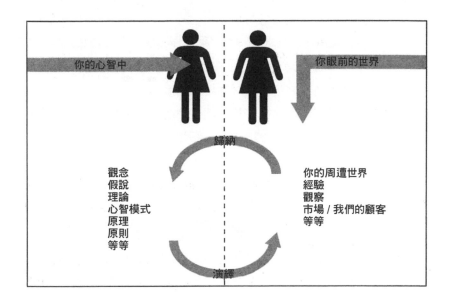

不會完全相同。幾乎所有人都低估了歸納性思考的用處，未能充分利用這種思考形式，了解並擁抱歸納性思考，對你所有的生活層面都有莫大益處。

我們再來做個練習。看看下面列出的字詞，試著分類：

數字／數位	直線	對角線	加法
除法	無限	曲線	公釐
等式	方程式	邊	點
圓	周長	直徑	面積
三角錐	減法	極限	導數
23	矩形	角	小數
定理	圓周率	分母	百分率
分數	形狀	圓錐	0
體積	表面	數／數目／數字	稜／邊

快速檢視後得出一些邏輯分類：運算；同義字；數／數目／數字；幾何形狀。例如，除法和減法都是運算；表面和面積可算是同義字；23和0都是數字；圓錐和三角錐都是幾何形狀。

我們全都迫切需要分類，若我們無法把這些字詞或項目分類歸屬於現有的類別，我們便會試著建立新類別，或是把它們丟到「其他」或「雜項」類別裡。

但是，倘若你給自己機會的話，你可能會歸納出更進階（且較不明顯）的類別，例如相反類別（加法與減法是相反類別），或是四個字母拼湊而成的字詞、偶數字母拼湊而成的字詞，或英文與法文相同的字詞。多數人會說這些分類更有創意，你可以接著使用演繹法來把一些項目歸屬到你已經建立的類別裡，哪怕是一種「出乎意料的邏輯」，還是邏輯且客觀的思考。

你是否考慮到根據這些字詞的相對美麗程度來分類它們？或是根據你喜歡的字詞或不喜歡的字詞來分類？或是你認為所有小孩到了八歲時都應該能夠拼出的字詞來分類？這種分類更主觀，需要不同方式的創意去運用歸納性思考。

不論如何，當你看到一列字詞時，很難不立即開始用邏輯或主觀的標準與規則去分類它們。分類是思考的最初運作之一，不使用這類框架的話，人類的心智無法運作。若你善於將資訊分門別類，將其儲存在適當的認知區域，記憶它，並在需要時取用它，社會總是因此給予你好報酬。許多教育年輕人的傳統方法（包括死記數學公式、使用標準化的選擇題測驗），強調執行這種演繹思考工作的能力。在看到上列字詞時，人們總是對他們的分類方法感到不滿意，因為沒有方法可資確認他們的答案是否正確。這世上可不是只有幾個數學名詞、幾種顏色、幾個城市而已，所以在分類時，我們往往

被迫必須折衷。真實生活裡，多數時候也是如此。

但在其他問題上，則是潛伏著發揮創意的機會，你該選擇哪些框架？你該給它們取什麼名稱，根據什麼標準？

在回答這類問題時，你被迫超脫非原創的、現成的資訊，做出更深廣的思考，這將引領你朝向一個構想，你最終以此構想作為一個暫時性假說，你把這假說帶回你面對的事實中進行檢驗，以確證它、否決它，或修改它。

「我發現了！」vs.「哎呀，糟糕！」

在新框架內思考，是一種並用歸納性思考及演繹性思考的修鍊：（1）透過更清楚了解你的現有框架（你的心智如何呈現事實），以更加控管這些現有框架；（2）創造許多新框架來檢驗你的假設，想像新機會，加強你的創新能力；（3）最終在這些新框架中做出選擇。這將幫助你如同世界史上最聰穎的發現者、創作者及發明家*——例如富蘭克林、愛因斯坦、巴斯德（Louis Pasteur）、巴哈、貝多芬、德布西（Claude Debussy）、愛迪生、賈伯斯、比克（Marcel

---

* 我們對於「創作」的定義是：提出原本不存在的新東西，例如莫札特創作的交響曲、披頭四創作的歌曲，或設計出一棟新的摩天大樓。至於「發現」，我們的定義是：首先發掘原本已存在的東西，例如物理學家發現放射線，或天文學家觀察到一顆新星。「發明」則是首先發掘或創造出新東西（但不同於創作的是，發明可能是必然、無可避免會出現的東西），例如望遠鏡、羅盤、微積分。不過，這其中存在辯論空間，例如，一個數學定理是一種發明呢？還是發現？抑或創作？便利貼是一種發明，抑或創作？不論如何，本書和大部分的商界聚焦於我們所定義的「發明」。更詳細的探討，參見本書作者德布拉班迪爾的另一著作《創意人的思考鍛鍊》（The Forgotten Half of Change）。

Bich）等人那樣地使用你的心智。

比克？

已過世的馬塞爾‧比克在二次大戰後買下原子筆的專利權，創立聞名的 BIC 公司。他原本想像 BIC 是一家專門製造銷售廉價筆的文具公司，自 1940 年代後期至 1970 年代初期，BIC 的經營管理階層把大部分時間用在「廉價的可拋棄式書寫工具」這個框架內從事創新，變化每一種筆的顏色，為筆鑲上金邊，為它們設計各種廣告標誌。事業雖健康，但 BIC 想要成長。

你大概很容易想像，在初期的腦力激盪會議中，主管們建議公司創造不同規格的筆、多顏色的筆、可以擦掉的筆，或隱形墨水的筆。但是，想像當 BIC 的一位主管小心翼翼地建議公司考慮製造打火機時（這點子很可能就是比克本人提出的），大家是什麼反應！原本，這個提案應該會被視為荒謬可笑，但後來，其他主管改變了他們的認知，不再視 BIC 為製筆商，改而視之為種種可拋棄式、廉價塑膠用品的設計與製造商。這麼一來，這個提案就一點也不荒謬了。關鍵字從「書寫」變成「可拋棄式」，他們眼前的世界並未改變，這也不是一個新創意（市面上已經存在塑膠材質的刮鬍刀和打火機），但 BIC 公司的主管做出了這心智模式的大躍進後，該公司的事業便擴展跨入了如今看來既符合邏輯、又很明顯的其他領域。在大膽有趣的廣告烘托下，BIC 於 1973 年推出其第一批可拋棄式打火機，1975 年再推出可拋棄式刮鬍刀，最終成為有品牌的攜帶式打火機全球市場龍頭，並且在一件式刮鬍刀全球市場取得第二高市場占有率。該公司為自己創造出一個了不起的新框架，這故事如今已經成為商業史上的傳奇。BIC 後來又嘗試各式各樣的產品，包括香水、衝浪板，以及更近期推出使用充電電池的可拋棄式廉價手機（在報攤、火車站、機場販售）。這些新產品當中有些很成功，有

些不那麼成功，但這些創意行動全都是公司文化與策略的一部分，幫助 BIC 保持其市場領先地位數十載。

比克建立一個有價值的新框架「廉價、可拋棄式的種種東西」，這是我們稱之為「尤里卡時刻」（Eureka!）的好例子。*當尤里卡時刻出現時，代表你握有了掌控力：你走在變化潮流的前端，並且利用這變化潮流。你及時深思後改變了你的認知與策略，你創造了新框架。

尤里卡時刻可能指的是產品或流程的創新，例如蘋果公司發明 iPhone，或豐田汽車公司（Toyota）在二次大戰後發展出強而有力、挑戰汽車業的「精實」製造策略。尤里卡時刻也可能指的是想出絕頂聰明的服務模式，迅速崛起而宰制某個市場，例如總部設於日本的加盟學習機構功文式（Kumon Math and Reading Center），現今在 47 個國家每年為四百多萬名學齡兒童提供課後學習服務。[2]

當你為你的公司或境況創造出新市場或商業模式時，也是所謂的尤里卡時刻。宜家家居（IKEA）注意到，每當該公司在一個地方開設商店後，當地的房地產價格便會上漲，發展隨之興旺起來，尤其是在一個大城市中心外圍開發程度較低的地區。為了攫取這其中的部分價值，宜家家居的俄羅斯分公司成立一個子公司，興建整片購物商城，出租空間。這個子公司如今的利潤比原獨立設店的零

---

* 譯註：Eureka 源於希臘字，意指「我發現了」。Eureka moment 亦指靈光乍現時刻。後文的 Caramba 源於西班牙文，是驚嘆詞，通常是對負面的事發出的驚嘆，意指「哎呀、糟了」。為譯文順暢起見，下文一律直譯為「尤里卡時刻」和「卡蘭巴時刻」

2　Yoshinori Fujikawa, "Case Study: Kumon Institute of Education," *Korea Times*, July 31, 2011, http://www.koreatimes.co.kr/www/news/bizfocus/2011/08/342_91956.html. Kumon currently boasts some 1,400 sites in the United States alone that offer keen competition to such established North American supplementary education companies as Sylvan Learning Centers and Huntington Learning Center. Missy Sullivan, "Behind America's Tutor Boom," *Smart Money*, October 20, 2011, http://www.smartmoney.com/spend/family-money/behind-americas-tutor-boom-1318016970246/.

第 2 章　如何創造並使用框架　041

售事業還要高，宜家家居也把這個商業模式輸出至其他較成熟的市場。另一個尤里卡時刻是阿貝德爵士（Sir Fazle Hasan Abed）創立全球最大的民間非營利組織BRAC，現今光是在孟加拉，該組織就有超過七百萬名微型融資會員。這個組織使用新穎的多面向方法來推動自我賦能（self-empowerment），包括提供早期教育、醫療保健、微型融資服務、耕作支援、法律援助、事業發展服務等等，期間已在烏干達、坦尚尼亞、南蘇丹、巴基斯坦、獅子山、賴比瑞亞、斯里蘭卡及戰亂頻仍的阿富汗等國幫助超過一億一千萬人，教他們如何取得與憑藉資源、技能和自信來擺脫貧窮。[3]

和尤里卡時刻相反的是卡蘭巴時刻（Caramba moment），當出現這種「哎呀，糟糕！」時刻時，代表你落後落伍，眼睜睜地看著一艘火箭飛船升空，自己卻沒搭上；在社會、技術或經濟的進步中，你被晾在一旁。卡蘭巴時刻代表別人搶在你之前發展出強而有力的新模式與策略，他們握有掌控力，你（或你的事業或環境）只能被動遭受衝擊，而非主動驅動與造就變革。因為你的認知變得不夠快，導致你必須在後頭苦追。

在我們看來，發生卡蘭巴時刻、做出「哎呀，糟糕！」反應的公司例子包括：百視達（Blockbuster），該公司遲遲推出郵寄租片業務以和耐飛利（Netflix）競爭，又遲遲推出自助租片機業務以和紅盒子（Redbox）抗衡；早年曾經以全天候新聞報導模式創造尤里卡時刻的有線電視新聞網（CNN），被福斯新聞頻道（Fox News）以主觀性強的「談話類節目」搶走收視率龍頭後，迄今仍無力搶回寶座。

尤里卡時刻和卡蘭巴時刻的感受雖截然不同，但從認知的角度來看，它們基本上是相同的東西：你一直以來抱持的一個觀念或模

3　Syed Muazzem Ali, "Rise of Sir Fazle Hasan Abed," *Daily Star*, January 6, 2010, http://www.thedailystar.net/newDesign/news-details.php?nid=120600.

式在頃刻間被另一個新觀念或模式取代。它們是突然覺察的時刻，也是震驚的時刻：*你突然面對革命性的變化（哎呀，糟糕！），或是突然覺察了一個很棒的新可能性（我發現了！）。兩者最終都可能引致成功——尤里卡時刻可能使你產生一個傑出的新點子，卡蘭巴時刻可能激發你出色地改造你的既有框架；兩者也可能最終失敗——你可能未善加利用尤里卡時刻，或是你未能從卡蘭巴時刻帶來的衝擊中復原。因此，光有更多更好的點子，並不足以避免卡蘭巴時刻或創造尤里卡時刻，多數卡蘭巴時刻的發生並不是因為缺乏點子，而是處理點子的方式所導致。多數卡蘭巴時刻導致的失敗是因為人們未能及時改換至新框架。

1999 年夏季，一個名為諾亞的嬰兒在出生後不久無法呼吸，這是任何父母或即將為人父母者的夢魘，這名心臟先天缺陷的「藍嬰」被立刻送至加護病房，以確保有足夠的氧氣輸入他的血液裡。嬰兒的父親強納生・羅斯柏格（Jonathan Rothberg）是位生物學家暨創業者，他很惱怒，「我很苦惱，」他說：「因為我們不知道出了什麼問題，缺乏資訊令我苦惱……為何我無法獲得有關諾亞的充分資訊？為什麼我不能取得諾亞的基因組？倘若我有他的基因組，我們跟醫生就能知道該擔心什麼、不需要擔心什麼。」[4]

當時，這世界呈現給羅斯柏格的是人類基因定序的複雜（且不充分的）資訊，也讓他心碎地看著自己的小孩掙扎於病症之中，**

---

* 　其實，幽默也是使用相同的效果：當你聽懂一個笑話時，你的心智模式立刻發生變化。舉例而言，在 1976 年發行的電影《粉紅豹系列：活寶》（The Pink Panther Strikes Again）中，彼得・塞勒斯（Peter Sellers）飾演的克勞蘇警長問葛拉罕・史塔克（Graham Stark）飾演的旅館櫃台人員，他的狗會不會咬人，櫃台人員說不會，克勞蘇警長便去逗那隻狗，結果被咬了。「你不是說你的狗不會咬人嗎？」警長問。旅館櫃台人員回道：「那不是我的狗。」你的框架瞬間改變！

4 　This story on Rothberg is largely based on an interview with him and on Kevin Davies, *The $1,000 Genome: The Revolution in DNA Sequencing and the New Era of Personalized Medicine* (New York: Free Press, 2010), p.17.

** 譯註：羅斯柏格的長子也患有基因缺陷疾病，但為單純化起見，本文只聚焦於其次子諾亞。

他相信，若 DNA 定序是標準的醫療措施之一，就能有效控制這種病症。

羅斯柏格後來遇到一個尤里卡時刻，最終引領出人類 DNA 定序的重大新研究。這個靈光乍現時刻發生於他在醫院等候室裡等待諾亞接受治療之時，他看到一本雜誌封面刊登的照片，那張照片是英特爾（Intel）的奔騰（Pentium）微處理器。看著眼前這張照片，羅斯柏格突生靈感，基本上，這靈感就是仿效傑克・基爾比（Jack Kilby）和羅伯・諾伊斯（Robert Noyce）在 1950 年代發明積體電路而為電腦產業帶來的革命性貢獻。[5] 羅斯柏格看到了一個機會，那就是發展一個更快速、體積更小、更有效率、成本更低的方法來定序個人的基因組。「倘若我們能夠做到像電腦產業為個人電腦所做到的，」羅斯柏格說：「我們就能定序個人的基因組。那晚，我想像創造出一種晶片來定序個人的基因組。」

面對他眼前的混沌世界，以及諾亞受苦的不公平性，羅斯柏格想像一個為 DNA 定序的全新模式。以往的 DNA 定序儀器的背後概念是造像術（imaging，這是研究人員和生技公司長久以來仰賴的舊框架），亦即使用攝影機來偵測加入螢光染劑的基因或染色體中的 A、C、G、T 鹼基。[*][6] 英特爾的技術激發羅斯柏格的靈感，他想到改用晶片來偵測在 DNA 螺旋中注入一個新鹼基後釋放的氫離

---

5 Davies, *The $1,000 Genome*, citing Anita Hamilton, "The Retail DNA Test," Time, October 29, 2008, http://www.time.com/time/specials/packages/article/0.28804.1852747_1854493_1854113.00.html.

* DNA 定序流程涉及辨識基因或染色體中的四種鹼基（A、C、G、T）的順序。

6 Davies, *The $1,000 Genome*. See also Jonathan Rothberg et al., "An Integrated Semiconductor Device Enabling Non-optical Genome Sequencing," *Nature* 474 (July 21, 2011): 348–53.

7 更多科學細節見 Andrew Pollack, "Taking DNA Sequencing to the Masses," New York Times, January 4, 2011, http://www.nytimes.com/2011/01/05/health/05gene.html?pagewanted=all。以下是取自離子流（Ion Torrent）定序技術網站（http://community.topcoder.com/lifetech-network/life-technologies/）的更詳細說明：截至目前為止，科學家必須透過媒介物（例如光），把化學資料轉化成數位資料。

子。[7]這個使用半導體來解碼 DNA 的新方法代表了一個全新的框架。尤里卡時刻：我發現了！

在羅斯柏格的創造過程中，歸納性思考和演繹性思考都扮演了重要角色。當他注意到眼前雜誌封面上的奔騰微處理器照片時，他使用歸納性思考，把它應用於他的狀況裡，得出創造一種相似晶片來定序個人基因組的構想。這是在面對不明確性時，運用歸納性思考獲得的大躍進。接著，他仰賴演繹性思考，使用他既有的、跟生物技術有關的心智模式（他多年的化學與生物醫學工程研究，他在生物學與基因學的深度知識，他對個人基因組的研發創新後續經驗），發展出有關於如何設計這種晶片、並使其問世的假說。

在我們看來，若非羅斯柏格首先仔細辨識及探索他和其他人長期以來用以思考基因定序的框架，他不會得出這種改變賽局的轉變（從使用造像術轉變為使用半導體晶片）。因為他已經敏銳覺察了現有模式，他才能看出半導體（一種早已確立的技術）可用於定序人類基因組的潛力。很多其他知識淵博的科學家應該可以做出這樣的創意大躍進，為何他們未能做到？他們必須先改變他們的認知，當他們還陷在「使用造像術」的框架裡時，他們無法想像到使用半導體的 DNA 定序法。

在得出新創意後不久，羅斯柏格創立了一家名為「454 生命科學」（454 Life Sciences）的公司，幾年內就發表了知名的 DNA 科

這種方法需要使用專利的化學和光學儀器，例如攝影機、雷射、掃描器，導致基因定序工作複雜、緩慢、非常昂貴，只有最大規模的實驗室能做到。反觀離子流定序技術並不需要專利的化學或光學儀器，因為它使用的是生化流程。當核苷酸鹼基融入 DNA 聚合酶而發生合成反應時，會釋放離子，我們的專利離子感應器能偵測到這帶電的氫離子。例如，加入核苷酸鹼基 C（譯註：Cytosine，胞嘧啶）後，若偵測到釋放氫離子的訊號，就可得知這核苷酸的鹼基和 DNA 樣本發生了合成反應。我們的定序儀直接將化學訊號轉換成數位訊號，讀出 DNA 序列。由於這是直接偵測，幾秒鐘內就能記錄到每一種核苷酸鹼基的合成反應，因此，從上機測序到發出結果，只需約一小時就能完成。

學家詹姆斯·華生（James D. Watson）個人的完整基因定序，以及一位尼安德塔人的完整基因定序。[8] 羅斯柏格也創立第二家公司，名為「離子流」（Ion Torrent），在 2011 年開始銷售一種名為「個人基因組機器」（Personal Genome Machine，簡稱 PGM）的 DNA 定序儀，這款體積跟桌上型印表機差不多的儀器，如今已被各地的醫生、診所、醫院及其他醫學中心廣為使用，實現了羅斯柏格的夢想：使 DNA 定序成為日常醫療實務的一部分，並且是相對更有效率、更負擔得起的一種技術。[9]

透過後續創新，離子流公司研發出一種現今只需一小時左右就能完成一份 DNA 樣本定序的儀器，以往的機器得花許多天、甚至更長的時間。*離子流公司於 2010 年秋天被生命科技公司（Life Technologies）收購（收購價為 3.75 億美元，但合約議定，在達到某些里程碑後將再支付 7.25 億美元），[10] 如今這項了不起的創新正顯著改進醫療保健專業人員診斷與治療許多疾病和醫療狀況的能力，提升全球各地無數人的生命品質與壽命。

羅斯柏格的故事強烈提醒世人：在持續變化的世界，倚賴現狀並非可行且持久的選擇，你必須自己發展出新概念或新模式（我發現了！），要不然，別人就會發展出來的（哎呀，糟糕！）。

在現今世界，市場領先地位愈來愈脆弱，資料點與外部刺激無所不在，故而削弱了傳統資訊優勢，許多領域的分界愈來愈模糊。想有效應付這樣的世界，你不能再繼續完全信賴你向來看待事物及

8　　Pollack, "Taking DNA Sequencing to the Masses."

9　　Ibid.

*　　2011 年夏天，羅斯柏格及其同仁在《自然》（*Nature*）雜誌上發表一篇文章，宣布研發出一款「整合使用半導體、不需使用光學的基因組定序儀器」，造成大轟動。這篇文章說明如何使用這款新儀器來定序英特爾共同創辦人高登·摩爾（Gordon Moore）的個人基因組，當初就是英特爾的晶片帶給羅斯柏格建立其新框架的靈感。

10　http://ir.lifetechnologies.com/releasedetail.cfm?releaseid=519891.

做事的方式，你必須擁抱這世界的矛盾性與複雜性，欲做到這點，你需要在新框架內思考。

在新框架內思考的五步驟方法

我們的五步驟架構中的每一個步驟都是以本書第一章中探討的「框架理論」為基礎，更廣義地說，這些步驟的基礎是了解人類的心智實際上如何思考與推理。每一個步驟都有工具與方法引領你逐步擺脫現有信條的束縛，發現你看待這世界的原來方式，然後以有趣的方法修正這些心智模式。在完成這些流程後，你將有一個明確的方法可用以釋放你尚未運用的創造力，發展出新觀念，以及現有觀念的新視角。

我們使用這五步驟方法來協助一些全球最大規模公司的主管，幫助他們磨銳他們的洞察力，描繪不同的未來，強化他們公司發展新的產品、服務及商業模式的能力。任何人都能使用這五步驟方法來質疑他們現有的見解，提出新點子，並研判哪些點子最值得一試。

下文概述這五個步驟，第 3 章至第 7 章將分別深入探討每一個步驟：

步驟 1：懷疑一切

首先，我們將探討如何去懷疑所有你認為你知曉的一切。切記，你的所有觀念與見解，就算是最成功的觀念與見解，都只是你心智中的假說，並非不能改變的東西。我們將促使你質疑那些影響你如

何認知與看待這世界的框架，教你如何創意地思考及定義你希望解決的問題。步驟 1 提出各種方法，幫助你了解那些束縛你的既有框架可能如何削弱你發展新見解的能力，鼓勵你重新發現歸納性思考的功效，了解步出你的狹窄認知安適區去冒險的重要性。步驟 1 敦促你思考如何以具有激發作用的方式來架構你想探索的主要疑問或課題。

步驟 2：探索可能性

在這步驟中，你以活力、勤奮及全新的自覺重新檢視你眼前的世界，思索你在步驟 1 中開始推敲琢磨的疑問或課題。就像 BIC 公司一樣，你將找出你和你的組織認為在未來幾年最有可能改變整個公司、整個產業、甚至其他產業的基本變化。例如，你將探索誰可能是你的客戶、顧客或追隨者；他們將最需要及最想要什麼；你的競爭者將如何吸引及留住他們的業務；在不同的事業、文化及社會領域將會出現哪些全球性的轉變潮流或大趨勢。步驟 2 結束時，你將已經很清楚知道你想應付的課題和你希望達成的目標。基本上，步驟 2 幫助你分析這個世界，但主要目的並非使你能夠研判正確答案，而是使你能夠提出正確問題。

步驟 3：擴散性思考

想產生一個好點子，最佳之道是先有許多點子。擴散性思考（divergent thinking）的目的是要求你產生許多新的模式、概念、構

想及思考方式，這需要你解放心智與心理，就算是看起來愚蠢或不智的框架，也暫時別否決。我們將提供許多有趣且容易使用的擴散性思考方法，旨在幫助你及你的團隊產生許多新的、活潑的點子。

步驟 4：聚斂性思考

接著，我們從虛心開放的擴散性思考步驟，轉變為更側重分析的流程（也是一般人熟悉的流程），檢驗上一個步驟中產生的眾多點子，看看你想推進哪些點子。聚斂性思考（convergent thinking）步驟是把你的一長串點子縮減為更有選擇性的一群，也許還更進一步減少、甚至只剩下一個能夠實行以達成突破性結果的點子。

步驟 5：不斷地再評估

在持續不斷變化的世界，沒有任何一個點子是永遠的好點子，因此，在這個步驟中，我們要求你能居高臨下地檢視你的框架，研判何時該丟棄舊框架，發展新框架。這一步的基本要求是機靈敏捷，具有審慎冒險並從失敗中學習的強烈傾向。我們將指引你如何看出微弱訊號——你的現行思維可能接近過時的跡象。我們也將告訴你，縱使是最有創意的思考者也可能變得過於依賴框架，需要重新啟動懷疑一切的流程，回到步驟 1，從頭再來一次。步驟 5 的主要目的（其實也是整個五步驟循環流程的目的）是幫助你強化一種既務實且可以持久的創意新流程，使你及你的組織能夠長期保持創造力。

全新的心態

在新框架內思考的方法有無限種，不論是在一小群事業夥伴之間，或是財星 500 大公司裡的同仁之間，或只是少數幾個值得信任的朋友之間，都可以這麼做。

運用我們的五步驟流程，能幫助你建立大的核心框架，例如一個新的策略願景，或是類似 BIC 公司的「廉價的可拋棄式物件」的新概念，接著在此大框架中填入種種可能性（例如 BIC 在這大框架中填入打火機和刮鬍刀等等較小的框架）。你也可以使用這五步驟流程來強化你的框架，藉由針對你的境況，發展出各種可能情境，對不確定的未來做出更好的準備。我們的客戶經常詢問我們有關這五步驟流程的應用，因此，在探討這五個步驟之後，我們將在第 8 章及第 9 章討論眾多應用當中的一些。運用在新框架內思考的方法，將為你及你的組織帶來不受束縛的、更強力的、更務實且可持久的創造力。

但切記，我們的五步驟方法其實也只是另一個框架！雖然，我們建議你循序做這五個步驟，但你可能會發現，有時候以不同的順序來使用這些步驟也有幫助。例如，頭兩個步驟往往可以結合起來，在探討大趨勢及研究顧客的同時，你也開始更了解及懷疑你的現有框架。或者，有時候，重複一或多個步驟是明智的做法，你將在後文中看到，我們常鼓勵人們進行多回合的擴散性思考及聚斂性思考。又或者，有時候，你應該重複一個步驟多次後再邁入下一個步驟。不論你如何使用這些步驟，我們相信，你將會發現，我們提出的這個方法非常有用。話雖如此，我們也期望你懷疑、修正、改進、調整這個流程，得出對你最合用的模式。我們甚至鼓勵你，若你經過很多仔細思考，研判它已不再適用，你可以用另一種模式來取代

它。我們強調的重點是：每一個框架，不論它有多實用、多高明，最終都需要被修改或更換。

不論是使用我們的五步驟流程，抑或使用你自己的更新模式，我們都敦促你培養在演繹性思考及歸納性思考之間來回，在你眼前的世界和你的心智模式（你的框架）之間來回，在最邏輯、客觀的分析和最牽強、主觀、冒險的思索方式之間來回。我們希望你在提出策略或採取行動之前，先懷疑你的所有現行心智模式，擁抱不確定性，讓它激發你提出種種正確的疑問。我們敦促你別只是試圖跳脫框架思考，應該嘗試在許多的新框架內思考——拓展思維的，改變生活的，或僅僅是新奇的新框架。下圖列出舊典範（跳脫框架思考）與新典範（在新框架內思考）一些最實際的差異。

邁向商業創意新典範	
跳脫框架思考	在新框架內思考
首見於 1960 年代的提議——當時的世界較可預測，較不那麼複雜。	21 世紀的產物——現今的世界明顯更變化無常，不確定性更高，可能性更多。
主要假設：我們尋找的點子或概念尚不存在。 我們的反應：我們需要新點子或概念。	主要假設：許多點子或概念已經存在。 我們的反應：該如何改變我們看待既有點子或概念的方式？哪些新的視角可能有用？問對問題或找對框架，新的點子將能浮現，舊點子也可能突然變得有道理。
我們該如何做我們正在做的事？例如，我們如何能夠賣更多的筆？	首先詢問：「我們應該做什麼？」接著才思考如何做。例如，我們是一家筆公司嗎？抑或是其他性質的公司？
有兩個產生新點子的主要步驟：擴散性思考及聚斂性思考。根據德波諾（Edward de Bono）、奧斯本（Alex Osborn）等人的論點。	有五個步驟：首先懷疑，接著探索可能性，再進行擴散性思考及聚斂性思考，並且總是以虛心開放的心態去監視評估。
流程是特設性質，是線性流程。	流程是一個持續的循環，尤其是監視評估及懷疑步驟，這使得成果可以更持久。
得出的結果通常是一項新產品或新服務。	得出的結果是一個新框架（一個新的心智模式）——並進而產生產品與服務、願景與策略，而且，使用一套名為「情境」的框架，可以使它們變得更為穩健。
「跳脫框架思考」與「在新框架內思考」的比較	

BE CREATIVE

CHAPTER
3

懷疑一切——質疑你認為你知曉的一切

智慧始於懷疑；懷疑使我們詢問，詢問使我們獲得真相。* 1
——中世紀哲學家　阿貝拉 Peter Abélard

曾懷疑自己的基本原則，才是文明人。2
——美國知名法學家　小奧利佛·霍姆斯 Oliver Wendell Holmes Jr.

　　邁向新框架內思考的第一步是懷疑一切：你最基本的信念，你對事實的認知，以及你對未來的假設。懷疑你遵循的法則，懷疑你的組織治理規範，懷疑你的現有戰術、模式及策略是否為最佳，最重要的是，懷疑你一直以來的做事與成事方法是否仍將適用於長期的未來。

　　這個步驟建立於笛卡兒哲學及其方法懷疑論的基礎上，鼓勵你

---

* 　我們對於最後一句有關於「真相」的部分，並不完全認同，因為所謂的「真相」，其實也涉及個人的認知。不過，鼓勵懷疑是件好事。

1 　Peter Abailard, *Sic et Non* (1122), ed. Blanche Boyer and Richard McKeon (Chicago: University of Chicago Press, 1977), p.103.

2 　Oliver Wendell Holmes, Jr., "Ideals and Doubts," *Illinois Law Review* 10, no.3 (May 1915).

採取全新心態。這是一種源於個人（有時是機構）謙遜的心態：唯有謙遜看待你的現行思考方法，你才有可能開始創新。

看看第 46 頁，當你看到圖中黑色部分時，你認為它在說什麼？你的立即反應可能是它在要求你「BE CREATIVE」。但是，本著懷疑你的第一個認知的精神，請考慮其他可能性，也許，把黑色陰影移除後，這些字母其實是：

RF GPFATJVF

我們猜想，不論你多細心，多富有想像力，除了「BE CREATIVE」，你沒有懷疑過這些字母會是什麼，而且，你可能不會自在地、謙遜地承認你不可能知道「正確」答案。但是，我們鼓勵你盡可能一貫地致力於做到這兩者，這是邁向可持久的創意的關鍵一步。試著懷疑你的第一印象，並且認知到，在許多情況中，你無法知道「正確」或「最佳」答案，在想出並檢驗許多可能性之前，你絕對無法知道。

在變化是唯一常數的許多社會領域中，懷疑很重要。你的祖父母年輕時能預期到將來有一天，人們（同性戀及異性戀者）會為了同性婚姻的適法性而爭論嗎？上個世代的退伍軍人當中有多少人能預料到，將來女性為了爭取上戰場的權利而打官司？誰會預期到真人實境秀會蔚為流行？在 911 恐怖攻擊事件發生不久後，誰能預料到知名影星們會成立紐約翠貝卡影展（Tribeca Film Festival）來幫助重整曼哈頓市中心，把該區從事實及人們心理印象中的戰區變成一個文化中心？

我們是「懷疑」與「謙遜」的福音傳播者，我們鼓勵你擁抱「知」

的困難。

　　人類史上最知名的創新者當中，有一些展現了我們所說的懷疑與謙遜，就連有充分理由可以自負自誇的賈伯斯也在 1996 年告訴《連線》（*Wired*）雜誌：「創意無非就是把事物連結起來。當你問創意人他們如何做出某樣東西時，他們會有點羞愧感，因為這東西其實不是他們做出來的，他們只是看到了某個東西，過了一陣子，他們才從中產生靈感，這是因為他們能夠把他們的以往經驗和新事物合成起來。他們之所以能這麼做，是因為他們有更豐富的經驗，或是他們對經驗的思索比別人更多、更深。」[3]

　　對於你的框架，你若能抱持賈伯斯這番話所散發出的謙遜程度，*並且盡可能擴展你的眼界，持續探究你所想的和所相信的每個東西是否為真，你就會變得更有創意，更能為無可避免的變化做準備，並且利用它們，而不是輸給它們。誠如賈伯斯所言，有時候，你能夠看清你以往未能看得如此清楚的事物；以前，你「知道」這些事物，但不是很能理解與掌握它們。

熟悉事物的誘惑

　　通常，改變現有的觀念比提出新觀念要困難得多。正因如此，碰上尤里卡時刻的人，往往是一個產業或企業的門外漢。推出當今世上最重要的社交網站的是臉書（Facebook），不是美國線上（AOL）；發展出推銷當地販售商（至少是推銷一陣子）的全新方

3　　Gary Wolf, "Steve Jobs: The Next Insanely Great Thing,"*Wired*, February 1996.

*　　我們未曾與賈伯斯碰面，對於他在個人層面的謙遜程度並無意見。

法的是酷朋（Groupon），不是傳統的廣告服務商「黃頁簿」（Yellow Pages）。

換個方式來說，我們的五步驟流程的第一步是要你認知到你目前使用的框架具有誘人的安適自在感。人，不論多聰慧、多理性，總是免不了經常盲而不見自己的自發性反應與假設（包括被誤導或錯誤的假設），這些已經根深柢固地形成他們對人事物的認知與反應方式。他們一聽到「管弦樂團指揮」這幾個字，立刻就聯想到一位上了年紀的歐洲白人男士。他們購買瓶上標示「50% 加量不加價」的洗髮精，卻不太了解淨價已經被小心翼翼地調高（或是以其他方式索價），以涵蓋「不加價」的成本。

背越式跳高

1968 年的墨西哥奧運中，21 歲的美國年輕人理查・佛斯貝利（Richard Douglas Fosbury）在田徑場上，以全新的背越式技巧震驚裁判及八萬名觀眾，贏得跳高金牌，並寫下新的奧運紀錄。這項革命性的新跳高技巧，以他的姓氏命名，是如今廣為人知的「背越式跳高」（Fosbury Flop）。

在此之前，跳高運動員一般都是以剪式技巧，一次越過一腿，相似於你在跳過障礙時的技巧與姿勢，或是使用俯臥式技巧，面朝下地翻越橫杆。佛斯貝利的革命性技巧是起跑至杆前，側身，用外側腳踮起，扭轉軀體，讓頭與肩先過杆。乍看之下，背越式跳高非常滑稽可笑，這使得競爭者、記者及觀眾堅持和聚焦於他們熟悉的跳法，對佛斯貝利的方法斥之為愚蠢，忽視他的創新。

佛斯貝利如何徹底改變跳高的框架呢？背後原因其實很簡單：

其他的跳法，他總是掌握不來，沒法讓他有優異表現，因此，他強迫自己嘗試與摸索，甩脫傳統智慧之見，因為剩下的唯一選擇是離開運動界。佛斯貝利說：「我覺得我必須做點不同的，以清除障礙，我嘗試抬臀，使我的肩膀後傾，我成功做到了，創下新高。我再嘗試與摸索，成功地比做到比我以往的最佳成績進步了 6 英寸，這改變使我變得有競爭力，得以留在競賽場上。我從坐在杆上（越杆失敗）變成背躺軟墊（越杆成功）。」

在任何運動領域，到了頂尖水準，進步通常是以百分之秒或英寸來衡量，因此任何能夠促成半呎（6 英寸）進步的新方法，都值得認真看待。在接近奧運前，佛斯貝利首次在美國境外的比賽中採用他的新方法，「我猜，一開始，它看起來很怪異，」他說：「但我感覺它非常自然，就像所有的好點子，你不禁納悶，為何在我之前沒人想到它。」*

佛斯貝利在奧運選拔賽中勉強取得代表資格，《衛報》（*The Guardian*）一名報導此選拔賽的記者不相信他有潛力，並稱他為「代表隊中的奇人」。《洛杉磯時報》（*Los Angeles Times*）的報導中描繪他：「過杆時就像一個被從三十樓高的窗戶推出去的傢伙。」《運動畫刊》（*Sports Illustrated*）描繪「他從中間偏左一點點的地方起跑，步態令人聯想到一隻兩條腿的駱駝」，越杆後背部先著墊的姿勢，「使他看起來像有點憂慮的男人，躺在對他而言太短的躺椅上。」

終於，在墨西哥奧運中，群眾開始注意到這不尋常的技巧，有笑聲，也有加油聲，杆升得愈來愈高，佛斯貝利都是一跳過關。最後，只剩下兩名選手競爭，群眾太全神貫注了，以至於幾乎無人去

---

* 　跟許多的創新創作一樣，一些人聲稱他們更早想到這種技巧，最著名的是後來贏得女子跳高世界第一的加拿大運動員黛比‧布里爾（Debbie Brill），約莫在佛斯貝利自創背越式跳高技巧的同時，她也創了「Brill Bend」背越式跳法，在 1966 年由《衛報》錄下她使用此技巧跳高的情形。「我第一次看到佛斯貝利跳高時，非常震驚，我以為只有我使用這種跳法，」她說。

理會馬拉松賽的領先群已經進入運動場。「心理上，群眾的回應對我極有助益，」佛斯貝利說：「我感覺到他們的聚焦，我能夠把那些注意轉化成我的振奮力，我愈來愈興奮，但我努力控制。」他跳過 2.24 米（7 呎 4.25 吋），贏得金牌。

佛斯貝利的創新並沒有立刻流行起來，至於他本身，除了曾經嘗試一次、但未能取得 1972 年慕尼黑奧運賽代表資格外，他的運動生涯基本上在墨西哥奧運後就結束了。但是，除了 1972 年奧運跳高金牌得主之外，此後迄今，沒有一個在奧運賽中贏得獎牌的跳高選手不是採用背越式跳高法。

在那些觀看 1968 年奧運跳高項目決賽的人們眼中，背越式跳高當然是極其怪異的技法，因為它根本不是「尋常的方法」。但在今天，反而是使用非背越式跳高法的人才會顯得滑稽，佛斯貝利創立了一個有用的新框架，改變了跳高運動數十載（至少）。[4]

就算人們認為他們願意拋棄成見，但仍然強烈地依戀著他們賴以了解這世界的框架。這種依戀大都是無意識的：縱使在你試圖革新時，你仍然會自然而然地根據你驗證過的可靠實用方法來思考與行為。這是人的大腦根深柢固的運作現象：人們對這世界已有他們的看法，他們很自然地傾向遵從這些看法，不採納和這些看法相抵觸的見解與概念。*對這類根深柢固的傾向提高警覺，進而懷疑你的現有框架，是我們的五步驟創意流程步驟 1 的基本要素。

4　Sources for the story of the Fosbury flop include the International Olympic Committee website at http://www.olympic.org/richard-douglas-fosbury, http://en.wikipedia.org/wiki/Dick_Fosbury, and *The Guardian*'s excellent article "50 Stunning Olympic Moments #28: Dick Fosbury Introduces 'the Flop,'" by Simon Burnton, May 8, 2012, for all Fosbury quotes and other journalist quotes.

*　對於政治領域，這一點有重要含義：花時間閱讀你不是很了解、不是很贊同的報紙論點或這類新聞節目，或許對你的大腦更有益，而且，對創造流程絕對有益。自由派人士觀看福斯新聞頻道，猶太人觀看半島電視台（Al-Jazeera），或是保守派人士閱讀《紐約時報》的社論，這些或許不是很愉快的體驗，但一定能挑戰他們的認知。

Google 原本的抱負是建立一個有史以來最強大、優秀的搜尋引擎，可以說，他們已經達成目標。但是，為了進入新的成長紀元，Google 的領導人需要對其公司有不同的認知。該公司的官方使命向來是：「彙整全球資訊，供大眾使用，使人人受惠」，但超脫搜尋引擎之外，以不同方式與角度來檢視這使命，便得出一個「我們想知道所有東西」的新框架，激發出種種計畫，包括 Google Earth、Google Book Search、Google Labs，及其搜尋引擎的進一步改進。

你的一些既有見解與概念可能太根深柢固，以至於你可能沒察覺它們對你的影響，或甚至不知道它們是什麼！因此，步驟 1 的另一個重點是辨識出你的一些框架，不論是左右你的世界觀的、有關於生命或人性的根深柢固假設（例如刻板印象），或是你偏好的、一再不假思索地用以應對這世界的方式。這些可能包括你慣常用以完成你的年度策略規劃、慶祝同仁生日，或安排每週會議的方式；你化解與同事或家人衝突的方法；你的通勤路徑；在穿襪子時，你總是先穿哪一隻腳；你在公司如何激發與獎勵好表現。此外，跟沙特狗躍過不存在的籬笆一樣，你和你的組織可能經常以「自動駕駛」模式來執行重要運作和追求重要目標——儘管這種方式可能不僅缺乏成效，而且有害。

懷疑你認為你所見到的情形，懷疑你認為你知曉的東西，這在我們倡導的創造力方法中是不可或缺的要素。這包含懷疑你接收到的資訊，以及你處理這些資訊的方式。當我們協助人們與組織在新框架內思考時，我們請他們思忖一些他們最深信不疑的信念與假設，再讓他們做幾項練習，旨在幫助他們的心智擺脫危險的偽確定性，不要再過於緊緊抓住慣常的思考方式。我們尤其喜歡幫助人們認知到，他們以為的「正確」答案，其實可能是錯的，或者只是許多可能的答案當中的一個罷了。

該如何促進懷疑，開放思想？我們建議以下三點：

1. **形成懷疑的習慣。**你（及其他創意流程的參與者）是否充分意識到種種影響你的重要心智模式與假設的認知偏誤（cognitive biases）？這些你自然而然使用的觀念（或錯誤觀念）可能如何蒙蔽你？它們當中是否有一些阻礙你，導致你未能以更開放的心智、更創意的方式去思考？

2. **列出你的現有框架（盡可能多），並質疑它們。**你目前仰賴的主要模式與假設有哪些？它們對你（及〔或〕你的組織）的助益與效用大不大？你能對它們做出什麼質疑？應該如何修正、改進或更換它們？

3. **審慎架構你想進一步探究的框架、課題或疑問，以及你希望達成的成果。**在分析了你的現行策略、態度、限制、方法或其他框架的脆弱點後，你及（或）你的組織現在應該嘗試解答的最基本疑問或問題是什麼？從各種新的角度與觀點來檢視這些疑問或問題，你可以學到什麼？你可以如何架構（或重新架構）它們，以產生許多新見解及方法，拓展你的視野，促進整個創意流程？你應該如何進一步以切題、有效率、有建樹的方式來探索你眼前的世界（步驟2）？你想要達成什麼成果，如何評量你已經成功做到？

　　透過解答這三群核心疑問，你將會看出，你必須重新檢視與評估你的一些現有觀點，甚至可能需要大大修改。你將會更清楚了解你想要應付的基本課題，你也將更清楚你想在步驟2中探索的重要領域。*

一、形成懷疑傾向

形成懷疑傾向指的是：認知到知識分子經常誤解事物，並且試著去了解這些錯誤是如何發生的。有很多無可避免的人類傾向和認知偏誤，導致你形成並且緊抓住具有誤導作用的心智模式。在協助人們展開第一個步驟時，我們常會做一些暖身練習，旨在使他們看出他們眼前的事實與他們認知的事實往往有很大的落差。

我們最喜愛的這種暖身練習之一是：

想像你用一條繩子緊貼著地球圓周上的地面繞一圈，現在，你把繩子加長 3 米或約 10 呎（可能是你擔心繩子貼地球貼得太緊了，因此把它加長），然後讓這加長的繩子與地球圓周上的地面保持等距離地環繞一圈，請問繩子與地面的距離是多少？

多數人認為，只加長 3 米，繩子離地面頂多只有幾毫米。但答案令人驚訝，繩子雖然只加長 3 米，與地面保持等距離地環繞地球圓周一圈，但繩子與地面的距離是將近半米。**

---

* 　在此要做出重要澄清：我們想要你懷疑一切，但切莫過甚而導致癱瘓。質疑你現有的心智模式，目的是要讓你對試驗與冒險有所準備。若做得太極端，你可能會變成一個不信任任何人的領導人，也不相信擺在你眼前的任何資訊，這樣就太誇張可笑了，並不是成功領導的處方。在框架內思考的第一步不應該導致你只是一味地猜疑你的資訊來源，變得對所有事物深度懷疑，或是偏執地猜疑你所做的每件事是否徹底錯誤。這第一步的目的是要提升你對你的心智運作方式的覺察力，試著在你的組織和生活中創造能夠讓你想像新模式與新展望的環境。換言之，我們鼓勵你總是懷疑……但切莫遲疑。

** 證明：設原繩長為 C，因為圓周長＝ $2\pi R$（R 為半徑），因此，C ＝ $2\pi R$；R ＝ $C/2\pi$。又，π ＝ 3.1416（四捨五入取 3.1），因此，R ＝ C/6.3。現在，C 增加 3 米，繩子與地面的距離等於新半徑減舊半徑＝（C ＋ 3）/6.3 減 C/6.3 ＝ 3/6.3，接近半米。這個練習的個中啟示是：我們直覺只有很微小的改變，這直覺正確，但這是相較於地球的整個半徑而言（半米相對於地球半徑，當然是微不足道），若只看繩子離地面的距離，半米就不小了。這類數學謎題在不同的境況下有非常不同的結果，我們把這歸因於早年兒童數學和科學教育的差異所致，例如，我們在韓國和日本輔導的幾個團體，幾乎所有人立刻完全明白這道題目的正確答案。

事物的實貌鮮少是你乍看之下以為的那樣，人們的第一印象通常是經過扭曲的、不完全的或被誤導的。你在決定是否要購買某個產品，是否要錄用一位新員工，是否要追求一個新事業夥伴，或是否要推出一項新產品時，你的初始反應常常錯誤。我們往往根據過去慣常使用的方式來構思我們的初步想法，這雖是自然傾向，但也往往非常受限，容易誤入歧途，有時甚至很危險！

　　舉例而言，本書作者亞倫有中東裔血統，2001 年 9 月 11 日，當時他二十多歲，住在紐約市，他很快就學到經常刮鬍子的重要性，這可以避免因為他的相貌而害他在旅行時被拉到一旁盤問幾個小時（他是加拿大猶太人，但這點似乎沒啥幫助）。你大可辯論這種以「種族相貌」作為預防恐怖行動的工具是否有益，但有一點很明確：2002 年時，甚至之後，在飛機上，若你旁邊坐了一位一臉鬍鬚、中東人相貌的男人，尤其是若他一身休閒穿著，背著背包，看起來很疲倦（亞倫當時是個學生，不是管理顧問），你的心智將會自然而然地發展出一個框架，且絕對不同於你的心智對一位金髮女性形成的框架。換作是亞倫處於你這種境況，他也會同你一樣，國安當局自然也是如此。事實上，若今天有一位年輕金髮女性或是一位 77 歲的白人男性願意執行恐怖攻擊行動，他們的「成功」機會一定高於亞倫。

　　再舉一個例子。想想你對任何一個東西的價值衡量方式，比如說一輛腳踏車，你認為腳踏車的價值是什麼？有多大？

　　有一個普遍的回應跟腳踏車的基本效用有關：腳踏車是從甲地移動至乙地的工具。不過，你個人對腳踏車的價值的看法，主要源於你的主觀心智模式，你個人的標準，例如，你很關心環境永續，你可能會認為腳踏車的價值高。或者，你討厭搭乘大眾運輸工具，夏天時，紐約市地鐵站月台的氣溫往往超過華氏九十度，因此，你

喜愛騎腳踏車的自由自在及效率。或者,你居住在一個交通繁忙壅塞的地區,例如洛杉磯市郊或曼谷市中心,騎腳踏車使你免於每天得坐在你的車上塞個幾小時。基本上,對一個東西的認知價值,高度取決於是誰在做此評價、他(她)面臨的獨特處境限制,以及對他(她)而言最重要的特定因素。在任何組織中,評估與決定整個公司的價值,或是公司的某個產品或某項活動的價值,是很複雜的事,因為這往往取決於是誰在做此評價。你的組織的營運與策略如何,為了競爭必須做什麼,有關於新產品與服務及應該如何發展它們的決策等等,人們的看法往往大不相同,這得看你詢問的對象是誰、你詢問時使用的措詞及方法、你詢問的時機、詢問對象的心智模式,以及詢問對象的獨特人生經歷。

全球性事件可資驗證人們對事物的看法的差異性:2012 年初的焚燒可蘭經事件在阿富汗引發的激烈反應強度,甚於美國士兵失控射殺 16 人(其中包括九個小孩),伊斯蘭教神學家卡里達(Mullah Khaliq Dad)難以置信地說:「你怎能拿玷辱神聖可蘭經一事來跟無辜百姓的殉難相比?」但一般西方人可能會回應:「你怎能拿燒毀一本書來和殺害無辜的小孩相比?」[5]

我們要傳達的主要訊息是:你思考事物的自然方式(行為學家常稱此為「heuristics」──捷思法;直觀推斷),往往導致你過於傾向一種看待事物或做事的方式。

在這第一個步驟中,我們常向我們合作的客戶呈現視覺錯覺圖,這能幫助你省思你的大腦可能如何以這種方式來妨礙你。

請看下圖:

---

5   Rod Nordland, "In Reaction to Two Incidents, a U.S.-Afghan Disconnect," *New York Times*, March 14, 2012, http://www.nytimes.com/2012/03/15/world/asia/disconnect-clear-in-us-bafflement-over-2-afghan-responses.html?ref=rodnordland.

　你看到什麼？許多人感知圖中那兩條黑色橫線是彎曲的線，其實，它們是完全平直且相互平行。眼睛和心智常玩弄你，因此，別總是信任你的直覺反應。有時候，你會看到其實並不存在的事物（或是未能看到存在的事物）；有時候，你只看到一種可能的解釋或解方，但實際上有很多可能的解釋或解方。有時候，你知道真相（例如，你可能充分理解上圖的兩條橫線是平行線，這可能是因為你相信我們，或是你用一把尺量過它們），但你發現你無法強迫大腦以這種方式來看這兩條線，這是因為你的大腦的某個部分告訴你它們是直線，另一個部分認知它們是曲線，且後者戰勝前者。

　你的心智運作往往導致你錯誤解讀資訊，若你未警覺這點，將會陷於你看待事物或做事的舊方式，而這些舊方式未必最佳或正確。在我們的事業與工作生活中，尤其是在企業、政府、社會及其他組織或環境中擔任領導人時，這樣的僵化可能對我們構成嚴重阻礙。

　人的大腦有許多非常奇妙、不可思議的特性，它很複雜，還會

持續進化，但它也很懶惰！它經常使用「自動運作模式」，用最容易或最便利的方式來處理資訊。例如，請看下圖：

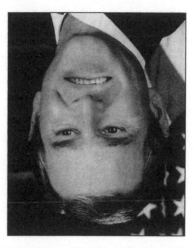

資料來源：《心智》（*Mind*）雜誌；
newopticalillusions.blogspot.com，經電子郵件授權使用。

當我們呈現這張照片，詢問人們看到什麼時，多數人立刻回答：「倒置的小布希微笑照片」，接著就轉向別的事了。但是，把這相片倒過來，你大概會有非常不同的解讀。＊有些人不會被這相片愚弄，他們知道，把照片倒過來會有不同的效果，但他們仍然無法消除初始印象：每次一瞥這張相片，他們就看到小布希露齒而笑。

研究確證，人們往往選擇最簡單的解讀，建立最簡單的框架。這種傾向與「奧坎的剃刀」（Occam's Razor）原理相符，這個以 14世紀英國邏輯學家奧坎命名的原理說：通常，最簡單的解方應該被

＊ 在此聲明，這跟政治無關，我們也見過歐巴馬和前英國首相柴契爾夫人的相片被拿來如此製作。

視為是最可行的解方（直到有證據證明不是為止）。在許多境況中，這種簡化傾向是很棒的天賦，也是人類往往做得比機器好的緣故。數十年來，IBM 嘗試用超級電腦「深藍」（Deep Blue）及「華生」（Watson）模擬人類簡化事情、並根據這種認知來採取行動的心智能力，但我們懷疑是否有任何一部機器真能做歸納性思考，亦即建立一個新框架。*

但是，你可能在無意間用「奧坎的剃刀」傷到自己！想要在新框架中思考，你必須覺察人們如何、何時及為何太過仰賴簡單的演繹思考，只看到一種「正確」的做事方式，而不是看到許多可能的解答。我們可以注意到，在商界，人們往往根據不充分的資訊驟下結論，在未了解全貌之前就對他人做出評斷，根據他們相當狹窄的經驗來做出衝動決策。我們的五步驟方法的第一步教你潛得更深，留意你的心智可能如何背叛你，以及要克服這種自然傾向有多難。我們鼓勵你徵求大量點子與觀點，這樣，你才能擁抱眼前的複雜性，發展出幾種可能的方法。

現在你正嘗試把你的心智從「你慣常思考與做事的方式」中解脫出來，請試試另一個謎題。假設下面這個式子是用火柴棒拼湊出來的：

$$XI + I = X$$

讓你移動火柴棒，使它變成正確的數學式子，你最少需要移動幾根火柴棒？

多數人最終會說：「一根」，並且相當驕傲自己能夠想出這麼

---

* 我們的理由是，一個真正完美的歸納需要花無限的時間，就連機器也無法考慮所有因素。反觀對一個事物的完美演繹是完全有可能做到的事，機器已經在這方面以種種方式做出了貢獻。

少的火柴棒。你可以把第一個「I」移到第一個「X」的左邊，或是把式子中的等號變成不等號。不過，更好的解答是零（不用移動任何一根火柴棒）：你只需要像先前的小布希照片那樣，把這式子倒置，它就變成正確的數學式子了。面對這類問題時，你可能會懷疑或「知道」其中有詐，尤其是在本書的這節主題背景下，你會覺得這問題一定不單純。不論你想出的答案是一或零，當你心中產生懷疑——懷疑這謎題是否其中有詐——時，就是在新框架中思考的開始。認知複雜性，覺察矛盾，經常質疑被廣為接受的「事實」，這些全都是創意流程的要素。

比利時超現實主義畫家馬格利特（Rene Magritte）有一幅著名畫作，畫的是一支老式煙斗，下方的法文題詞是：「Ceci n'est pas une pipe」（英譯為 This is not a pipe；這不是煙斗）。我們不是超現實主義者，但馬格利特似乎在告訴我們：「是，我知道你們認為你們看到的是一支煙斗，但事實上，你看到的只是一支煙斗的圖像，它不是實物。」你幾乎可以看到每一個觀眾在他們眼前的東西（一幅名畫）和他們心智內的東西（各種心智模式，例如他們以前見過的煙斗、他們的藝術知識等等）之間翻來覆去，試圖解讀它、詮釋它。

終極遊戲公司：電玩遊戲的未來

在展開邁向「在新框架內思考」的旅程第一步，為形成懷疑的傾向，你應該做些什麼？想像你是終極遊戲公司（假設性質的公司）的高階主管，這家公司從事電玩軟體開發事業數十年了。*終極遊

---

* 我們根據為廣泛公司提供顧問服務的經驗，以及從許多文章和真實公司的故事產生的靈感，編寫出終極遊戲公司的故事。

戲公司創立於 1987 年，創辦人是兩位蓄著長髮的朋友，同屬一個龐克搖滾樂團。在就讀北卡羅萊納州夏洛特市（Charlotte）的大學期間，兩人就在離校園幾個街區外一條不起眼的街上一棟平房的地下室裡，熬夜撰寫電玩遊戲程式。1987 年時，《辛普森家庭》（The Simpsons）首次以動畫短劇問世；超脫樂團（Nirvana）剛成軍；美國總統是雷根；亞倫・葛林斯潘（Alan Greenspan）當上聯邦準備理事會主席；道瓊工業指數首次漲過 2,000 點。以今天的標準來看，終極遊戲公司一開始開發的是很簡單的遊戲，包括：接龍類型的撲克牌遊戲；迷宮；物件碰撞；一款名為「SuperFly」的遊戲，內含現今的俄羅斯方塊（Tetris）及踩地雷（Minesweeper）遊戲元素。

在這些遊戲開始受到歡迎後，終極遊戲公司僱用更多的程式設計師和一支銷售團隊，著手開發出一系列受歡迎的運動類電玩遊戲，包括「二級方程式賽車」（Formula2 Auto Racing）、「終極籃網球」（Ultra Netball）、「終極曲棍球」（Ultra Field Hockey）。在這些精采產品和優秀行銷的支持下，終極遊戲公司更加成功，並且跨入探險遊戲領域，包括他們最暢銷的「The Zone」遊戲系列，玩家一級一級地闖關，以達成愈來愈大膽、挑戰性愈高的探險目標。截至目前為止，終極遊戲公司得以不被自己的成功淹沒，隨著技術的演進而調整及更新其遊戲，例如從軟式磁碟片進展至 CD，再進展至線上平台，成為北卡羅萊納州夏洛特市當地社區的一個成功故事。

身為領導公司前進的高階主管，你目前覺得沒有「懷疑」的必要，尤其是倘若公司的營收及獲利都令股東很滿意的話。但是，你看到一個懸崖逼近：社交媒體和行動遊戲成為智慧型手機上的應用程式，形成顛覆破壞力，開始影響你的顧客基礎。這些新遊戲是由新創公司開發的，你的團隊在這個領域的經驗有限，它們對顧客的

吸引力日漸升高，事實上，你本身也可能已經是 iPhone 或安卓系統（Android）手機的重度使用者。你覺得，若忽視這些平台，對你公司的事業很危險，因此，為了增加營收來源，你可能自然而然地決定要仿效這些新創公司，立刻躍入行動市場，提供免費遊戲，進入銷售廣告市場以作為收入來源。或者，你可能選擇提高你的產品差異化程度，包括標榜你的遊戲提供探險體驗、更高品質的視聽體驗，藉此說服顧客相信，選擇終極遊戲公司的產品是「一分錢一分貨」。但是，這些尋常的反應行動全都不太可能使你免於遭遇卡蘭巴時刻，它們全都不會使你擺脫現有框架的束縛，引領你在新框架內思考。不論你的處境如何，或是你所處的世界發生什麼變化，你都可能盲而不見最佳解答——若你沒有先詢問很多的疑問，考慮各種選擇，你將無法知道哪一條是最創意且務實的路徑。若你希望為終極遊戲公司創造尤里卡時刻，就像 1970 年代的雅達利（Atari），或 1990 年代的任天堂（Nintendo），或 2000 年代的索尼（Sony），這一切需要你形成懷疑傾向。

為促進懷疑傾向，你必須了解心智如何創造框架，以及對你造成阻礙的一些傾向

　　信賴自己的「常識」，仰賴自己的認知，仰賴自己對於可能與不可能的感覺，這些都是很正常的事。不論你是創業者、中階主管或執行長，不論你是工程師、建築師、科學家或藝術家，你都是人類，有自己的價值觀、偏好、過去經驗，以及對任何事物的暫時性假說。面對含有許多變動與發展的境況時，你使用捷思法（heuristics）來做大大小小的決策，一些簡單的例子包括：應用經驗法則來分析一個情況；使用你的常識；或是畫一幅圖來代表一個

人、地，或事物。*當然啦，若你沒有這類的捷思法可用，你就無法選擇去哪一家餐廳吃晚餐或決定買哪一款車，因為你不能使用什麼絕對明確、預先定義的、客觀的一套規則來做這類決定（若你想做出令你滿意的決定的話）。就算你有這麼一套對你很合用的規則，它們大概也幫不了別人，因為它們是主觀性的規則，不能反映他人的價值觀、偏好及需要。

當然，在解決某些問題時，需要一或多種嚴謹的運算法，例如估算從甲地到乙地的距離；計算一個城市的人口；測量各種化合物的劑量以調配出藥劑。不同於捷思法，運算法跟演繹性思考有關，它是一個公式。想想一項科學實驗，一個處方，或會計規則；只要所有成分相同，操作的每一步很清楚明確，一種運算法就會以既有的模式為基礎，每一次都演繹出相同的結果。

但是，在許多你必須做決策的境況中，很多因素是主觀的、含糊不清的、充滿不確定性，因此，沒有必然的、邏輯的、如同電腦一般的決策方式。在這種境況中，你的決策將取決於手邊的事實，但也取決於各種捷思法：你的直覺；你長期抱持的信念；你的價值觀與假設；你對風險的主觀評估；以及你個人的偏見。這些捷思法當中有一些是有意識的（例如你覺得怎樣才公平），其他則大致上是下意識的。你交織使用歸納性思考和演繹性思考：針對任何特定決策，你演繹性地使用你的一些既有心智模式，歸納性地得出一個新的心智模式。身為管理顧問，我們特別熱中於幫助人們學習覺察那些下意識的、但如同重力場的堅定引力般，時時影響你的思考的認知偏誤。行為經濟學家、社會心理學家，以及其他領域專家的大量研究顯示，這類認知偏誤意味著你的錯誤決策經常是因為你根據固有的認知因素來做判斷與決定，而不是權衡所有證據，做出深思

---

* 　想想看，當你遺失皮夾或鑰匙時，你如何尋找？每個人有自己的「尋找方法」。

熟慮的理性決策。好消息是，這類認知偏誤是可以克服的，而且，某種程度上是可以避免的——若你在它們妨害你之前，敏感地覺察它們的話。這是促進懷疑傾向的一個重要部分。

試著留意尋找這類認知偏誤，它們可能源於你的演繹性思考（例如，當你試著運用特定方針、規則或運算時），也可能源於你的歸納性思考（例如，當你仰賴捷思法時）。請見下文的詳細說明。

演繹性思考中的認知偏誤——縱使存在好答案時也犯錯

有時候，縱使你在做演繹性思考，而且存在一個正確答案時，也會犯錯。首先，人們經常錯誤應用邏輯法則，例如錯用「肯定前件」（modus ponens），*假定「若 P 則 Q」，誤以為這必然意味著「Q，所以 P」。[6] 舉例而言，「若下雨，道路會濕」，但這並不必然隱含：因為道路是濕的，所以，一定下過雨。可能是有人澆花時，水灑到路面上；也可能是剛剛有人遛狗，讓幾條狗在路上灑尿。在商界，這種情形時時可見，例如，一家公司贏得一筆大合約，執行長或銷售部門主管洋洋得意地告訴其團隊：「這證明我們比我們的競爭者優秀」，或「這證明我們的方法最好」。但是，就算「若我們是最優秀的，我們就會贏得合約」（若 P 則 Q）這句過於簡化的話完全合理，我們贏得合約也未必意味著我們是最優秀的（Q，所以 P），我們贏得合約有可能是因為我們出價最低，或是政治原因，或是沒有其他公司想要這合約……

人們經常犯邏輯上的錯誤，也常誤解或忽略相當基本的數學概念或機率法則。不過，除了純粹的邏輯錯誤，還有偏見與謬誤。社

＊　譯註：或譯「正前律」。

6　Edward Stein, *Without Good Reason: The Rationality Debate in Philosophy and Cognitive Science* (Oxford: Oxford University Press, 1996).

會學家詹姆斯·漢斯林（James Henslin）的擲骰子研究實驗顯示，在所謂「控制的錯覺」（illusion of control）下，當你要人們試著擲出六點時，他們會擲得較用力；當你要他們試著擲出一點時，他們會擲得較輕。他們誤以為用更大的力氣，可以改變擲骰子的結果！[7] 有研究人員指出，人們對於「全球暖化」的相信程度，往往因他們居住地區的天氣而異。*[8]

人們也常犯「連結謬誤」（conjunction fallacy）的錯誤，亦即不正確地以為多個情形同時發生的機率高於單一情況發生的機率舉例而言：

> 我的女兒正在研修哲學，空暇時間，她是綠色和平組織（Greenpeace）的志工，並在婦女庇護安置中心工作。你認為，二十年後，她將在銀行工作，或是在銀行工作且參與女權協會，何者的可能性較高？

知名行為學家阿莫斯·特沃斯基（Amos Tversky）和丹尼爾·卡內曼（Daniel Kahneman）的研究（上例取自他們的研究）[9] 顯示，多數人更可能回答後者（亦即認為她在銀行工作且參與女權協會的可能性較高），儘管事實上，根據簡單的機率法則，前者（亦即她

7　J. M. Henslin, "Craps and Magic," *American Journal of Sociology* 73 (1967): 316-30.

*　2011 年 1 月 20 日出刊的《個性與社會心理學期刊》（*Journal of Personality and Social Psychology*）刊登 Jane Risen 和 Clayton Cutcher 的研究報告，提出更極端的差異性，他們詢問處於悶熱房間 vs. 普通氣溫房間的人們，或是在戶外大太陽下 vs. 在室內的人們對全球暖化的看法。

8　Ye Li, Eric J. Johnson, and Lisa Zaval, "Local Warming: Daily Tempera-ture Change Influences Belief in Global Warming," *Psychological Science* 22 (2011): 454.

9　Amos Tversky and Daniel Kahneman, "Extensional Versus Intuitive Reasoning: The Conjunction Fallacy in Probability Judgment," *Psychological Review* 90 (October 1983): 293-315; and Tversky and Kahneman, "Judgment under Uncertainty: Heuristics and Biases," *Science*, New Series 185, no. 4157 (September 27, 1974): 1124-31.

在銀行工作）的可能性明顯較高。*

在商界，當你和一位陌生者見面，得知他擁有麻省理工學院工程學位，或是在牛津大學主修古典文學，或他是一位大學沒畢業的公司執行長時，你的認知會如何運作？這如何影響你對他們的工作的想法？

因「連結謬誤」而犯的錯也包含「代表性捷思」（representativeness heuristic）：人們根據一因素（例如「濕」）代表另一因素（例如「下雨」）的程度來評估機率，亦即第一個事物相似於第二個事物的程度。人們有時因為仰賴這種捷思法而做出錯誤推論。

考慮以下三個句子：「所有汽車都有四個輪子。豐田 Corolla 有四個輪子。因此，豐田 Corolla 是一輛車。」多數人認為這推論正確，因為第三句話顯然正確。但是，他們仰賴的邏輯可能錯誤。以下三個句子仰賴的邏輯跟前例相同：「所有花都需要水。我的狗需要水。因此，我的狗是一朵花。」你當然會認為這推論不正確，因為第三句話顯然錯誤。當結論吻合他們的現有知識時，人們往往會接受這種邏輯。

請看以下例子：

> 傑克注視海倫，海倫注視查理，傑克是已婚者，查理不是。一個已婚者正在注視一個未婚者？你認為這句話：（1）對；（2）錯；（3）資訊不足？

多數人回答：「資訊不足」，因為他們不知道海倫是否已婚。但其實，不論海倫是已婚者或未婚者，答案都是：「對」。若海倫已婚，那麼，她（已婚者）正在注視查理（未婚者）。若海倫未婚，那麼，傑克（已婚者）正在注視海倫（未婚者）。

---

*　譯註：根據機率法則，A事件與B事件單獨發生的機率皆高於兩事件同時發生的機率。

另一個類似現象的著名例子是所謂的「蒙提霍爾問題」（Monty Hall problem），這是以早年的一個電視遊戲節目《Let's Make a Deal》主持人的姓名來命名。首先提出這個問題與解答的是一位統計學家，*但使這個問題變得出名的，是專欄作家暨難題解謎者瑪莉琳‧沃斯沙凡（Marilyn vos Savant），她在 1990 年的《漫步廣場》（Parade）雜誌「請問瑪莉琳」（Ask Marilyn）專欄中，回答讀者提出的問題。我們把這問題改述如下：

> 想像你是一個遊戲節目的參賽者，有機會從三扇門中挑選一扇，其中一扇門後面是一輛車，另兩扇門後面是山羊。若你選擇一號門，在尚未開啟此門之前，節目主持人（他知道哪一扇門後面是汽車、哪兩扇門後面是山羊）打開另一扇門（例如三號門），出現的是山羊。接著，主持人問你：「你要不要改選二號門？」請問，改換二號門比較有利，還是堅持選一號門比較有利？[10]

　　瑪莉琳在其專欄中解釋，參賽者應該改變心意，也就是說，他們應該懷疑，並改選另一扇門。雖然，一開始，汽車在任何一扇門後的機率相同，選擇一號門、並且堅持不改變選擇的參賽者，贏得汽車的機率是三分之一，但改選另一扇門後贏得汽車的機率是三分之二。換言之，改變選擇的參賽者讓他們贏得汽車的機會增為兩倍。

　　就連科學家和數學家也未能正確解答這個題目，沃斯沙凡在其專欄中刊出解答時，引發了激烈辯論，但其他人已證明她的解答正

＊　譯註：加州大學柏克萊分校教授 Steve Selvin 於 1975 年在期刊上發表，Monty Hall problem 這個名詞也是他提出的

10　Wikipedia, "Monty Hall Problem," http://en.wikipedia.org/wiki/Monty_Hall_problem.

確。*加州的統計學家馬修・卡爾登（Matthew Carlton）提供了很簡單的證明與推論：唯有當你初次選擇的那扇門後是汽車時（這機率是三分之一），你後來改變選擇的決定才會導致你輸，所以，若你改變選擇，你贏得汽車的機率是三分之二。** [11]

另一種有趣的曲解是人們對隨機性的認知。研究顯示，若你請人們在一張紙上任意畫三十個「X」，他們往往在紙上以更有條理的方式安排它們，而不是真正任意地畫，例如，他們可能在這張紙的每一個象限中分布相同數目的「X」。在我們看來，這類錯誤有深層含義：不論你多努力地預期未來事件、機會及危險性的不確定性和隨機性，你大概仍然會低估這些事件實際上可能變得多混沌不明且難以預測。因此，你必須積極懷疑你對於未來可能發生什麼情形的看法，因為平均來說，混沌與不確定性的程度大於你的預期。

所有這些例子證明了懷疑的重要性，可幫助你認知到，就算你嘗試使用你最理性的演繹性思考技巧，你仍然易於偏誤。

歸納性思考中的認知偏誤——當不存在一個「好」答案時（或存在許多好答案時）會犯錯

當我們在進行歸納性思考時，亦即我們試圖解決一個問題或處理一個課題，而這問題或課題有多種可能解答或解方（或是沒有好解答）時，認知偏誤也可能導致我們犯錯。雖然，有無數的這種認

---

*　譯註：實際上，加州大學柏克萊分校教授 Steve Selvin 早在十幾年前提出此題目時，就已做出解答。

**　較新的電視遊戲節目《Deal or No Deal》把這概念推進得更極端，參賽者沒有更換選擇的機會，但遊戲的整個前提是利用參賽者不能了解「蒙提霍爾問題」並根據其背後道理而採取行動。

11　Matthew Carlton, "Pedigrees, Prizes, and Prisoners: The Misuse of Conditional Probability," *Journal of Statistics Education* 13, no. 2 (2005), http://www.amstat.org/publications/jse/v13n2/carlton.html.

知偏誤，但其中最主要的兩種跟「可得性」（availability）和「錨定效應」（anchoring）有關。

舉例而言，為何 Google 的成功促使許多人投資於發展尖端技術的公司？為何「史上最佳歌曲」名單總是以過去三十年發表的歌曲居多？這是可得性偏誤（availability bias）的兩個典型例子，你根據容易取得或記得的資料來做決策，結果導致你犯錯。

同理，人們也傾向根據他們最先獲得的資訊來錨定其決策。這裡舉一個簡單例子：若你詢問人們：「委內瑞拉的人口是多少？」你獲得的回答通常差異甚廣。但若你先詢問他們：「委內瑞拉的人口多於抑或少於兩千萬人？」再詢問前述問題，那麼，不論此人在第一個題目中的回答是「多於」或「少於」，他對第二個題目的回答數字將是兩千萬左右。[12]

請看下列名單，你認為哪一個公司不屬於同一類組？

Goldman Sachs（高盛集團）／ Deutsche Bank（德意志銀行）／ American Express（美國運通）／ Pfizer（輝瑞大藥廠）

寫出你的答案。接著再考慮下列名單：

American Express（美國運通）／ Pfizer（輝瑞大藥廠）／ Goldman Sachs（高盛集團）／ Deutsche Bank（德意志銀行）

哪一個公司應該被剔除？

兩列名單完全相同，但當人們看到第一列名單時，輝瑞大藥廠

12　Based on a blog post about anchoring by David McRamey, which builtonce again on the work of Tversky and Kahneman: http://youarenotsosmart.com/2010/07/27/anchoring-effect/.

擺在最後，他們往往把這類別視為「金融服務公司」，或是「英文名字中有兩個字的公司」，所以，多數人剔除輝瑞。當他們看到第二列名單時，他們傾向反應這類別是「美國的公司」，因此，多數人剔除德意志銀行。人的心智只思考頭三個資料點後就建立一個框架，因此過早錨定其決策。人們非常容易犯這類錯誤，去年的營收數字，去年的財務績效……你多常使用先前的資料點來估計現在和預測未來？或是在某人的簡報說明才開始幾分鐘或幾秒鐘就驟下結論？甚至，他們還未開始簡報說明，你就已經下結論了呢！有時候，根據熟悉數字來做出預測或推論，或是在獲得所有資訊之前就躁進地做出結論，很可能導致我們的心智未能重視與評估新事件或新狀況的重要影響及未來的可能變化程度。

設若你被告知，遵循一個規則來產生三個數字的組合，而「2、4、6」這個組合符合此規則。你認為這規則是什麼？並請提出符合此規則的其他組合。

幾乎所有人立刻回答這規則是連續遞增的偶數，因此，其他組合是「8、10、12」或「20、22、24」。這是躁進判斷——亦即你對自己說：「我應該繼續依循我的第一個假說：這是 2 因數的偶數型態」，這種躁進判斷雖尋常，但導致你忽視許多其他可能的答案。這規則可能只是「遞增數字」（因此，「3、5、7」也是符合此規則的組合）；也可能只是「偶數」（因此，「6、4、2」也是好答案）；或者，這規則可能是「第三個數字是前兩個數字相加」，或是「中間的數字是其他兩個數字的加總平均」，或是「43 除外的任何三個數字」。[13]

我們的重點是：面對許多這類問題，找出答案或想出解方的最佳途徑，是先產生廣泛的可能性，再檢驗它們，而非只是試圖確證

13　這是英國心理學家彼得・華生（Peter Wason）在 1960 年所做的實驗，他做了廣泛研究探索驗證偏誤（confirmation bias）以及我們如何檢驗假說。

（confirmation）你的第一假說。就這個例題來說，這意味的是，若你立即試著提出規則或符合規則的組合，你的成效將較低；更有效果的做法是先提出各種假說，並檢驗它們，例如，先驗證這些數字是否必須遞增（例如思考「6、4、2」的組合是否可以），是否必須為偶數（試試「11、13、15」的組合可不可以），再繼續檢驗各種規則，直到你得出你認為最好的答案。但是，人們的傾向與偏誤是去確證，不是去否定與反駁；他們想證明自己是對的。

同理，一些研究分析許多公司發布的年報，以及它們如何對外傳達它們一年的營運成果。這些研究顯示，當公司過去一年的績效很好時，執行長的前言往往把功勞歸於公司，說些類似以下的話：「在 ABC 公司，我們達成了這個，我們成功做到了那個。」但若公司一年的績效不佳，執行長常把它歸咎於外部因素，例如油價上漲、氣候變遷，或政治劇變等等 [14]（想像一下，若執行長在前言中寫道「公司績效佳，因為我們很幸運」，或是「公司績效很差，因為我們沒有在這一年克盡我們的職責」）。在一些例子中，你可以合理解釋這種行為現象只是執行長善於企業話術；但在許多其他例子中，執行長及其領導的組織可能在不知不覺中扭曲了他們對正面結果與

---

14   Troy A. Paredes, "Too Much Pay, Too Much Deference: Behavioral Corporate Finance, CEOs, and Corporate Governance," *Florida State University Law Review* 32 (2005): 690, in which the author states: "Studies of annual reports have found evidence of such self-serving tendencies among managers, although the findings might refl ect a form of impression management, in addition to cognitive bias." Paredes cites James R. Bettman and Barton A. Weitz, "Attributions in the Board Room: Causal Reasoning in Corporate Annual Reports," *Administrative Science Quarterly* 28, no. 165 (1983); Stephen E. Clapham and Charles R. Schwenk, "Self-Serving Attributions, Managerial Cognition, and Company Performance," *Strategic Management Journal* 12, no. 219 (1991); Gerald R. Salancik and James R. Meindl, "Corporate Attributions as Strategic Illusions of Management Control," *Administrative Science Quarterly* 29, no. 238 (1984); Barry M. Staw et al., "The Justification of Organizational Performance," *Administrative Science Quarterly* 28, no. 582 (1983). "In general," writes Paredes, "it is difficult to distinguish self-attribution as a cognitive bias from self-attribution as an impression management strategy."

負面結果的詮釋，把好的結果歸功於其本身的能幹、貢獻與成功（一些專家稱此為「自我歸因偏誤」〔self-attribution bias〕），將不好的結果視為異常，歸因於外部因素。[15] 當這種情形開始發生時，懷疑更是重要，處於危險的不只是執行長，我們不僅在年報或說明會的一開始下此結論，接下來，我們還會花時間或篇幅去證明我們的看法正確！

趨避風險是另一種強而有力的認知偏誤，經常阻礙人們看到和掌握新機會。

想像現在是冬天，你走在森林裡，看到一個結凍的池塘，有100個人在上頭溜冰。接著，想像你行經相同的結凍池塘，但不見任何人，或是只有一個人在上頭溜冰。試問你較可能在第一種情境抑或第二種情境中去池塘上頭溜冰？

倘若你跟多數人一樣，你可能在第二種情境中比較不願意去溜冰，就算池塘結凍得比第一種情境更扎實亦然。有更多人在池塘上頭溜冰，往往使你感覺較安全，但其實，在此境況下，你未必更安全（事實上，在任何結凍的池塘上，愈多人在上頭溜冰，你必然更不安全，因為愈多人，重量愈大，結冰破裂的可能性愈高）。 在商界，人們常做出類似的錯誤判斷，他們算錯風險，花太多時間試圖以無用、浪費時間的方式做標竿工作，或是未能冒可以帶來好報酬的風險。就如同在你「知道」結凍池塘上安全之前就獨自躍出一步去上頭溜冰一樣，很多時候，當第一個採行突破性概念者，勝過一直等到很多人採行了，你才跟進，誤以為加入眾人的行列就沒有風險。

認知偏誤也可能改變你對事物的價值或影響性的認知方式。舉

15　Paredes, "Too Much Pay, Too Much Deference."

例而言，芝加哥大學經濟學家理查・泰勒（Richard Thaler）率先提出「心理會計」（mental accounting）這個概念，這方面的研究顯示，在衡量某項東西（例如鑽戒）的價值時，若你本身擁有它，可能比你未擁有它之下衡量的價值來得高，俗話稱此為「賦有效應」（endowment effect）。*[16] 反之，許多研究顯示人們強烈厭惡及趨避損失，例如股票投資人往往在持有的一檔股票價格明顯下滑至低於其買進價格時，仍然堅持抱著這檔股票，而不是認賠出售。[17]

行為經濟學如今有一大支流探究導致我們在做財務、企業，或其他決策時犯錯的種種認知偏誤，不過，當我們為那些渴望建立新框架的組織提供顧問服務時，我們不會全面詳盡地回顧所有的認知偏誤，事實上，沒有任何一位專家或任何一本書可以做到這點，這門科學仍然在演進中，已經被辨識出的認知偏誤種類太多了，根本無法用一篇論文或一本書來涵蓋。我們的目的是要使人們敏感於影響他們的判斷的種種認知偏誤，進而能夠明智、機警且及時地克服它們。

我們希望你已經開始懷疑你及你的組織抱持的假設當中有哪些最可疑，懷疑你及你的組織遵循的法則當中有哪些最值得重新檢視。懷疑那些你長久以來接受抱持且令你受益的價值觀及目的，想想看，你是否可能以什麼方式在自欺自愚。檢視你犯的錯誤，想想看，你可以從中學到什麼。當你棄絕一些可能性時，係因為它們是糟糕的點子嗎？抑或是你的認知偏誤導致你棄絕它們？探索如何改變你看待事物及做事的方式，有哪些看待事物或做事的方式妨礙你及你的同仁？

---

* 譯註：或譯為「敝帚自珍效應」更貼近含義。

16　Richard Thaler, The Winner's Curse: Paradoxes and Anomalies of Economic Life (New York: Free Press, 1991), pp. 63–78.

17　Ibid.

二、列舉並質疑你的現行法則、假設、模式及其他框架

在建立懷疑傾向後，接下來可以開始辨識你目前用以看待你的事業的一些最重要的心智模式；畢竟，不先辨識出你目前抱持的想法與信念，你將無法輕易地改變你應付眼前課題或挑戰的方式。切記，這些既有的框架或心智模式其實也只是模式，統計學家喬治・巴克斯（George Box；這姓氏多麼湊巧啊！）說：「所有模型都不是正確的，但一些模型有用處。」[18] 實際上，你的框架並非對或錯，只是較實用或較不實用罷了，它們是「暫時性假說」，是你做出的歸納性思考躍進，它們可能適用一段期間，直到另一個更適用且有效的假說出現。

我們發現，在試圖辨識你的現有框架時，一種有助益的方法是進行一次「信念稽查」（beliefs audit）：訪談或問卷調查你的領導團隊成員和同仁，探查他們對於你的組織目前的境況有何看法與意見。你可以詢問他們認為你的組織的優勢來源，組織的重要價值觀與目標，以及組織可能很快在商業環境中面臨什麼變化與挑戰。你可以試著探查你的同仁是否有高度意願擁抱變革及關於未來的新點子，探查有哪些框架被廣泛抱持，以及哪些框架是較個人性質。若可能的話，你可以找個外人，例如你的朋友或不同部門的同事幫你做這類的調查與訪談，可以使受訪對象更自在地說出他們的真實感覺與觀察，也有助於揭露更深層、更潛意識的或壓抑於內心的信念與假設。

我們最近為歐洲一家大型能源公司進行了一次信念稽查，這是因為我們認為，在幫助該公司領導人對公司的未來發展出一個遠大

18　George E. P. Box and Norman R. Draper, *Empirical Model-Building and Response Surfaces* (New York: Wiley, 1987), p.424.

的新願景之前，必須先釐清個別主管根據他們目前使用的框架，如何看待這個組織及其目的。在此信念稽查流程中，我們廣泛訪談該公司管理高層，評估每一個人對於公司目前的優勢來源、在商業環境中面臨的主要風險、公司最基本的理念與信諾、人員把時間花在什麼事務上（以及應該把時間花在什麼事務上）、對未來的構想等等所抱持的看法。當該公司的高階主管進入調查顧客需求及欲望的步驟 2 流程時，以及為公司的新策略提出構想的擴散性思考和聚斂性思考流程（步驟 3 及步驟 4）時，此信念稽查收集的資訊將很有幫助。

我們把信念稽查收集到的資訊整理摘要成「這是我們從你們那兒聽到的聲音」格式，發送給該公司主管閱讀，他們立刻認知到，他們花太多時間和經費調查有關於原油供應減少的問題，沒有投入足夠時間與經費教育顧客，使他們了解該公司近期在替代能源上的創新發展。他們也覺察，公司的幾位高階領導人長期以來太聚焦於維持公司的短期獲利，以至於未能分配足夠資金於公司的五年期研發計畫，這造成了極大的潛在競爭風險。這些資訊也幫助他們了解公司領導人之間在哪些層面具有共識，以及在哪些重要層面存在歧見，例如，他們都認同組織必須在再生能源方面投入更深，但在理由方面並沒有共識，有些人相信這麼做可以創造可觀的財務報酬，其他人雖相信這是正確而該做的事，但認為這絕不會為公司帶來任何實質利益。透過這些，我們得以更詳細了解該公司的領導人認為公司必須考慮哪些長處與弱點，以及為了實現公司的未來願景，應該重視哪些價值觀——包括信諾於創新、永續、誠正、客戶導向解決方案等等。

信念稽查也非常有助於評估你在小孩的學校裡運作委員會時、或是為你的慈善組織募款時、或是處理你的關係中的高潮與低潮時

所使用的個人框架。

　　為了進行信念稽查，你可以提出種種疑問，旨在探查在你的企業或境況中相關人士個別的和集體的核心觀念、假設與價值觀；對未來的恐懼、希望與夢想；目前的策略和策略願景；或者，概括地說，就是他們的「框架」。先進行這種信念稽查，非常有益，因為若組織無法具體陳述其現有框架，它們通常難以提出一或多個新框架。你也可以舉行正式或非正式會議，和你的同事一起思考下列疑問，探索你們目前使用的框架：

- 你們的日常活動中存在哪些固有的重要假設？你們或你們的組織普遍採行哪些既有法則？哪些核心價值觀被視為「既定不變」？
- 你們個人對你們的組織抱持什麼信念或看法？是什麼使你們的組織目前能有效運作？你們的組織在哪些領域沒有投入足夠時間與資源？太過聚焦於哪些領域？
- 你們的組織**從不**害怕、但你認為可能在未來五年對它構成破壞的層面是什麼？你們的組織**向來**害怕、但你認為可能在未來五年變成其最大資產的層面是什麼？
- 你們會如何推銷你們的公司，以吸引其他人到這裡來工作？
- 思考你們的產品或服務的市場時，你們使用哪些框架？你們組織的競爭空間是什麼？這空間有可能被重新定義嗎？可能被如何重新定義？
- 思考你們的顧客時，你們使用怎樣的框架？你們視他們為重要的利害關係人嗎？抑或視他們為必須應付的麻煩？抑或以其他方式看待他們？

● 若你們或你們的組織不存在，這世界將有何不同？會少了什麼嗎？

　　這些只是樣本疑問，你應該根據你的組織或境況的特性及需要，提出其他必須探詢的疑問。

　　信念稽查得出的摘要報告中，不僅應該列出較明顯的方針與假設，也要深入洞察你的組織中最主要且被廣為抱持的框架。深入挖掘很重要，舉例而言，在顧問公司——例如我們任職的波士頓顧問公司（The Boston Consulting Group, BCG）——內部，對顧問們有制式規範（例如維護客戶的機密；不能從事內線交易），但也有一些非制式的、大致上未明言的規範（例如我們以絕對的尊重對待我們的助理及同事；我們在發出給全體同仁的電子郵件之前必定三思）。但是，更深入挖掘，還有關於我們公司的同仁重視什麼，以及他們如何重視這些東西的明顯心智模式。我們很重視能夠對世界做出貢獻的公益性質計畫，但我們也無法做過多的這類計畫，畢竟，我們的本質是營利事業，因此，相較於收費的計畫，我們在投資於什麼公益性質的計畫方面可能會考慮更多。同理，對於那些有機會和客戶建立長期、互惠關係的計畫，我們的看待方式自然不同於那些一次性的計畫（不論這些計畫多有趣）。此外，同仁看待計畫的方式還有其他層次與類別的法則及差異：包括我們的客戶看得出來或看不出來的法則，有意識或下意識的法則，成文法則或非成文法則。倘若我們及 BCG 的同仁試圖為公司建立一個新框架，例如一個新的行銷模式，或是評量顧問們的專業表現的新方法，我們應該要先深入探究這些現行法則與假設，才能做出改變。

　　在進行了信念稽查之後，你可以分析你的哪些心智模式似乎最顯著，以及你認為這些心智模式是否對你及（或）你的組織有益且

合用。使用你已經建立的懷疑傾向，以各種方式來重新檢視它們，提出有關於存在性的疑問（existential questions），質疑你的暫時性假說，從各種方向來探究它們。

舉例而言，你是終極遊戲公司（我們之前提及的假設性電玩軟體開發公司）的高階主管，收到令人失望的第三季財報，觀察到媒體及消費者的注意力持續聚焦於以智慧型手機為平台的遊戲（這是你的公司不活躍的一個領域），你決定進行一次徹底的信念稽查來了解公司的哪些現有框架可能需要重新考慮或修改。這項信念稽查行動包括訪談你的高階主管、一些程式設計師、銷售人員以及其他參與公司日常營運的人員。你詢問他們種種存在性問題（例如：「你認為『遊戲』到底是什麼？」），以及現實問題（例如「你認為我們的哪一個競爭者最可能在接下來五年侵蝕我們在加州的市場占有率？」）。

收集這些稽查資料之後，你將其整理為以下幾個項目，包括假設（例如：「電玩不會傷害人腦」；「電玩應該反映最新的視聽技術」；「只要我們每兩年推出新版本，我們的系列遊戲 The Zone 和 Formula2 及其他產品將繼續受到歡迎」）、限制（例如：「我們必須繼續瞄準我們目前的主力顧客群——青少年男孩和二十多歲男性」；「我們的規模不夠大，無法在維持我們現有的系列遊戲的同時，每年推出超過一至兩款新遊戲」）、價值觀（例如：「我們拒絕在我們的遊戲中包含暴力或色情影像或粗話」）。也許，你還能歸納出幾個更高層次的主題，以反映組織的文化精神，例如「娛樂」、「探險」、「可信賴的消遣」。

就算你已決定，這些心智模式當中的一些（或許多）不需要被質疑或改變，你仍應該把它們辨識出來，好讓你知道這些心智模式存在於你或你的組織裡。開始檢視它們後，你決定其中一或多個

心智模式似乎該拿出來討論，大概也需要修改了。例如，你開始質疑你的主力顧客群是否仍然是那些青少年男孩和二十幾歲男性，說不定中年單身及離婚的中年女性、或退休的年長男性、或都市裡較早熟的學步小孩也漸漸迷上電玩。經過信念稽查後，你的一些同仁也質疑一個長久的假設──只要每隔兩年更新公司最暢銷的系列遊戲，就能讓顧客繼續滿意。說不定，顧客的需求、欲望及夢想正在更徹底或更快速地改變，你甚至懷疑你的顧客是否會繼續對電玩感興趣，說不定，他們的根本需求其實是娛樂，而且，其他東西開始能夠滿足他們這方面的需求。現在的電玩消費者想要從多種虛擬世界獲得娛樂：他們想要來場星際大戰、在 20 世紀初的聖彼得堡和戴吉列夫（Sergei Diaghilev）所創立的俄羅斯芭蕾舞團尬舞或是在美國名廚茱莉亞・柴爾德（Julia Child）位於麻州劍橋的廚房裡比賽，看誰能烤出最完美的起司舒芙蕾。也許，撇開娛樂這個核心框架，你們想到，長久以來，你們認為這終極遊戲公司是一家電玩軟體公司，但實際上，你們是在形成一個社交網絡。也許，The Zone 遊戲的死忠玩家想認識彼此，透過類似 Xbox Live 這樣的平台，在線上或透過電視互動網路交換心得，並在 GameStop 連鎖店門市或是在內華達州的年度火人節（Burning Man Festival）上見面。

根據步驟 1 的這些預備性探索與討論，你現在可以開始聚焦於看起來似乎對你的組織最迫切的框架（我們在此刻意使用似乎這字眼，意在提醒你小心你的偏誤，永遠抱持懷疑！）。身為終極遊戲公司高階主管，你可能研判：「我們公司的價值觀及主題似乎相當混亂，其中有些似乎已經過時，可能不合潮流了。我們必須重新思考整體的策略願景及其相關主題。」或者，你可能主張：「我們必須多了解我們的顧客到底想要怎樣的遊戲，我們有能力開發怎樣的遊戲，以及我們對於我們的系列遊戲產品可能需要如何演進的核

心假設。讓我們來探究未來幾年可能最具影響性的一些發展趨勢，以及這些發展趨勢對我們的產品可能有何含義。」或者，你可能思忖：「五年後，誰會是我們的主力顧客群？青少年男孩及年輕男性會變成什麼樣？也許我們應該探索女孩及女性，以了解她們渴望怎樣的娛樂體驗，以及我們的專長是否能迎合這些需求。」

當然，不論你是在思考這個虛擬的終極遊戲公司，抑或思考自己的真實生活境況，你都不可能列出你及你的同事的所有心智模式，事實上，在任何時候，你和你的同事抱持了無限的心智模式。但是，花點時間一起討論目前對你的組織的重要事業領域最具影響力的一些心智模式，以及這些心智模式引發或開啟的深入疑問及課題，你將能夠以許多有意義、有助益、有價值的新方式來懷疑它們。

三、審慎架構進一步探究的疑問或課題，以及你希望達成的成果

你已經認真檢視了一些最重要的現有信念、假設與方法，並且考慮它們可能誤導你以錯誤方式思考事情的程度。現在，在步驟 1 的最後，我們鼓勵你開始考慮你認為你的組織中最需要進一步處理哪些課題。有哪些「我們經常用來思考事情的方式」可能最需要重新考慮及（或）改變？你及（或）你的組織最急於調查探究的基本疑問或問題是什麼？你希望達成什麼成果？你想要建立怎樣的新框架？

有時候，可以很明顯地看出你的處境或你任職的組織正在變化，該是開始對你的基本信念及認知提出一些大疑問的時候了。設若你是某個西方國家的國營郵局高階主管，你能想像你在 21 世紀

的頭十年面臨的境況嗎？法國郵政公司（La Poste）的起源遠溯至16世紀騎馬的皇家快遞信差，但跟美國及許多其他國家的國營郵局一樣，隨著電子郵件、社交網站及線上支付系統的陸續問世，營收嚴重下滑，更別提來自聯邦快遞（FedEx）、DHL、優比速（UPS）等快遞公司的激烈競爭。我們在2006年為法國郵政公司高階主管提供顧問服務時，第一步驟的懷疑流程非常重要，因為該組織不確定該朝哪個方向前進，以及如何團結其數萬名員工。我們協助他們探究有關於該組織的本質、它的主要競爭者、它的顧客及其他主要利害關係人最需要及想要什麼等等方面的根深柢固心智模式。其實，法國郵政公司有其獨特性——在全法國無處不在，郵差及其他員工貼近接觸每個顧客。但是，我們請他們開始質疑它的顧客到底是誰（別再只是說：「我們的顧客是法國的每一個人」）？實體郵局與遞送郵件真的足以滿足顧客的需求嗎？全球化、人口老齡化、虛擬社群及個人行動通訊持續成長等趨勢，對該組織可能代表什麼含義？

想像一下，如果你身為終極遊戲公司的高階主管，你會選擇如何架構公司最迫切的課題和具體目標？在步驟1的一開始，你和你的同事認為最重要的課題是建立這家公司在行動通訊領域的專長，把公司最成功的遊戲擴展至這個領域。這麼說似乎既容易且有理：「透過備受市場歡迎的系列遊戲，終極遊戲公司為青少年男孩和年輕男性顧客群為首的廣大顧客提供電玩」，因此決定，你和你的團隊應該聚焦於把現有產品線和新產品延伸至iPhone、黑莓機及其他行動器材，為所有主力品牌的智慧型手機開發出吸引人的新遊戲，提升那些行動器材能提供的互動及娛樂水準。

但請小心：這條探究主軸只能引領你創造出「大致上相同」的東西，而非設計出真的出色的新框架。其實，你目前最迫切的難

題應該是克服你的同仁根深柢固的觀念：「我們是一家開發出長青系列遊戲的電玩公司」。在邁入步驟 2 後，更重要的是設法更加了解你的顧客群——他們最迫切的需求與希望、他們的想法、他們幻想什麼及渴望什麼、他們使用怎樣的心智模式來評價與反應你的現有產品，並且更仔細研究你公司最激烈的競爭對手採取的戰術與策略。

或者，你可能需要重新思考你公司的本質與目的，是否該是為終極遊戲公司提出全新願景的時候？

在開始聚焦看似最重要的課題或疑問，以及你想要建立怎樣的新框架時，請繼續懷疑！懷疑你原本認為最重要的疑問或課題是否真的就是最重要的課題或疑問？懷疑你是否正確架構此課題或疑問？懷疑你檢視它或表達它的方式是否確實為最佳方式。

最重要的是，從各種不同的角度來檢視這個疑問或問題時，你可以學到什麼？你應該如何描述這個你急於解決的疑問或問題，以便你能夠得出許多新點子與方法，開展你的視野，促進整個創意流程？你如何能夠在流程中建立歸納性思考（「……是一種鳥」），而非只是使用演繹性思考（「鳥是一種……」）？你希望能達成怎樣的新創意成果？你想建立怎樣的新框架？

在步驟 1 的這個第三階段，同時也是最後階段，為回答這些問題，你必須練習使用能使你做出更多歸納性思考的方法，撬開使你陷入老舊陰暗牢房裡的監獄大門。第一種有助於促進歸納性思考方法的練習涉及試著從他人或別的組織的觀點來思考。例如，身為終極遊戲公司的高階主管，你可以思考：換作是我們的主要競爭對手蓋洛爾電玩公司（Video Game Galore）的執行長，他會如何看待我們的事業以及我們目前面臨的課題？這並不會太牽強，因為他大概也經常想到終極遊戲公司。若你是尼可國際兒童頻道（Nickelodeon）

的營運長，你如何看待終極遊戲公司？若你是三星（Samsung）之類手機製造公司的領導人，或是 Google 的創新長呢？若你是達拉斯牛仔隊（Dallas Cowboys）的總教練呢？若你是美國教師聯盟（American Federation of Teachers）的會長呢？

我們最近鼓勵一家全球性大型航空公司的領導人，從非常成功的瑞安航空公司（Ryanair）執行長麥克・歐里利（Michael O'Leary）的觀點來思考，歐里利以懷疑現行模式、挑戰傳統、推出貼近消費者的新戰術聞名。聯合航空（United Airlines）、法國航空（Air France）及其他主流航空公司數十年來奉行的基本法則，包括使用不同的機隊來提供全球航線、透過旅行社銷售機票、使用靠近大城市的主要機場，但正是這些傳統法則導致主流航空公司難以成功地和瑞安航空之類的公司競爭。

瑞安航空捨棄旅行社這個銷售通路，改用創新的不開機票線上訂位制，乘客只需出示登機證和訂位憑證，便可取得座位。該公司只使用一種機型，因此，據報導，這使得該公司從波音公司爭取到非常優惠的價格，也使該公司的飛機維修與航班時間安排更簡單，因為技師只需要接受一種機型的訓練，備用零件存貨也遠遠更為單純。瑞安航空只經營短程和中程航線，此一模式是一種新的競爭框架：「我們的競爭對手並不是只有傳統的航空公司，我們也和巴士及火車競爭。」該公司主要仰賴次要、但交通較不便利的機場，使用不畫位模式。主流航空公司如今仿效瑞安航空對行李和班機上餐點索費的策略，以及其他諸如此類的「分拆」（unbundling）銷售手法。*

不過，究其本源，瑞安航空這個企業及其新框架的「發明」需要對航空事業最根深柢固的幾項經營法則做出徹底改變。例如，歐

---

* 事實上，瑞安航空常被稱為「廉價」航空公司，但這是所有這類更特定的改變法則之下產生的結果。

里利曾在接受採訪時說，他甚至還想拆掉每架飛機上的最後十排座位，騰出空間讓乘客在飛行中扶著欄杆站立，使瑞安航空的每趟班機可以載運更多乘客。[19]

　　用瑞安航空的例子和歐里利的觀點來看，你會如何改述終極遊戲公司的重要疑問與課題？你可能會因此心生靈感，疑問：我們的顧客其實是誰？他們的根本需求是什麼？我們可以把線上或手機上還未提供的哪些活動引進這些平台？我們可以把哪些產品或服務分拆銷售？換作是桀驁不馴、充滿想像力的歐里利，他會如何定義「娛樂」，他會如何思考我們的遊戲軟體和我們的公司結構？或者，簡單地說：「若歐里利是我們的執行長，他會提出哪些疑問來幫助我們徹底重新思考我們的整個商業模式與前景？」

　　第二種有助益的歸納性思考方法涉及思索極端的假設性推測：「若……會怎樣？」（what if?）。舉例而言：

- 若中國在揭發大規模性會計帳務舞弊後，被迫發布重新調整後的過去五年 GDP，導致全球經濟大衰退，將會發生什麼情形？
- 若相關研究確證手機重度使用者罹患腦瘤的風險高出12%，消息傳出後導致大批美國人棄用行動電話，重返使用線路電話，將會如何？
- 若你的競爭者蓋洛爾電玩公司為了攻取市場占有率，突然宣布免費供應其三項最暢銷的產品六個月，將會如何？
- 或者，若蓋洛爾電玩公司和手機製造商合作開發一款僅最適用該公司的遊戲程式的專有器材，將會發生什麼情形？

19　Felix Gillette, "Ryanair's O'Leary: The Duke of Discomfort," *Bloomberg Businessweek*, September 2, 2010, http://www.businessweek.com/magazine/content/10_37/b4194058006755.html.

- 若天然氣價格上漲一倍，將會發生什麼情形？
- 若顧客透過某種形式的維基（wiki），自行協助開發遊戲，將會如何？
- 若有一位不滿的程式設計師，惡意在你公司最暢銷的產品之一中建入隱藏的病毒，會發生什麼事？
- 若氣候變遷導致愈來愈多且破壞力愈來愈大的颶風或颱風侵襲美國、非洲、歐洲及亞洲，將會如何？

在這些情況下，某些重要假設、限制、價值觀及其他框架可能突然不再適用。你可能會疑問：終極遊戲公司是不是有點太過依賴其最受歡迎的、瞄準其傳統顧客群的遊戲產品？為回答此疑問，你應該設法更加了解手機重度使用者——他們在何處購物，他們在線上和誰交談，他們閱讀什麼，他們喜愛誰和什麼等等，並開發專門瞄準他們的新遊戲產品線。你可以致力於更加了解「娛樂」對這些顧客群的真正含義——例如，在新墨西哥州白銀市做她的第一份工作的 25 歲 iPhone 迷需求及渴望什麼，探討可以如何運用終極遊戲公司的現有專長來滿足這些需求。這些疑問及探究可能引領你在步驟 2 中更深入分析顧客的需求及欲望，或是調查手機使用者和電玩玩家，以研判他們對終極遊戲公司、蓋洛爾電玩公司及其他遊戲軟體開發商的廣泛看法（正面及負面看法）。這些疑問及探討也可能促使你去探究你的競爭者對其產品如何訂價，以及它們覺得它們在哪些部分失敗、哪些部分成功。這些疑問也可能促使你在步驟 2 中去探討在現今消費者專注力時間縮短且產品客製化程度提高的時代，「娛樂」的真正含義是什麼。你可能會發現，對年輕人而言，娛樂意味的是「不會聽到爸媽嘮叨叫我去做功課或清理我的房間的五分鐘耳根清靜時間」，而對家長來說，娛樂意味的是「重拾童趣

的五分鐘時間」，或是「終於感覺像個贏家」。

　　第三種有助於歸納性思考的方法是回顧你的信念稽查，把你和同仁的討論內容轉向表面上看似在你的未來決策中不太重要的一個組織現有框架。舉例而言，你們原本聚焦於疑問和探討你們一直以來抱持的假設：「只要我們持續更新我們的遊戲，就能繼續靠著瞄準我們的主要市場區隔的現有系列遊戲制勝」，現在，你們可以改而重新檢視公司的核心信念：「我們拒絕在遊戲中包含暴力或色情影像或粗話」，是否要重新評估這核心價值觀呢？這可能會激發你的同仁激烈辯論，但自 1987 年迄今，這些議題的規範準則可能已經改變而值得進行討論。你們的討論結果，可能再次確認應繼續秉持絕大部分的基本價值觀，但在粗話部分做出一些修改（容許你們的遊戲軟體中含有某些粗話，但其他粗話則不容許）。或者，你們在討論中認知到，不需要在你們的遊戲軟體中放寬使用粗話，而是需要多使用更流行、更貼近小孩的表情符號及縮寫字（例如LOL）。＊又或者，你們的討論結果是應該翻新品牌行銷與廣告，更加凸顯這個以往只是順便提及、點到為止的框架（亦即你們既有的價值觀），瞄準有疑慮的家長，推出行銷標語：「無需過濾軟體！對中學生最安全的遊戲公司！」說不定，這最終還能使終極遊戲公司授權其品牌給尋求「純潔」形象的其他公司呢。從這種新觀點來檢視問題，促使你們決定在步驟 2 中應該聚焦於了解在不同產業中還有哪些公司訴諸這種「純潔」定位與區隔，像是哪些孩童服飾零售業者？哪些大型美妝品公司？哪些提供大學測驗準備產品／服務的大公司？你也可以探討你瞄準的遊戲玩家的家長在這方面的最重要需求，以及遊戲玩家本身會如何反應？

　　在協助法國郵政公司時，我們請他們思考：若到了 2020 年，

＊　譯註：有各種意思，包括為 laughing out loudly 的首字母縮寫，即大聲地笑。

這個機構完全不存在了，會是什麼原因造成的？有些人想像邁向電子通訊趨勢的進一步發展，有些人認為可能是被一個統一的歐洲郵政服務或全球郵政服務取而代之。為了動搖他們的成見，我們要求他們想像，若相反於長久以來的「不開啟任何人的郵件」承諾，法國郵政公司改而推出一項服務，承諾：「讓我們為你開啟所有的郵件」，會發生什麼情形呢？說不定，這對經常在外旅行者而言是一項有用的服務。法國郵政公司第二資深的經理人喬治斯・勒費弗（Georges Lefebvre）後來回憶我們在第一個步驟中所做的這些事時，他的感想是：「我們不知如何是好，我們必須一而再、再而三地思考有關於存在性的疑問。」

第四種有助益的歸納性思考方法是：想像若你的組織和另一個性質完全不同的企業結盟或合併，或是進入非常不同的世界，會是怎樣的情形？想像若終極遊戲公司變成東山運動用品公司（Eastern Mountain Sports）之類的運動產品連鎖店旗下的事業，或是每一家希爾頓飯店（Hilton Hotel）的大廳設立遊戲機，將會如何？想像若終極遊戲公司和居家用品零售連鎖店 Bed Bath & Beyond 或肯德基炸雞連鎖店（KFC）建立夥伴關係呢？或者，思考聯邦調查局（FBI）或美國中情局（CIA）人員會如何和你的遊戲玩家互動？或者，想像若終極遊戲公司和迪士尼、或殼牌石油（Shell Oil）、或西維吉尼亞州的某家煤礦公司建立一個合資企業。

這些異業組合為你提出許多可以探討的新發展途徑。也許，和希爾頓的夥伴關係會促成全球各地的希爾頓飯店及度假村的商務中心旁邊，設立一個迷你遊樂場；和迪士尼公司基於「純潔」這個共同價值觀而建立的夥伴關係，使迪士尼的主題遊樂園和電影中置入你的遊戲。或者，你的公司可以開發一種以地下礦工及他們的日常活動為內容主題的遊戲。就更廣的層面來說，這種合資企業的思考

方法能啟發你以更廣泛不同的方式來看待你的事業。例如，你早先已經提出一個想法：「其實，我們可能更像一家娛樂性質的公司，而非只是一家電玩公司」；現在，和迪士尼基於「純潔」這個價值觀而建立合作關係的這個靈感，使前述想法獲得了進一步的支持。那麼，接下來在第二個步驟中，你要開始思考的重要問題將是：「我們該如何重新定義外界對終極遊戲公司及其事業的認知？」你可以進行競爭分析，不僅要調查其他電玩公司目前做些什麼，也要研究其他娛樂公司及其他標榜「純潔」定位的公司採行怎樣的商業模式及供應什麼產品。你也可以調查有關於個人化、電子通訊技術、人口結構、教育等等趨勢，以幫助你思考，若你認為終極遊戲公司其實是一家更廣義的娛樂公司，這程度到底有多大；為成為一家廣義的娛樂公司，它應該如何改變其現有框架；這麼做的話，它也許能夠在接下來十年獲致什麼成果。

　　所有這些方法將有助於擴展及延伸你的思考，激發你開放地提出歸納性疑問及思考未來。這些方法跟你將在步驟 3（擴散性思考）中用以產生新點子的一些方法有關，但現下，它們幫助你構思你打算在接下來的創意流程中應付的課題，促使你更加知道在進入步驟 2 後往何處去尋找切要資訊及研究發現，使你能以銳利目光探索眼前世界。

CHAPTER
4

探索可能性——調查你眼前的世界

在這邁向新框架內思考的第二個步驟中，我們邀請你變成麥哲倫，探險摸索你眼前的無名海域。第一個步驟要你懷疑一切，辨識現有框架，檢視你的見解可能如何受到認知偏誤的扭曲；第二個步驟則是要你使用這新覺察力，以高度聚焦和靈敏度來調查你眼前的世界。步驟 2 涉及第一手研究與探索，在盡可能擺脫以往不正確、偏差的航海儀後，你現在將能更大膽地航行於波濤洶湧的未知海域。

再者，你已經在步驟 1 中仔細架構與釐清你主要的探究疑問或課題，現在，你將能以更自覺、更有建設性的方式去尋找資訊與洞察。對於該往何處開始尋求，你已經有明確想法，雖然，你並不確知在到達那裡時，你將會發現什麼。

你可能會覺得，密切觀察似乎是邁向創造力途徑上的障礙，畢竟，以往最傑出的創造者只是讓他們的心智自由地漫步，然後自然地想出許多驚人的點子，得到最佳收穫，不是嗎？

你現在大概可以猜想到，我們認為這種有點美化創造力的概念

並不正確，或者應該說是不完全。當然，的確會有出色的點子從你的下意識裡蹦出的時刻，而且，這種時刻非常美妙，但是，在這種時刻出現之前，絕大多數的創意思考者絞盡腦汁思索一個問題，使它沉浸於不知不覺的無意識中。步驟 2 的徹底研究與探討就是要確保你為這種沉浸做好準備，使這種沉浸具有生產力。

不探尋知識的創意思考者往往會得出「在空中畫大餅」的構想，難以執行，無法提供實質價值。鮮有發明者能夠在不先嚴謹檢視現有技術之前，就創造出新穎且能申請專利的發明，而且，他們往往是在失敗了很多次後才成功。一個投資人不太可能在不知曉多數投資人對一家公司股票的看法之前，做出一個刻意不同於這普遍看法的投資。沒有任何文學知識或素養的劇作家，不太可能成為下一個愛德華‧愛爾比（Edward Albee）或尤金‧尤涅斯科（Eugène Ionesco）。

事實上，我們認為，從方斯沃斯（Philo Farnsworth）發明最早的電視機之一，到微軟公司推出的視窗，商業史上幾乎所有傑出的尤里卡時刻出現之前，這些創新的事業領導人都是先浸濡於該領域中已經出現或即將發生的重要事物的大量資訊之中。滑鼠、MP3 音樂播放器、手機或平板電腦，這些都不是蘋果公司的賈伯斯及其同仁發明的，但他們藉由了解他們眼前的世界，把不同領域的現有可能性串連起來，顯著改進這些器材，並使它們變得更易用，因而改變了世界。

當然，這世界的複雜性太深廣，我們不可能充分了解它。因此，雖說步驟 2 的主要工作是收集與評估大量相關資訊，我們認為，延續你在步驟 1 中建立的懷疑傾向仍然很重要。基本上，步驟 2 的目的不是要獲致了解，而是要尋求了解；不是側重詢問：「我能對這個主題獲得多少了解？」而是側重詢問：「我探究的是不是最好、

最切題的疑問？我是否對我現在的答案做出足夠懷疑？我傾向的看法與展望當中，有哪些已不再合理？我該如何改變它們，以變得更有創造力？」

三個調查領域

在展開步驟 2 時，你應該聚焦於步驟 1 中架構的疑問或課題，研判哪些研究領域可能最具啟示作用，最能激發靈感。為簡化起見，我們把你的調查工作概分為三個可能的領域：全球大環境；你的產業或是跟你的境況有關的領域或區域；你的公司、團隊、組織，或其他的個人境況。這三個核心調查領域如下所示：

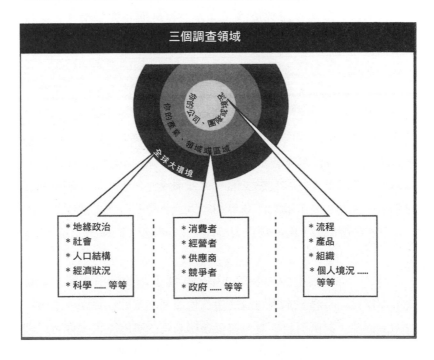

三個調查領域

你的公司、團隊或其他

你的產業、領域或區域

全球大環境

* 地緣政治
* 社會
* 人口結構
* 經濟狀況
* 科學 …… 等等

* 消費者
* 經營者
* 供應商
* 競爭者
* 政府 …… 等等

* 流程
* 產品
* 組織
* 個人境況 …… 等等

為求效率起見，本章將聚焦於橫跨這些基本領域的三個特定層面：

　　(1) **消費者洞見**。深入探索你的消費者或終端使用者，或是你的觀眾或追隨者，盡可能了解他們為何、在何處、何時及如何選擇取得你的產品、服務；或其他供應，以及為何其他潛在的顧客不這麼做。

　　(2) **競爭情報**。在法律與道德的界限內，竭盡全力去了解你的競爭者和潛在的未來競爭者，看看他們對這世界以及你的事業或企業的看法是否不同於你。

　　(3) **大趨勢**。辨察與檢視可能即將對你、你的工作或組織及這個世界產生重要影響的社會、經濟、政治與技術趨勢。

　　這三個層面是我們最常遭遇的，但並非只要調查這些層面即可，若你的事業、疑問或課題涉及國際發展及微型融資（比如說，你想要建立有關於如何對第三世界國家的窮人提供貸款的新規則），那麼，在步驟 2 中，你可能也要研究政府的法規與政策。或者，若你聚焦的未來發展是銷售針對特定癌症病患的藥品，那麼，調查治療與研究此癌症的醫生與科學家主要意見領袖網絡（也許是基於「誰發表了重要研究或治療報告、誰和誰共事或學習」而形成的網絡），或許能幫助你研判哪些醫生在此社群中最具影響力而值得瞄準。尋求下一個零食點子的零食公司或許也應該進行網絡類型的分析，調查這個市場的所有專利，以了解哪些競爭者最創新，以及它們在什麼領域（例如巧克力特性、化學成分、染料、包裝等等）創新。

　　總之，你可能需要在步驟 2 中對種種主題及副主題進行大量調查與探究，不過，本章討論的這三個層面能幫助你更深入了解所有不同情況。舉例而言，身為終極遊戲公司的高階主管，你可以調

查這三個層面，以求進一步洞察你在完成步驟 1 時決定要調查的課題。假定你和你的同仁決定，終極遊戲公司雖應堅持「電玩」和「娛樂」的大框架，但你們想要透過進軍新領域和發展廣泛的新服務或產品來提高年營收。過去幾年，你們共同的想法一直是繼續維持在原軌道上，定期翻新公司的核心系列遊戲，瞄準相同的基本顧客群（青少年男孩及年輕男性），並隨著技術演進而更新。但是，看到公司的近期獲利沒有成長，又認知到你們的顧客可能在未來幾年產生新需求與期望（而且，行動通訊領域的競爭者可能比你的公司更快速或更有效率地滿足這些需求及期望），你們現在急於嘗試發展新框架，或最起碼得在你們既有的電玩及娛樂框架中填入許多活潑有趣、而且最好是也賺錢的新策略與點子，亦即在你們現有的較大框架中填入較小的新框架。你們希望藉由探尋消費者洞見，收集競爭情報，以及探索大趨勢，能夠收集到資料，仔細解讀，並據以產生大量的新概念與可能性。

不過，切記：步驟 2 的重點不在於做到詳盡無比的研究，而是不斷地重新檢視你從學到的東西中產生的認知如何改變，你獲得的新洞察與發現如何改變你過去一直以為正確或「向來如此」的東西？

消費者洞見

欲探索你的企業情景，一個基本方法是深入了解那些購買或體驗你的組織供應的產品、服務，或其他東西的人們。你也許可以從探索究竟誰才是你的顧客做起，*更加了解現有顧客、潛在顧客、

---

* 　不論你的終端使用者是購買你製造的餐桌者，或是你提供牙科服務的對象，或是你為世界各地表演舞台提供燈光秀的對象，本書一律稱之為「顧客」或「消費者」。

以及目前不是（甚至將來也不太可能是）你的顧客的人們或機構，對你很有助益。

　　你可以用哪些不同方式來分類你的顧客，對他們做出各種市場區隔，甚至進一步把這些區隔區分為更小類別？每一類群跟你的產品或供應有何獨特的連結與關係？在購買你的產品或服務時，這些不同區隔顧客群的獨特需求是否獲得滿足？什麼因素促使他們決定使用你的產品或服務？你也許可以用哪些非傳統或意想不到的方式來看待這些不同的顧客群？舉例而言，**忠誠且持續惠顧的顧客購買你的產品的理由，是否非常不同於（甚至是相反於）那些一時興起的衝動購買者**？你的多數顧客目前未認知到他們其實很需要哪些產品或服務？

　　進行深入的顧客調查以獲得有關於消費者的洞見，能幫助你重新定義你的企業使命，這重新定義很可能攸關你的企業存亡。你的目標是更加了解顧客的心意，顧客並非總能說出他們真正的想法，他們在做出購買決策時，甚至可能不知道自己實際上在做什麼，若你能卸下他們的心防及最理性的思維，你可以深入洞察他們真正要購買的是什麼，以及他們如何和為何決定這麼做。

　　深入調查顧客的方法之一是實地近距離地觀察他們，與他們直接互動（有時亦可祕密地使用雙向鏡來觀察），以及我們所謂的「一起購物」（shop-along）和「逐一檢視櫥櫃」（closet tear-down，到他們家中打開每一個櫥櫃，看看他們購買了什麼）。*試著去探索與揭露他們在決定購買你的產品或服務時是否有特定心理因素在作用。你也需要努力去了解你的產品或服務帶給顧客的種種益處，包括技術性質的益處（這產品實際上執行什麼工作，提供什麼性能）；體驗或功能性質的益處（你的品牌為你的顧客提供什麼體驗）；情

---

* 　根據每個組織的需要及預算，可以使用的方法很多，從親自訪談，到針對許多消費者區隔進行夠大的抽樣等等。

感性質的益處（你的產品使顧客產生什麼感覺）。

　　了解你的顧客（以及還不是你的顧客的人們）對你的產品或服務的看法，這些也是非常有助益的洞察。在你的產品類別中是否有特定品牌被視為「奢華」，或「可靠」，或「動人」，或「實惠」？你的顧客對於某品牌的看法是否受到接觸或購買此品牌的時地影響？他們是否有時因為某個理由而購買你的產品，有時則是基於別的理由而購買？他們的消費型態如何？在什麼情況下購買你的產品，會讓消費者對自己的購買決策感覺最良好？所有這些項目都應該透過對話及觀察來調查，也許，他們向你陳述的理由並不是他們購買你的產品的真正理由，他們的購買決策背後也許有不為人知的因素（可能是他們知道的因素，也可能是他們未知覺的因素）。

　　有許多方法可用以探察你的顧客的思維，包括有意識的思考和下意識的思考。消費者的日誌能幫助你了解他們的購買決策，不過，想要更深入挖掘，你可以和消費者會面，請他們畫出他們希望你提供的產品／服務（或是現有產品／服務的改進）的圖像或拼貼。或者，你可以請他們描述他們使用你的產品的方式，或是請他們對假設性的新產品或服務組合提出意見反應。這些做法的目的是試著移除他們的部分心防，使他們透露購買決策背後的一些驅動因素。

　　另一種非常有幫助的洞察方法，是詢問熟悉你的顧客的人士，請他們分享對於這些顧客的看法。如果你經營的是餐館、旅館或辦公室，可以和清潔人員聊聊；如果你是鞋店、服飾店或電子產品業者，可以問問第一線接觸消費者的收銀員；如果你提供的是美屬維京群島的渡輪服務，可以追蹤二月從寒冷的美國東北部飛往暖和地區的航空交通狀況，以便更加了解潛在消費者的行為及購買型態。

　　還有，跟步驟 1 一樣，持續思考很多跟你的顧客及其需求相關

的「若……會怎樣？」的疑問。例如：

- 若你或你的事業消失的話，你的顧客會怎麼做？
- 若你的產品售價或服務費用調高一倍，你的顧客會怎麼做？
- 為了使顧客使用你的產品或服務的頻率如同使用牙刷或衛生紙一般頻繁，你可以如何做？

　　想像一家公司在每個銷售處擺放一張吸引人的鮮黃色沙發，但不准任何員工坐！這是我們的客戶永恆力集團（Jungheinrich Group）所做的事，該公司在調查消費者洞見之後，不僅改變了他們對於產品及顧客關係的看法，也改變了該公司的整個使命。

　　永恆力集團是總部位於德國漢堡的一家公司，專門製造堆高機，這樣的事業通常會預期左右其客戶購買決策的因素相當單純，多年來，該公司一直相信，客戶購買其堆高機是因為它製造的設備器材性能佳且可靠。因此，永恆力集團在顧客服務方面投資甚少，把一大比例的收入用於改進工程、廣告及維持具有競爭力的價格，公司的基本策略是：打造優異可靠的堆高機，並且售價具有競爭力。這策略背後的基本假設是：堆高機購買者的購買決策只考量這兩項標準。

　　但是，在步驟1中檢視其既有框架後，永恆力集團決定聚焦於它的整體銷售與行銷策略，並安排焦點團體座談會，公司主管出席這些座談會，深入探究該公司的顧客真正想要什麼，以及潛在想要什麼。調查結果令這些主管大出意料！顧客表示，他們的優先考量之一是令他們感到安適、對他們很周到的顧客服務。在一次會議中，一位很有直覺力的製造部門主管畫了一張簡圖，描繪自己躺在辦公室裡的一張舒適沙發上的樣子，因為所有事都在掌控中，因此他感

到很輕鬆。這幅圖顯示，若客戶的堆高機出了問題（這種情況鮮少發生），該公司可以遠距診斷問題，並且快速修復，不需要他太傷神。

永恆力集團的整個團隊認知到這幅圖的寶貴，立刻決定把顧客服務列為第一優先要務（原本是他們排列為第四的要務），投入大量時間、經費及心力於他們的顧客身上，把原本很工業化、枯燥乏味的堆高機採購流程變成愉快、甚至奢華的體驗。他們不再把幾乎所有時間和技術性思考投入於謀求提升堆高機的馬力，改而聚焦於打造更親切、更體貼、更殷勤的客戶體驗，其中的行動之一是在每個銷售處擺放一張鮮黃色（該公司的標誌顏色）沙發，作為其品牌承諾的提醒。他們決定，不准永恆力集團的員工坐此沙發，只有顧客可以坐，並且鼓勵顧客坐。該公司的研發團隊把提升公司技術人員遠距診斷問題的能力列為重要的新焦點，銷售團隊決定向顧客強調：「您的成功就是我們的成功」，同時，這句口號也成為新的行銷與廣告主題。這個提升顧客服務的新願景使得永恆力集團在接下來的數年間獲利大幅提高。

如前文所強調，在步驟 2 中維持步驟 1 中建立的懷疑傾向，是取得有用的消費者洞見的重要關鍵。組織往往堅持它們認為的消費者購買動因，對於它們的顧客最關切什麼或是顧客的產品體驗，它們已有成見，而且固執於這些成見，很難接受這些見解並不充足或根本不正確的調查結論。有時候，多年來因為不當的假設而被忽視或否決的機會突然出現，這麼多年來，因為組織決策者的一個捷思，導致他們走向較無益或較不當的路徑。有時候，因為你和你的團隊想逃避令人不安的結論，你們因此避開、甚至下意識地破壞獲取消費者洞見的流程。但是，唯有充分覺察這種隱藏的偏見和情緒性陷阱，充分投入於獲取消費者洞見的流程，並且願意接受其結論，你

們才能擺脫束縛，開始創造各種有遠見的新策略、模式與方法。

舉例而言，麥當勞在過去十年對其餐點選擇做出顯著改變，以迎合顧客所表達的期望——更健康的食物選擇，包括供應沙拉（2003 年），去除反式脂肪（2008 年），在快樂兒童餐中包含蘋果切片（2011 年）。這使得麥當勞的市場占有率從 42% 提高至 50%，在此同時，面對市場變化而仍然繼續聚焦於傳統餐點選擇的漢堡王（Burger King），其市場占有率從 17% 下滑至 12%，把亞軍拱手讓給溫蒂漢堡（Wendy's），遲至 2012 年才終於在餐點選擇中加入沙拉。[1] 在全球市場方面，麥當勞及其他知名的速食餐廳在世界各國進行消費者洞見問卷調查與訪談，並根據調查結果，大幅改變餐點選擇，推出迎合本土口味的餐點。

在雜貨零售業也有許多類似的例子。1957 年創立於米蘭的艾斯倫加（Esselunga）是義大利的第一家連鎖雜貨店，靠著覺察消費者需求的變化而繁榮成長，例如，它率先了解職業婦女開始感受到時間的限制，因此，其商店裡對特定商品減少 70% 的陳列量，以開闢出更寬廣的走道，增設結帳櫃台和櫃台人員。這使得購物時間加快 40%，購物體驗更愉快，結果，在 2000 年至 2010 年期間，艾斯倫加的營收成長比主要競爭對手高一倍，獲利比一些競爭對手高出 50%。

但是，你必須隨著消費者需求的改變而快速調整。在 2008 年經濟衰退之初，全食連鎖超市（Whole Foods）的營運陷入困境，因為顧客向來視它為主要供應高價產品的超市。為了因應時局，全食超市做出調整，開始供應「好康」（The Whole Deal）品項，推銷廉價熟食及 365 種自有品牌，並提供量販折扣，以創造更偏向「實惠」的消費者認知。

---

1   http://jacksonville.com/opinion/blog/423471/gary-mills/2012-04-02/burger-king-launches-new-menu-including-salads-smoothies

另一個例子是推出獨特類型雜貨零售店的商人喬伊連鎖超市（Trader Joe's）：只供應典型美國連鎖超市所供應品項數目的 10% 至 15%，每間商店占地面積是一般連鎖超市的三分之一，銷售的產品當中有 85% 是其自有品牌（這比例是一般連鎖超市的三到四倍）。結果，它在過去十五年呈現二位數成長率，而且，相較於其他零售商，它的銷售生產力非常高。該公司的成功關鍵，在於了解到對平價且便利取得的健康及特殊產品感興趣的這個特殊市場區隔的重要性，並且維持精實的營運模式。

假定，身為終極遊戲公司高階主管的你已經透過線上留言板或以往的購買紀錄辨識出公司的一些常客，並透過問卷調查請他們分享意見，包括：他們喜歡你的產品的哪些特點；他們希望看到修改或增加哪些特色；什麼因素將促使他們玩更多電玩；什麼因素將促使他們玩更多終極遊戲推出的電玩。你和你的同仁長久以來認為你的顧客大都是青少年男孩或年輕男性，可支配所得有限，使用你公司的遊戲來打發時間或與友人比賽，但是，這項初步調查顯示，你的遊戲玩家中有驚人數目的年齡更長者，以及驚人比例的女性。你的樣本數量可能不夠大，但你透過第三方的調查數據證實，現今電玩玩家的平均年齡為 37 歲，超過 18 歲者占 82%，超過 50 歲者占 29%，女性占 42%，而且，18 歲以上的女性是成長最快的電玩玩家人口結構群之一。[2] 這似乎吻合新興的行動通訊技術使用者人口結構，但與你的團隊長期以來以為的電玩玩家人口結構不符；你們本身的認知偏誤導致你們對於顧客結構的認知非常不同於事實，每當思考你們的顧客時，你們便陷入舊框架裡！於是，你們對於誰是終極遊戲公司的消費者的看法可能大大改變，以往你們幾乎只聚焦於「精力充沛的小孩」，現在，你們聚焦的對象也包括「心懷更多渴

2　此資料取自娛樂軟體協會（Entertainment Software Association）2011 年的研究報告，執行調查者為易普索市場調查研究公司（Ipsos MediaCT）。

望的媽媽」或「優雅的年長者」。

　　在此問卷調查後，你觀察並訪談一些玩家如何玩終極遊戲公司的產品，從中了解他們何時及為何玩電玩（對一些玩家而言，這已經變成晚間的習慣，藉此紓解工作或學習後的壓力；對其他玩家而言，則是在任何時間許可下藉此擺脫一切，或是在小孩上床後藉此紓解壓力）。你從中了解到，除了這些功能和實用益處，你的許多玩家希望成為一個社群的分子，和與他們相似的人建立連結，但他們不想在真實世界中和這些人見面，因為這令他們覺得不安全。有些玩家對於這種形式的社交連結並不感興趣，他們忠誠於終極遊戲公司的產品，係因為其遊戲中「不含暴力或色情影像或粗話」的聲譽，甚至可以讓他們和他們的小孩共用遊戲軟體及使用者帳號。還有其他玩家仰賴終極公司出品的遊戲作為晚間線上瀏覽的安全起始點，引領他們進入其他領域：查看股票投資組合；尋找醫藥或其他方面的資訊；線上購物；安排旅遊或其他休閒活動；甚至是尋找戀愛對象。

　　接著，你透過後續問卷調查中試圖了解不同的消費者區隔，發現青少年男孩仍是一個重要顧客區隔，但他們的父母也是一個重要顧客區隔，而且，其他兩個較富裕的顧客區隔是超過 50 歲的顧客群和年輕專業人士（包括男性和女性）。你和你的同仁很了解青少年男孩這個顧客區隔，但你們發現，所有其他區隔中的很多顧客都支持終極遊戲公司繼續保持其「安全性」價值觀，並且願意為了維持和提倡此價值觀而支付比目前價格高出達一倍的價格。一位母親本身也玩終極公司的遊戲，並准許她的小孩玩，她提出的顧客意見令人印象深刻：「愈來愈難找到既讓我的小孩感到有趣且開心、又獲得我容許的娛樂方式，更遑論是我們全家都使用的娛樂。所以，若你們能向我證明這點，價格不是最重要的考量，你們將贏得我的

感謝和忠誠。」

在步驟 3（擴散性思考）中，這些洞見使你產生種種新點子。在展開步驟 2 時，你可能會想，步驟 3 應該會是探討：「我們該如何進軍行動通訊領域，並持續保持高品質遊戲公司的聲譽？」或是跳脫電玩，進入更廣義的娛樂領域：「我們該如何對長期的主力顧客群及他們的娛樂需求做出最好的瞄準？」這些是不錯的問題，但不是會改變遊戲規則的「新框架」疑問。你現在可能會改變你的想法，研判步驟 3 應該會是聚焦於迎合家長或是迎合一些新發現的顧客區隔組合，例如：「我們該如何使終極遊戲公司成為那些尋求單一娛樂供應源頭的家庭所選擇的對象？」或：「終極遊戲公司該如何使各地的足球媽媽（soccer mom）＊對她們每天的生活抱持熱誠？」

競爭情報

步驟 2 也有助於改變你對於競爭對手的想法。你可知道，被你放在「競爭對手」框架裡的那些人或組織是否認為他們的事業和你的相同？你是否了解有哪些未明言的因素（不管是機密，抑或是下意識的因素）左右他們的策略？有沒有一些人或組織現在並未被你擺在「競爭者」框架中、但可能即將搶走你的顧客？

在思考誰是你真正的競爭對手以及他們和你的差別時，很容易犯錯。以百事可樂和可口可樂這兩家公司為例，你認為這兩家公司互為競爭者嗎？你是否經常碰到這種情形：在餐廳裡，服務生告訴你這家餐廳只供應百事可樂或可口可樂，未同時供應兩者？不

＊　譯註：soccer mom 指那些以小孩為生活重心，每天不辭辛苦地接送小孩往返於學校、運動場、才藝班的母親。

過，若你認為這兩家公司互為競爭者，那你只對了部分而已。沒錯，在全球市場上，它們相互競爭銷售碳酸飲料和非碳酸飲料，例如「百事可樂、純品康納（Tropicana）、開特力（Gatorade）、水分納（Aquafina）」vs.「可口可樂、美粒果（Minute Maid）、勁力（Powerade）、達山尼（Dasani）」。但其實，百事可樂公司雖是可口可樂公司的頭號競爭者，可口可樂公司並不是百事可樂公司的首要競敵。除了飲料事業，百事可樂公司旗下眾多其他事業，包括全球性品牌菲多利（Frito-Lay）、桂格（Quaker），以及包括乳製品、蘸醬在內的許多食品。在百事可樂公司超過 650 億美元的年營收當中，食品事業占了近 50%，而可口可樂公司的 470 億美元年營收基本上都是來自飲料事業。因此，百事可樂公司聚焦於在更廣泛的、影響其許多品牌的策略領域中求勝，詢問百事可樂的高階主管，他們會強調，身為全球領先的消費性產品公司之一，百事可樂公司的使命是用舉世最受喜愛、最美味的便利食品及飲料來吸引消費者。[3]

　　跟收集消費者洞見一樣，收集競爭情報的工作也必須超脫成見。你可能對於你最明顯的競爭對手有一些定見，例如：它們的產品較差（或無與倫比）；它們的經營管理很差（或非常優秀）；它們很強悍（或它們很脆弱）；它們會愈來愈壯大（或它們會變得更小、更敏捷），這些定見可能影響你看待它們的方式。我們認為，你不應自限於這類成見，遠遠更有趣、也更有益的做法是，猶如剛踏入此產業的新手或小孩一般，用好奇心及開放思想來看待競爭。

　　思考類似以下的問題：我可以用怎樣的非傳統、令人意想不到

3　百事可樂公司網站上聲明：「我們的使命是成為全球首屈一指、聚焦於便利食品及飲料的消費性產品公司」，又說：「百事可樂公司的責任是持續改善我們營運當地的環境、社會、經濟等所有層面，創造比今天更好的明日。」http://www.pepsico.com/Company/Our-Mission-and-Vision.html

的方式來定義我的競爭對手，辨識出可以包含在競爭對手之列的其他廠商？或者，換個方式說，我的顧客可以用哪些東西取代他們現在向我購買的產品或服務？

若你改變你用以識別你的組織、組織使命與願景，以及你的核心產品與服務的既有框架，將對你既有的「競爭對手」框架造成什麼樣的改變？怎樣的競爭領域定義會讓你的市場占有率縮小五倍或增大五倍？想像七年後，你的主要競爭者是一種完全不同產業裡的一個完全不同的組織，例如，你的事業是提供資訊技術服務，但你的頭號競爭者突然變成赫茲租車公司（Hertz）；或者，你製造與銷售寵物食品，你的競爭者突然變成好市多（Costco）；或者，你在新英格蘭各地擁有牛奶及乳製品農場，你的頭號競爭者突然變成辦公用品供應商史泰博（Staples），試想，這種演變是如何發生的？這種情形對你的組織有何含義？

我們相信，當你開始思考這類疑問（並且被迫更歸納性地思考）時，你將會看出，你未來的競爭者很可能來自意想不到的方向及廠商。

身為終極遊戲公司的高階主管，你可以如何重新定義你公司的競爭領域？也許，這不是一家只提供電玩服務給年輕男性的公司，可以重新定義此公司的事業是為廣泛的人提供教育及娛樂服務。想像五年後，這家公司的主要競爭者不是蓋洛爾電玩公司，而是聯影電影院（Cineplex Movie Theatres）或美國大聯盟職棒……這是怎麼發生的？這類徹底改變的「競爭」觀點將如何幫助你在「電玩」及「娛樂」的大框架中，填入迎合家庭的新產品與服務點子？

現在，想像你是一家相機製造公司的高階主管，你試圖分析研判公司的競爭情勢。誰可能在照相領域推出下一個勝出的創新創意？誰會發明下一個大物件，推出創新的領先產品與服務？讓我們

更明確點：你認為誰可能會提出有關於相機如何採光的新理論？誰可能會使用這新理論來開發出一款創新的相機，能夠讓人們拍攝照片之後，再視他們想要強調相片中的哪個部分來對焦或調焦（在相機上，或是後來在筆記型電腦上調焦）？再想像這些「先拍照，後對焦」（shoot now, focus later）的影像可以用 2-D 及 3-D 格式觀看及列印，你認為誰不僅發展出這種新照相術的背後理論，而且現在還銷售這種改變賽局的相機？你猜是佳能（Canon）？尼康（Nikon）？柯達（Kodak）？索尼？正確答案是萊特（Lytro），位於加州的未上市小公司。萊特的革命性照相術使用史丹福大學科學家的開創性研究成果，該公司已經開始銷售顛覆相機業的光場相機（Light Field Camera）給熱中此道者。* [4]

　　簡言之，步驟 2 的一個重要部分是，你必須認知到，你的競爭者可能不是你以為的那些人或廠商，因為最可能提出新概念的人及組織往往不是最有經驗或聲響最卓著者。

　　為何會這樣？如同我們在本書中一再提醒你的，若你一直被現有框架桎梏，你將難以發明出突破性的概念或點子，難以看見存在你眼前的好點子。訴諸新概念及新點子而推出制勝創新的，通常是像萊特公司這種較不會被既有「做事方式」框架束縛的局外者。相較於更大、歷史更悠久的組織，這些局外人通常較能挑戰被廣泛抱持的觀點，以新方式來看待事物。

　　再來看亞馬遜網站（Amazon.com）的例子。亞馬遜以網際網路零售業者經營之初，率先視其為大威脅的是書店，但在亞馬遜多角

---

*　當然啦，到了本書出版時，萊特公司可能已經非常出名，也可能已經破產。跟進持續變化的洪流，可不是容易的事。

4　Rob Walker, "How a New Camera Will Revolutionize Photography," *Atlantic*, December 2011, p.36; Kim Eaton, "Lytro: The $50 Million Technology That May Change Photography Forever," *Fast Company*, June 20, 2011, http://www.fastcompany.com/1762270/harry-potter-esque-photos-worth-50-million-lytro. For one journalist's review of the new technology, see http://www.youtube.com/watch?v=JDyRSYGcFVM.

化經營跨入音樂銷售領域後，已經不難預測它最終將會銷售幾乎所有類別的產品。一個並不牽強的想像是：不久之後，亞馬遜將會編輯、製作及銷售它自己的文學作品，售價低於所有大出版商，而這些大出版商可能仍然仰賴相當狹窄的思維模式來思考誰是它們的真正競爭者。太多強大的公司並未認真思考亞馬遜這個咖，因為它們錯誤地相信亞馬遜不屬於它們的事業領域。

欲收集正確的競爭情報，關鍵之一是聚焦於你的競爭者如何描述自己，但你必須更深入一層去了解它們的現行策略與使命（未必是它們在自家網站上及年報中所陳述的）。在深入探究後，你認為它們真正的長處和本質是什麼？思考它們特別擅長什麼，或是它們可能想到進軍哪些其他事業領域？以下是一些你可以思考的其他層面：

- 它們可以對其事業做出哪些改進，使它們的營運變得更有效率？
- 它們可以用哪些你還未充分探索或認識的方式來和你競爭？
- 除了以更低價格供應它們的產品或服務，這些競爭者還可以在顧客服務、通路、產品創新或設計等方面做出什麼重大創新？你要如何應付這些變化？
- 誰是你的競爭者的重要事業夥伴？它們可能收購誰或它們可能被誰收購？這些變化對你的事業有何牽連？

最重要的是，你如何擺脫你對現有框架（例如跟你的組織歷史、資源及能力有關的限制，或其他類似限制）的考量，以新視野來思考和應付這些重要疑問？

你甚至可以使用相似於收集消費者洞見時採用的流程，但改

而聚焦於探究你或其他廠商的顧客如何看待你的**競爭者**的產品或服務。這些資訊顯露你的競爭者有何競爭優勢及未明言的使命與策略？

調查終極遊戲公司的顧客群後，你得知：第一，標榜「安全性」能迎合廣泛的家長；第二，在得知他們的青少年小孩及其他小孩玩終極遊戲公司出品的遊戲時，他們感到安心，至少，相較於蓋洛爾電玩公司暴力色彩較濃厚的遊戲，或是觀看煽動性電視節目，他們更支持終極遊戲公司的產品。但是，許多問卷調查受訪者提供了重要的第三個洞見：他們仍然偏好他們的小孩從事一些不是久坐的活動。想想看，這對於未來的電玩遊戲發展有何含義？或許就是這類思維促使任天堂開發出涉及廣泛動作的 Wii 遊戲機。這對終極遊戲公司有何含義？它可以如何把這個洞見和行動通訊技術發展趨勢連結起來？應該和運動器材製造商建立一個合資企業嗎？抑或和一個全球性的連鎖健身房合作？換作是耐吉（Nike）的產品發展專家，他們會對終極遊戲公司提出什麼建議？

在探討大趨勢之前的一個岔題——前瞻性思考

在調查你的顧客與競爭情勢時，尤其是當你開始思考可能影響你、你的組織、你的產業及地球的大趨勢時，我們想提供你另一項重要的工具。我們想幫助你利用預測性思考（predictive thinking）和前瞻性思考（prospective thinking）這兩者的差別。預測性思考指的是你**試圖研判什麼情形將確實發生**，前瞻性思考則是：（1）運用你的想像力去思考有關於可能發生之事的種種疑問；（2）不斷地想像無數可能的未來，並據以行動。前瞻性思考指的是更廣泛、

長期性地看事物，開放地擁抱種種可能性，盡你所能地充分覺察在你的組織內外或你所處環境內外發生的事。這兩種形式的思考都有助益，但本書將凸顯前瞻性思考，尤其是在辨察大趨勢時，使用這種思考來建構一種名為「情境」的特殊框架（參見第9章）。

出生於塞內加爾的法國企業家、知名的前瞻性思考方法先驅蓋斯頓·柏格（Gaston Berger）*曾說：「若你在漆黑中行駛於一條你非常熟悉的道路，你只需要一盞燈籠。但若你行駛在不熟悉地區的一條路上，你就需要使用明亮的前照燈了。」前瞻性思考就是使用明亮的前照燈來航行，為許多可能的未來、且往往是不熟悉的領域預做準備，而不是使用一盞燈籠去預測僅僅一種可能的未來。前瞻性思考是預期長期變化，包括高度顛覆破壞性的變化（有些是已知的變化，其他則是完全未知的變化），並且及早因應這些變化。前瞻性思考仰賴大量的歸納性思考，是務實創造力的核心要素；前瞻性思考的目的是別再坐等，及早行動。

反觀當你使用預測性思考時，你通常是預見了高度可能發生的事。在下述條件下，這種思考能運作得不錯，且產生助益：（1）你很熟悉可能相當快就會發生的事件的相關因素；（2）這些因素相當穩定且容易衡量；（3）你能使用確立的運算法來做出有關於短期結果的決策。預測性思考優先使用你的演繹性思考。例如，機場的空中交通控管專家能夠研判並決定何時該暫停讓飛機起飛，何時可以放行。長期的天氣型態不容易預測，但氣象學者能夠相當準確地預測短期的、每小時的天氣，因此，空中交通控管人員可以使用預測性思考來研判在接下來幾小時當中，何時可能安全而可以讓飛機起降。

下圖比較預測性思考和前瞻性思考：

---

* 　維基百科（Wikipedia）描述柏格為未來學家、哲學家暨企業家，非常有趣的一個組合。

	預測性思考	前瞻性思考
心態	預測未來:「我們預期……」	為未來做準備:「但若是……」
目的	降低或甚至消除不確定性,與不明確性搏鬥	接受不確定性,擁抱不明確性,為種種可能性預做準備
不確定性	普通	高
方法	根據過去及現在來做推測	開放,想像
路線	清楚,呈現連貫性	全盤性,系統性,預期具有顛覆破壞作用的事件
使用的資訊	量性資訊、客觀、已知	質性資訊(也許可以量化,也許無法量化)、主觀、已知或未知
關係	靜態、穩定的結構	動態、持續演變的結構
技巧	確立的量性方法(例如經濟學、數學、數據等等)	使用質性方法來構思情境(往往是根據大趨勢來規劃)
評估方法	數字	標準
對於未來的態度	消極或被動(未來自會發生)	積極主動與創造(我們可以創造或形塑未來)
思考方式	演繹性思考	大量使用歸納性思考

　　前瞻性思考能幫助決策者回答兩個重要疑問:「可能會發生什麼情形?」以及:「我該對此採取什麼作為?」

　　在步驟 2 中,這種思考能幫助你更加了解可能會發生什麼事件而導致你的現有框架不再適用,以及你的組織必須做什麼,才能為這些事件做更好的準備。接著,你可以探討這些可能事件,以供步驟 3(擴散性思考)中開始產生新點子、方法、策略及其他新框架時的參考。

使用這種「許多事可能發生」的心態，並且保持步驟 1 中學會的警覺力（留心注意你的認知偏誤可能導致你的最佳思考誤入歧途），接下來，我們鼓勵你探索一些可能對你及你的抱負產生多年影響的強大趨勢。

聰明運用大趨勢

以蓋斯頓‧柏格及其他人在近半世紀前提倡的前瞻展望概念為基礎，我們相信，在探索眼前世界的第三種好方法是辨察與探究**大趨勢**。大趨勢是社會、經濟、政治、環境或技術的大變化，非常有可能對廣泛領域帶來大衝擊。大趨勢將影響你的公司、你的顧客、你的競爭，也會影響你的家庭、你的鄰居、你的社區。大趨勢的例子包括：替代能源的開發，預期到了 2030 年，將能滿足全球急遽增加的能源需求的 8%，高於 2010 年的 6%（而且，2010 年的能源總需求量比 2030 年小），主要的替代能源是風力發電和太陽能；[5] 巴西及中國等快速開發中市場的崛起；網際網路和行動通訊技術促成連結大增進。

大趨勢不是一時的流行，不管女神卡卡（Lady Gaga）本人怎麼想，她並不夠格堪稱大趨勢；但是，消費者在網際網路上購買音樂及許多其他形式的娛樂，就是一個大趨勢。大範圍的經濟變化，不論是長期景氣衰退、勞力短缺，或是不同產業或經濟部門的興衰，都是大趨勢；但股市的季波動，或這一季賣得非常好的產品，這些不是大趨勢。

一開始，先聚焦於你認為可能：（1）持續相當長時間的大趨

5　U.S. Energy Information Administration, *International Energy Outlook 2011*, http://www.eia.gov/forecasts/ieo/pdf/0484(2011).pdf.

勢（例如五到十年，但不同產業的趨勢持續期可能較長或較短）；（2）具有強烈且廣泛潛在衝擊力的大趨勢；（3）促使你做出許多策略性反應的大趨勢。

　　首先，你應該想像很多可能出現的大趨勢，各種資訊可以為你提供一長串潛在大趨勢清單。但接下來，你必須深入探究這份清單，哪些趨勢將是影響及形塑你的未來的重要動力？你可以想到哪些看似不相關、但最終可能出乎意料地重要的趨勢？

　　我們一直在廣泛研究的一個大趨勢是都市化。1950 年時，約29% 的全球人口居住在城市裡，但到了 2000 年，這比重已經提高到了 47%。[6] 這過程的後果是什麼？其次級與三級影響是什麼？專家預期，人口遷居城市的趨勢將持續，到了 2050 年，全球人口將有約 70% 居住於城市，[7] 很顯然地，在此趨勢下，城市將需要大量新的基礎建設和新建築，需要的建材將不同於人們遠離城市居住時需要的建材。此外，消費者的購買力將更加高度集中，這可能對消費性產品公司的策略有重大影響。2009 年時，全球人口已有過半數居住於城市，因此，在都市車輛、都市大眾運輸、甚至都市農業等方面，已經開始出現了新的解決方案。在這樣的趨勢下，都市市長的權力可能大於國家領導人。

　　這些以及其他趨勢跟你的企業和你從事的工作有何關聯性？縱使所有大趨勢都將造成衝擊，一些大趨勢和你的關聯性將明顯大於其他大趨勢，面對和你最切身相關的大趨勢，你要如何指引你及你的團隊？

　　首先思考以下三個層級的趨勢：（1）全球性趨勢（例如人口結構、全球經濟、技術等方面的大趨勢）；（2）你的產業（例如，

6　UN Department of Economic and Social Affairs, Population Division website, World Urbanization Prospect.

7　Ibid.

和永續或企業責任、外包、法規變化、訂價模式、同一產業內幾個事業的整合／集中等議題有關的趨勢）；（3）你的組織（例如，涉及勞工關係、現金短缺或充裕、新投資機會、營運、生產力與降低成本、資訊科技創新等議題的趨勢）。

舉例而言，思索一個典型的大趨勢源頭：人口結構。長期、可預測的社會結構變化，例如美國及西歐人口的老齡化，你可以在後果開始顯現的多年之前就看出這種趨勢。在探索不同地區或市場時，你可以檢視它們從過去至今的人口結構變化，以及預期未來的變化；你可以探索其人口是否成長，若是，成長率是多少；你可以去了解男性與女性、老年與青年之間的平衡情形，或是不同種族的人口結構變化。

另一個大趨勢的重要源頭是國家之間和地區之間的競爭情形，這有部分也是人口結構所導致，當一個地區的人口、財富或產業興盛時，此地區的整個消費者行為型態可能顯著改變，這對貿易、交通與其他地區有重要牽連。

消費者行為的重大改變也堪稱大趨勢，但前提是這些改變是一個基本變遷的跡證，而非一時的流行。當確實出現消費行為改變的大趨勢時，其含義與影響性可能非常大。近乎所有形式媒體的數位化，以及消費者購買方式及消費方式的改變，是非常重大且廣泛的轉變，把這個大趨勢和第二個大趨勢（消費者把他們的技術個人化）及第三個大趨勢（消費者對設計的酷愛）結合起來，你可以辨察出促使蘋果公司成為有史以來市值最高的公司的幾個重要驅動力。

技術相關的大趨勢通常演變得很快，奈米科技的崛起，行動通訊網路的興盛，更節能的電動車的發明，這些全都堪稱大趨勢。雖然，你無法總是能夠預測個別技術的進展，但可以追蹤較廣的變化，例如，透過科技的進步，我們可能減輕氣候變遷，也可能無法減輕

氣候變遷，因此得承受其後果。

身為終極遊戲公司的高階主管，你想要提出新穎、能提高營收、和「娛樂」及「迎合家庭」等框架相符的點子。現在，放眼一些大趨勢，你思考下列問題：

- 全球人口結構的變化可能如何影響你公司的前景？全球人口的老齡化呢？始於印度的全球快速開發中經濟體的崛起呢？
- 在媒體數位化和技術個人化的趨勢中，終極遊戲公司是否夠創新？
- 在設計和使用者介面的重要性方面？
- 終極遊戲公司用以銷售其產品的行銷與銷售流程是否有創意、聰穎、有成效？
- 遊戲及其包裝的設計呢？終極遊戲公司是否在遊戲的意象及啟動遊戲的直覺性方面，做到賈伯斯為 iPhone 達到的境界？泰奧萱公司（Oliviers & Company）使用視覺想像力來行銷其普羅旺斯橄欖油、橄欖醬和護膚產品，使它們在全美各地的購物商場成為暢銷的日用品，終極遊戲公司是否也使用這種視覺想像力來行銷其電玩軟體？
- 什麼大趨勢能為你的公司提供下一波的成長？最大的風險將出現於何處？

花點時間思索什麼大趨勢跟你及你的組織最有關，使用歸納性思考來想像一個看似完全無關或不甚重要的趨勢，突然間令人錯愕地對你、你的組織，或你的產業造成大影響。你能不能把兩個或更多個大趨勢結合起來，為你的組織想像出一個新願景、策略或方法？針對一個你認為在未來五到十年對你最為攸關的重要大趨勢，

你能不能列出此趨勢的可能牽連性清單？

你也可以試著想像與這些潛在牽連性完全相反的版本，你認為何以可能發生這些情境？

運用演繹性思考——揀選及排序從大趨勢中獲得的重要洞見

個人及組織開始探討大趨勢時，往往不是提出可激發廣泛歸納性思考的疑問，而是憑藉直覺（「啊！這似乎就是我們需要追蹤的趨勢」），或者，更常見的是使用演繹性思考邏輯（「過去五年，這些趨勢跟我們最有關，因此我們應該繼續追蹤它們」）。我們在研習營中經常看到這樣的情形：有人建議他們認為重要的大趨勢，其他人快速宣布他們認同或不認同。這也許很有用，但也有所框限：使觀察者侷限於最明顯的大趨勢，有時候，這些正是和他們在步驟1中嘗試擺脫的框架、認知偏誤與成見最密切相關的趨勢。

為避免這種倉促判斷，可以從廣泛的趨勢清單著手，再謹慎地剔除、縮減此清單。從大量、涵蓋許多範疇的大趨勢清單著手，再運用更主觀的標準，把這清單縮減至包含你和你的團隊相信可能最具影響性及最可能發生、因此似乎是最急迫的大趨勢。你們也應該謹慎辨識非常不可能發生、但萬一發生將帶來巨大影響的趨勢。我們發現，在對大趨勢進行排序時，很有幫助的做法是不設限於明顯具高度影響性的趨勢，也包含你的團隊對可能影響性無法達成高度共識的那些趨勢。

我們最近參與的一項工作，涉及使用大趨勢來為汽車業未來十五年的可能面貌發展出各種情境，在收集與調查來自顧問公司、汽車產業各協會與公會，以及其他源頭的現有研究與新研究後，我們辨識出42種可能有關的大趨勢。接著，我們把這些大趨勢分成

六類：人口結構趨勢（例如已開發國家的人口停滯成長、都市化）、法規趨勢（例如環保壓力、關廠限制）、技術趨勢（例如替代能源、無線通訊）、經濟趨勢（例如開發中國家的強勁 GDP 成長、所得差距擴大）、消費趨勢（例如品牌親和力、需求環保產品）、其他趨勢（例如人才戰、全球局勢不穩定性）。

　　接著，我們在分析工作中注入較主觀成分，請與會的汽車業主管對這些趨勢的相對「顛覆破壞潛力」做出評比。更確切地說，我們請他們用 1 到 10 分為每種趨勢的以下三項程度做出評分：（1）此趨勢可能對汽車業造成的影響程度；（2）發生此趨勢的確定性程度；（3）汽車業應付此趨勢的準備程度。右圖呈現這些評分結果，橫軸代表影響程度，縱軸代表準備程度，圓圈大小反映確定性程度。

　　評分後，我們的客戶挑選出 14 種最具顛覆破壞力的重要趨勢，基本上就是那些最靠近圖表右上角的最大圓圈，但確保在每一個類別中至少挑選一至三種趨勢。其後，他們藉著使用這些洞見，運用情境規劃技巧（參見本書第 9 章），對每一種趨勢以及多種趨勢結合之下可能造成的影響構想出種種引人入勝的假設。

　　探討並列出一長串可能影響你的未來的趨勢，再把這長串清單縮減成最攸關重要的趨勢，這些工作雖具啟示作用與助益，但更重要的工作是你最終如何詮釋這些趨勢，亦即，你是否只是馬馬虎虎地仰賴這些趨勢預測，忽視那些和你的現有框架不符的趨勢；抑或你認真看待它們，運用歸納性思考來質疑你的現有假設、模式、策略及其他框架，並且發展出很多有用的新觀點及方法。

　　舉例而言，書籍銷售業的兩個巨人在 2001 年面臨各種形式媒體的數位化，以及來自線上零售商的愈趨強勁競爭（最顯著的競爭者是亞馬遜書店），這兩家實體書店採取了截然不同的反應。博德士書店（Borders）把線上銷售業務外包給亞馬遜書店，集中心力於

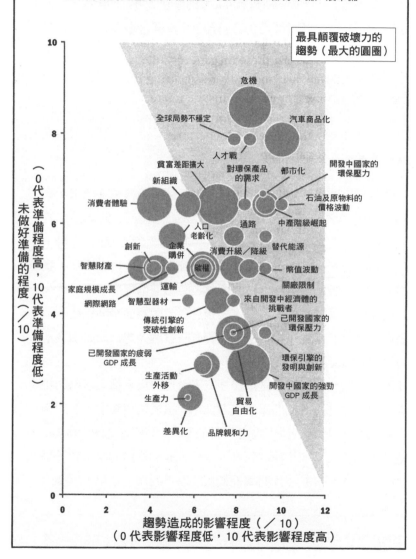

汽車業主管評比各種趨勢的顛覆破壞潛力

三維評估 37 種趨勢

☐ 汽車業主管認為 2009 至 2015 年間發生此趨勢的確定性程度
（以圓圈大小衡量）
☐ 趨勢對汽車業的影響程度：強／中／無影響
☐ 汽車業對此趨勢的準備程度：充分準備／部分準備／沒準備

最具顛覆破壞力的趨勢（最大的圓圈）

（0 代表準備程度高，
未做好準備的程度（／10）
10 代表準備程度低）

危機

全球局勢不穩定　　汽車商品化

人才戰

貧富差距擴大　　　對環保產品　都市化　　開發中國家的
新組織　　　　　　　的需求　　　　　　　環保壓力

消費者體驗　　　　　　　　　　　　　　石油及原物料的
　　　　　　　　　　　　　　　　　　　　價格波動

人口　　通路　　中產階級崛起
老齡化

創新　企業　　消費升級／降級　　替代能源
　　　購併
智慧財產　　　　碳權　　　　　　　幣值波動

家庭規模成長　　運輸　　　　　　　關廠限制

網際網路　智慧型器材　　　來自開發中經濟體的
　　　　　　　　　　　　　　　挑戰者

傳統引擎的　　　　　　　已開發國家的
突破性創新　　　　　　　環保壓力

已開發國家的疲弱　　　　　　　　　環保引擎的
GDP 成長　　　　　　　　　　　　　發明與創新

生產活動　　　　　　　　開發中國家的強勁
外移　　　　　　　　　　GDP 成長

生產力

貿易
差異化　　品牌親和力　　自由化

趨勢造成的影響程度（／10）
（0 代表影響程度低，10 代表影響程度高）

實體商店的快速成長，隨著音樂及電影產業開始數位化，多角化經營跨入 CD 和 DVD，並在亞馬遜書店推出電子書閱讀器「Kindle」。三年後，於 2010 年進入電子書業務領域。最終結果是，博德士書店在 2011 年宣布破產，令喜愛實體書店的許多人不勝唏噓。反觀另一個巨人邦諾書店（Barnes & Noble）則是在 2008 年推出其電子書閱讀器「Nook」，並且多角化經營跨入玩具與遊戲業務領域。邦諾書店雖仍面臨來自亞馬遜的激烈挑戰，並在 2013 年宣布計畫在未來十年關掉近 30% 的實體店面，但光是「Nook」事業就價值約 17 億美元，為該公司創造龐大助益。＊

用歸納性思考來推測「奇特的未來」

我們最近協助專門製造窗戶、汽車、智慧型手機及其他用途高級玻璃的旭硝子玻璃歐洲分公司（AGC Glass Europe）的高階主管探索大趨勢，用的是協助汽車業領導人時的類似流程，我們先得出一長串的趨勢清單，接著把它縮減成最切身相關的大趨勢清單。我們同樣使用「可能影響程度」和「應付趨勢的準備程度」等標準來評比這些趨勢，對這些趨勢進行排序很重要，因為能幫助這些高階主管對很可能變成重要趨勢的發展情勢有所警醒，並據此來增進他們在重要領域的知識。

不過，對這些趨勢資訊做出排序只不過是分析各種大趨勢的相對重要性的方法之一，我們接下來還進一步擴展這些高階主管對趨勢的思考。例如，我們請他們挑選一個在清單上排序很低的大趨勢，亦即他們認為不太可能相關的趨勢。結果，他們挑選的這個趨勢是有機食品的發展。接著，我們請他們假設以下的演進結果：有機食

＊　本書撰寫之際，邦諾書店打算把 Nook 獨立分支出去，自成一家公司，我們希望此舉不會導致其書店事業走上相同於博德士書店之路。

品的興盛，實際上變成對玻璃產業的一股推升力。

我們詢問這些主管：為何及如何發生這種情形？一位主管推想，有機與在地食品的興盛導致對溫室的大量需求，助長玻璃市場；這推想激發另一位主管的靈感，他推測，研發團隊在 2013 年研發出一種全新的溫室用途玻璃，有助於促進植物的生長，顛覆了在地有機食品的價值鏈。

你能否想出還有哪些可能的途徑，促使一家高級玻璃製造商開始迎合欣欣向榮的有機食品業的需求？

實際上，在步驟 2 的後續討論中，這些主管認知到，這種看似不可能的趨勢實際上有可能產生重大影響，他們開始思考在有機食品的興盛趨勢下，可以開發什麼新產品（這些點子可供他們在步驟 3 中進一步探討），但更重要的是，他們再度開始懷疑及思索他們對於未來可能如何變化與發展的看法。

運用更側重歸納的思考，不僅能顯露較不明顯的大趨勢，還能看到必須運用前瞻性思考才能看出關聯性的可能性。事實上，歸納性思考能幫助你想到無數我們所謂的「外卡」（wild cards）事件：出乎意料的、具有巨大潛在影響的大事件，通常在事後回顧時，發生外卡事件的解釋才紛紛出籠。＊海嘯、歐元崩盤、在木星上發現一個人類殖民地，這些都可能成為外卡事件。

舉例而言，近年歐洲史上較驚人的政治事件之一，是比利時的一度陷入無政府狀態。2010 年 6 月選舉結束後，沒有一個政黨取得明顯多數席位，這有部分歸因於比利時的兩大族群——南部法語區的瓦隆人（Walloon）和北部荷語區的弗拉芒人（Flemish）——的分裂。贏得最多席次的政黨領袖以在關鍵問題上未能和其他政黨達

＊　這種事件也常被稱為「黑天鵝」（black swan），近年間，使這個名詞變得出名的是《隨機陷阱》（*Fooled by Randomness*）和《黑天鵝效應》（*The Black Swan*）這兩本暢銷書的作者納西姆·塔雷伯（Nassim Nicholas Taleb）。

成協議為由，辭去組閣職務，拒絕領導國家。比利時創下無政府民主狀態時期最長的紀錄（541 天），打破海珊下台後伊拉克無政府時期的紀錄（249 天）。其實，理論上，那些熟悉比利時文化與歷史背景的人應該早就能夠預期到這異常事件的發生，觀察比利時生活的人可能已經看出了這個國家內部分歧的不斷擴大，以及其政治體系的漸趨不穩定，更遑論政黨領袖在競選期間的言論。[8]事後看來，發生無政府事件的原因似乎很明顯。

為辨識這種外卡，我們敦促你避免提出具有直接、可量化的答案的疑問。若你問人們：「五年後，再也沒有人使用牙刷的可能性有多大？」人們的回答從零到百分之百都有可能。若你改問：「要是各地的人們只需咬住一種器材，這器材能用十秒鐘把他們的牙齒清潔得乾乾淨淨，並且按摩他們的牙齦，你認為這種情形是如何發生的？」這樣，你會獲得更有創意的可能性。若世上所有人改用這種新技術，他們必然是對一或多種大趨勢做出反應，試問，這些趨勢會是什麼？

設若到了 2020 年，空中旅行量比現今減少了 95%，以我們對趨勢的了解，以及對外卡的探索，試問為何會發生這種情形？以下是一些可能性：因為火山爆發導致空中的火山灰散播量激增，這絕對不是難以想像或難以置信的可能性！或者，飛機燃料成本劇增，以至於只有少數最富有者才搭得起飛機。或者，新的高速渡洋輪問世，比飛機更快速、更安全。或者，新的全像立體視訊技術問世。或者全球經濟及自由貿易瓦解……

這當中的一些可能性對於身為終極遊戲公司高階主管的你有何含義？舉例而言，想像生動逼真的新視訊會議技術（想像 3-D 的 Skype）問世的話，將如何改變你的每一個區隔的顧客的生活作息？

8　http://en.wikipedia.org/wiki/2010%E2%80%932011_Belgian_government_formation.

他們當中有許多人的空中旅行將減少，減少搭飛機，於是，在飛機上購買遊戲以打發時間者將減少。當然，終極遊戲公司也可以走在尖端技術，把遊戲連結至 Skype 及其他新的「虛擬實境」——例如開發出一種遊戲，讓你體驗在真實試場考學術性向測驗（SAT）或醫學院入學測驗（MCAT）；或是開發出一種遊戲，讓你體驗和你剛在 eHarmony 上認識的某人初次約會的情形。問題在於你現在得為這種未來可能性預做什麼準備？

　　女性購買力提高和薪資提高的趨勢呢？你可以深入了解這種「女性經濟」激增的趨勢，以幫助終極遊戲公司迎合這新興的市場區隔。或者，經濟體中的保健支出的比重提高，這對終極遊戲公司有何含義？也許你的遊戲可以在發展新的高科技醫療器材、輸入症狀以診斷病情等領域做出貢獻，或者為多發性硬化症或漸凍人（Lou Gehrig's Disease；「盧賈里格症」，又稱肌萎縮側索硬化症）之類的疾病尋找治療方法。

　　再向你介紹另一種探討大趨勢及外卡可能性的擴大思考方法。思考跟現今許多人有關的一種趨勢：永續的能源使用，你可能會採用傳統的線性思考方式，沒有徹底改變任何框架，列出政府與企業可能如何變得更環保及減少能源使用量的種種方式。但是，若五年後，政府對每個人的能源消費量施加限額呢？為何會出現這種政策？也許是因為對「油峰」（peak oil，石油最大產能）的憂慮意識顯著提高；也許是氣候變遷及天然災害加劇，導致巨大問題；或是因為發現了使用化石燃料的一些意料之外的負面後果。

　　現在，想像相反的情境：設若五年後，沒有能源不足的情況了，為何會發生這種情形？是因為世界發現了一種取之不盡的新能源嗎？是因為一項重大的科學進步（例如，太陽能的發展）嗎？

想像種種「奇特的未來」，再思考可能是什麼趨勢或事件導致這些情境（或是相反的情境），這種想像與探索方法往往能幫助你看出你原本不可能辨識出的「外卡」，並且促使你轉往新框架的方向。

留意「溫水煮青蛙」情勢

尋找「外卡」之外，也要留意更隱伏、緩慢發展的意料之外變化，也就是所謂的「溫水煮青蛙」（boiling frogs），這些情勢通常發展得太緩慢或微妙難察，致令多數人沒能看出。就像在鍋裡的青蛙一樣，等到覺察水沸騰時，已經太遲了，我們有時也未能注意到對我們構成威脅的重要變化。一些真實世界的例子包括：對氣候變遷欠缺反應；處於受辱被虐關係的人；或是自由意志論者對於民權被緩慢侵蝕的觀點。*[9] 在許多失敗的企業或公司危機的背後，你可以看到市場占有率的緩慢流失，或是某個問題的漸漸累積擴大。

警告：「房間裡的大象！」

有時候，人們未能看到的事件或趨勢既不是「外卡」，也不是「煮蛙」，而是「房間裡的大象」，這些是人人都知道的事件或趨勢，但沒有獲得應有的注意，因為被視為理所當然，或是害怕，或是被有意識或下意識地忽視。我們最近和一群城市規劃師討論他們在某個國家的「2040 年計畫」，那次會議過後不久，這個國家出現了「阿拉伯之春」現象。會議中，經過探討，這群城市規劃師得出一份相

---

* 必須在此指出的是，現今很多生物學家相信，青蛙其實會跳出鍋子。不過，這仍然是一個被廣為接受的比喻。見 http://www.fastcompany.com/26455/next-time-what-say-we-boil-consultant。

9　http://en.wikipedia.org/wiki/Boiling_frog.

當全面的、似乎有關聯性而值得探索的趨勢清單，可是，當我們詢問他們有關政權變化的可能性時，他們卻相當明確地告訴我們，這個主題不能談。也許是這群城市規劃師無法想像這可能性，或是害怕討論這主題的後果。有時候，發生這類情況的另一個原因是與會者不會受到直接影響，可能是因為事件發生於未來，或是他們沒有考慮這類事件的動機（例如，公司主管預期自己幾年後就不在目前的職位上了）。歐盟贏得 2012 年諾貝爾和平獎一事，暴露了一個有趣的代溝：對那些出生於某個年代之後的人而言，歐洲的和平似乎是理所當然，但對那些更老一輩、還記得二次大戰這頭「大象」的人而言，歐洲的和平代表一個徹底轉變。不論原因為何，忽視「房間裡的大象」──那些大且可疑、但令人們難以接受並據以採取行動的事件，對你是危險之事。

用前瞻性思考來探索你的趨勢清單

了解你的「外卡」還有「溫水煮青蛙」及「房間裡的大象」是什麼以後，把它們和你的趨勢清單結合起來，花點時間思索你可以如何利用它們。思考下列問題：

- 這其中哪些趨勢最具顛覆破壞力？
- 我們對這其中的哪些趨勢最欠缺準備？
- 這其中的哪些趨勢或事件就在我們眼前，但我們遲遲不承認它們的存在？
- 我們的競爭對手呢，它們對其中哪些趨勢的準備程度優於其

他趨勢？

- 不論發生的可能性多大，這些未來事件如何影響我們想在步驟3中產生的新點子？
- 這些未來事件如何改變我們的核心探索路線？

提出這種開放式疑問以擴大前瞻性思考，再結合步驟3的擴散性思考和步驟4的聚斂性思考，能幫助你清楚陳述許多值得你和你的組織探索、執行及利用的新框架。

數十年前，荷蘭巨業飛利浦公司（Philips）辨識出它必須因應的幾個大趨勢，包括保健成本的持續提高，以及已開發國家人口的嚴重老齡化（上了年紀和年老者占總人口比例愈來愈高）。為因應這些趨勢，該公司的高階主管決定建立一條新事業線：除了是一家巨型國際電子產品公司，飛利浦也要成為家庭保健領域的專家。這促使飛利浦在一個競爭愈趨激烈的事業領域建立專長，贏得消費者的認同。事後回顧，這是一個明智的決策，該公司的家庭醫療保健解決方案業務（Home Healthcare Solutions）已經發展成一個營收達十幾億歐元的事業。[10] 但在當時，看著相同的各種趨勢，以及公司的專長領域，飛利浦大可選擇聚焦於其他趨勢，例如選擇追求成為一家「永續公司」，就如同奇異集團（General Electric）選擇變成以「綠色創想」（Ecomagination）聞名；或是以其電視機專長為基礎，聚焦於行動器材螢幕，如同三星集團訴諸的發展途徑。

若你是美國最大的食品公司之一，面對能源價格波動和永續等趨勢可能對你公司帶來的影響（例如顧客對環保的要求與渴望，降低包裝及運輸成本等等），你會如何因應？卡夫食品公司（Kraft

---

10 根據飛利浦公司的 2011 年年報，家庭醫療保健解決方案業務占該飛利浦醫療保健事業單位（Philips Healthcare）營收的 14%，這個事業單位的營收為 88.52 億歐元，飛利浦集團的總營收為 225.79 億歐元。

Foods）在密蘇里州春田市（Springfield）附近的一個天然石灰岩洞，興建了一座地下冷藏倉庫，能源使用量比傳統倉庫減少 65%。這座大型倉庫位於美國中心位置，每年為該公司節省貨運卡車 100 萬英里的運輸里程和 18 萬加侖的燃料。通用磨坊（General Mills）開始把用以製造穀類早餐「神奇圈圈餅」（Cheerios）和其他產品的燕麥殘殼拿來燃燒，產生的蒸汽為位於明尼蘇達州弗萊德利市（Fridley）的工廠提供所需熱能的 90%，不僅省錢，也減少該工廠的碳足跡 20%。[11]

總之，辨識大趨勢只是挑戰的一部分，剩下的挑戰是如何因應這些趨勢。在未來，最有效的制勝途徑是創意地思考每一個趨勢可能造成的影響，並研擬種種可能的因應之道。

彙總所有調查

我們以飛利浦為例：該公司主張以「有意義的創新」為導向，這意味的是了解趨勢、消費者洞見和競爭情報，再探討該如何滿足市場需求。飛利浦的規模夠大，因此，有時候，旗下一個事業單位學到的東西可幫助另一個事業單位，例如，他們從立體音響系統學到的音響效果也對吸塵器有幫助，更確切地說，就是如何使吸塵器發出的聲響夠大而使人們認為這吸塵器夠強，但又不致大到令人抓狂。

以飛利浦在 2011 年推出的空氣動能牙線機 AirFloss 為例，這項產品的前提假設是：許多人知道應該經常使用牙線潔牙，但並未

11　http://www.gmaonline.org/file-manager/Sustainability/Environmental_Success_Stories.pdf, General Mills 2011 Corporate Social Responsibility report.

這麼做。為什麼？消費者研究顯示，問題不在於覺悟，幾乎人人都知道應該用牙線潔牙，但沒有這麼做的主要原因似乎是這工作太困難，因此，飛利浦看到了「使牙線潔牙工作變得更輕鬆容易」的商機。他們提出的疑問是：「我們如何找到更容易的清潔齒縫方法？」請注意，這個疑問中並未包含牙線這字眼，為的是避免成見；此外，他們追求的不是更有效或更快速清潔齒縫的方法，他們刻意且明白地強調，他們要追求的是容易的方法。

這項挑戰並未立即提交給專門把新點子投入於創新階段的飛利浦「產品發展部門」，而是提交給「創新研究部門」，這群位於荷蘭恩荷芬（Eindhoven）的科學家專門負責構思突破性技術來應付挑戰。他們發展並測試種種概念（思考使用氣體、光、雷射、水壓、物理原理等等），最終產生了 AirFloss。這項新產品看起來大致像電動牙刷，但其實是以飛利浦已經在銷售的電動牙刷為基礎，但有一個裝清水或漱口水的小水室，以空氣動能噴出清水或漱口水來清潔齒縫。乍看之下，它像市面上現有的一些「洗牙器」，但顧客研究顯示，許多顧客認為這些洗牙器未能做到「容易」這項標準，有些人每次潔牙時使用了兩品脫的水，弄得到處濕答答，而且不太靈便。AirFloss 的用水量較少，在焦點團體調查中，這項產品似乎用起來遠遠更容易且討喜，相較於其他產品，AirFloss 使人們確實使用牙線潔牙術的頻率明顯提高。基本上，AirFloss 改革了「洗牙器」這個產品區隔，在德國科隆貿易展上轟動推出後，成長了 50%，飛利浦的一位主管這麼告訴我們：「在口腔清潔護理領域，有多少創新呢？我們在展覽會上搶盡鋒頭！」[12]

12　Interviews with Philips executives, Wikipedia, http://www.usa.philips.com/c/airfloss/287417/cat/en/, http://www.waterpik.com/oral-health/videos.html.

另一項也是近期推出的產品飛利浦氣炸鍋（Philips Airfryer），源起於檢視人們如何消費，以及他們的生活型態習慣。肥胖率在多數西方國家持續上升，朝向健康食品的風氣及運動興盛，但小孩仍然喜愛炸薯條及其他油炸類食物，因此，飛利浦內部認為，他們面臨的挑戰應該是以更健康的方式提供美味的油炸食物，大幅降低油與脂肪，為那些想要既健康且美味食物的家長提供解決方案。不僅市場上存在這缺口，而且，傳統薯條在廣泛市場上的銷售量出現停滯成長或衰退的情形。飛利浦氣炸鍋使用快速循環熱空氣及不使用油（或使用少量油，視使用者喜好而定）的專利技術來應付這項挑戰。

在根據消費者洞見辨識出富有挑戰性的「健康且美味」這個新框架後，飛利浦的主管開始非常仔細地研究競爭市場，過程中，一家小公司和飛利浦洽談，該公司已經發明了 Airfryer 需要的技術架構，這器材體積小到可以放在櫃台上。飛利浦研判此產品或許能填補他們辨識出的市場缺口，遂買下這項技術。當然，這是在飛利浦的主管懷疑他們的既有觀念，思考他們能否憑己力快速做到他們想做的，並且有方法、有條理地探索周遭世界之後，才能做到這點。飛利浦氣炸鍋如今在八十多個國家銷售，並且比原計畫早幾年達成甚具雄心的銷售目標。[*][13]

---

*   Airfryer 的行銷對飛利浦來說也是一個新框架，幫助較大的「健康且美味」框架得以成功。他們在各地市場推出非常針對當地市場的行銷手法，以引起當地市場共鳴為主題來吸引消費者。飛利浦也透過非傳統通路來銷售這項產品，例如透過居家購物（電視購物台、線上購物等），並使用社交媒體，「最大的問題是應付大量需求，」飛利浦的一名主管說。

13   Interviews with Philips executives, plus article and short video at http://www.dailymail. co.uk/sciencetech/article-1310446/The-Airfryer-The-frying-machine-gives-perfect-chips--oil.html.

邁向擴散性思考

步驟 2 結束時，你應該達成的重要結果是辨識出你希望透過步驟 3 的擴散性思考來解答的最重要問題。你希望達到的新目的地、新境界是什麼？怎樣的新框架將幫助你到達那裡？據聞，愛因斯坦曾說：「若給我一小時的時間去拯救地球，我會花 59 分鐘定義問題，用剩下的一分鐘解決問題。」[14] 這當然是很極端，但可資凸顯問對問題的重要性。

當然，並沒有單一一個「正確」的問題，但有助益的問題應該符合下述所有標準：

- **這個問題應該和你的現有心智模式有關，或是和你已經探討過某種關聯性、但仍然需要再探究新層面的領域有關。**也就是說，這個問題必須和你的現有框架有些關聯，不能是完全無關，天馬行空；但在此同時，這個問題也應該有某種程度地煽動或驚人。
- **這個問題應該措詞生動，栩栩如生。**別用平淡乏味的問句，例如：「我們該如何成長？」或：「我們必須降低成本 30%，該如何做？」提出的疑問應該使用生動而令人難忘的描繪。在問題中加入一種人物，往往能產生這樣的效果。例如，若你的目標是利用有關於行動通訊技術的趨勢來改進你的銀行的行銷，瞄準二十幾歲的職業婦女顧客區隔，你可以考慮如此描述你的問題：「我們該如何使我們銀行的行動應

---

14 很多資料來源（包括 Dwayne Spradlin, "Are You Solving the Right Problem?" *Harvard Business Review*, September 2012）都說這句話是愛因斯坦說的，內容亦有些微不同，有人說是「用 55 分鐘來定義問題」，不過，很多名言被錯誤地歸在愛因斯坦身上，我們也無法確定這句話是否真出自愛因斯坦。

用程式成為洛杉磯 25 歲會計人員在一年當中最常使用的應用程式？」

- **這個問題應該有所限制，以便使你的思考能夠聚焦。**想必你現在已經覺察，我們堅持提出的問題一定要具體，絕對不要使用籠統之詞，例如：「所有東西都在桌上」，或是：「跳脫框架思考」。所以，不要問：「我們應該使用怎樣的策略來進軍抵押貸款市場？」應該提出更具體的問題，例如：「我們如何提供洛杉磯 25 歲會計人員一種具有獲利性的抵押貸款產品？」

- **這個問題應該要令新進者或局外人感覺清楚且可以了解。**若一個局外人加入你們的談話，一個類似以下的問題就不如上述來得清楚：「我們如何以我們現有的品牌主張來追求我們想爭取的顧客，同時又能達成我們的獲利目標？」新進者或局外人不清楚你的現有品牌主張是什麼，也不知道你們想爭取的客群是誰。

使用前瞻性思考來調查這個世界，你可以在你的心智中產生大量的消費者洞見、競爭情報和大趨勢，這些能幫助你再次更清楚地檢視與了解你眼前的世界。

接下來兩章，你將在演繹性思考和歸納性思考之間切換，思索你收集到的洞見，並在步驟 3 中產生大量的新概念、模式、策略及其他框架，接著在步驟 4 中研判要訴諸哪些新框架。下圖描繪了步驟 2、步驟 3 及步驟 4 之間的相互作用：

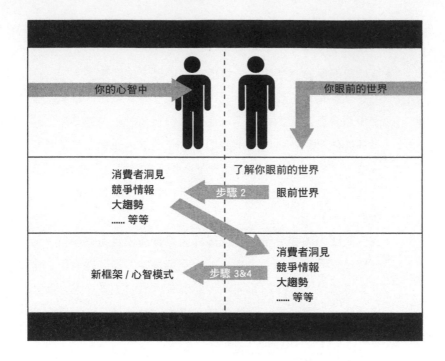

　　現在，你已經更仔細地檢視了你眼前的世界，深思你所觀察到的東西可能對你及你的組織有何含義，接下來，你應該要做一些即席發揮了，在步驟3（擴散性思考）中，你將讓你的心智自由發揮，產生大量的可能性。

　　身為終極遊戲公司的領導人，根據前述疑問標準，你現在會提出哪些重要疑問？你知道你的「家庭型顧客」願意為了安全性及年齡適當性支付較高價格，以保證他們的小孩獲得正面且具娛樂性的體驗。你已經探索競爭情勢，並且認真思考除了明顯競爭對手以外，意想不到的其他組織推出了改變賽局的新框架及創新的可能性（亦即，你不是只考慮蓋洛爾電玩公司，還考慮肯德基炸雞、美國職棒大聯盟）。你不僅檢視了相當明顯的大趨勢（例如都市化、人口老

齡化、數位化的成長），也探討較不明顯而較少被考慮到的**趨勢**（例如虛擬實境的興盛導致人們減少差旅、醫療保健支出的增加、女性購買力提高等等）。這些觀察如何影響你對公司前景的思考？它們開啟了哪些新的創意活塞？在步驟 3 的擴散性思考中，你應該回答的核心問題是什麼？你需要建立怎樣的新框架？你想要建立怎樣的新框架？

CHAPTER
5

擴散性思考

產生好點子的途徑是先產生許多點子，再把不好的點子剔除。
——兩屆諾貝爾獎得主　萊納斯・鮑林 Linus Pauling

　　美國太空總署在 1992 年推出一項計畫，主要目標之一是「展示一種低成本的進入與登陸系統」。[1]更明確地說，這目標是要讓一部無人駕駛的探測車輕輕地著陸火星，不殘留外來化學物質而導致難以分析火星上的岩石與土壤成分。因此，太空總署人員考慮的是一種嶄新的方法：使用降落傘、火箭煞車系統及多層結構的安全氣囊，讓火星探路者號（Mars Pathfinder）登陸時在火星上彈跳幾次，不必擔心必須一舉正確著陸（就像現今幾乎所有飛機的降落著陸方式，或是阿波羅 11 號首次登陸月球時的模式）。

　　1997 年，火星探路者號使用這引發議論的新方法——安全氣囊[2]——成功登陸火星，它第一次彈起 15.7 公尺（51 英尺），接下來再彈跳了至少 15 次後才靜止。太空總署工程師的思維從「太空

1　Mars Pathfinder Landing Press Kit, July 1997, NASA.
2　Nineteen ninety-seven is indicated in Wikipedia as the Mars Pathfinder landing date.

船很脆弱」的舊框架改變為「星球很脆弱」的新框架，其結果是一個典型的尤里卡時刻例子。

不過，試著想像，在太空總署首次召開的會議上，某人建議嘗試使用安全氣囊，讓太空船先彈跳多次以幫助達成溫和地著陸，而不是使用火箭減速系統時，與會者的反應如何？一開始，這些建議大概並未引起與會者異口同聲地稱許：「好點子！」[3]

你可以想像，起初大概有人如此反應：「彈跳？你在開玩笑嗎？」

太空總署的人員大概得應付許多這類一開始抱持懷疑、對彈跳安全氣囊的提議感到不安的聚斂型思考者，不過，此提議的支持擁護者克服了這些同事的不安感，建立了一個令人興奮的新框架。

學習如何暫停並超脫這種深層不安，使你能夠擴大心智視野去看待新觀點，產生大量原創、大膽的新點子，這是擴散性思考的要旨。你得先暫且「隨遇而安」，容忍各種新概念及提議（包括那些看似荒謬、甚至悖逆的概念或提議），直到該要停住並決定接下來如何做的時候為止。在擴散性思考步驟中，你將開放自己去面對種種新的思考方式，你將得出種種假說，形成種種新模型、模式、概念及策略。

擴散性思考是充分利用你的自由，展現你身為創造者的無比勇氣。你必須在這個步驟產生大量的新點子和看待舊概念的新方式，在許多情況下，你必須機靈地擺脫常規／傳統／習慣，甚至得做出造反的大膽行動，建議大膽的新框架和徹底改變觀點。

芬蘭裔軟體程式設計師暨駭客萊納斯·托瓦茲（Linus Torvalds）和其他自由軟體運動先驅如麻省理工學院教授理查·史托曼（Richard Stallman）的開創先河，為擴散性思考提供了一個好

3　See "Mars Pathfinder Air Bag Landing Tests," www.nasa.gov/centers/glenn/about/history/marspbag_prt.htm.

例子。長久以來，電腦軟體程式開發者遵守法律及產業對他們施加的規範：撰寫專利源碼，仰賴完全私有化的作業系統環境。通常，軟體開發者及其他人在撰寫及使用與這些非開放的作業系統環境相容的軟體時，必須支付授權費，並且還得應付固定的技術標準與限制。

但在 1990 年代初期，「自由及開放源碼軟體」的提倡人（後來被簡稱為開放源碼社群）展現典型的擴散性思考，反對這些假設。托瓦茲在 1991 年 10 月發布他撰寫的 Linux 作業系統，提供任何人自由使用，此作業系統可用於種種平台（例如行動電話、平板電腦、個人電腦），是現今地球上十部最快速的超級電腦所使用的作業系統。讓任何人可以免費且自由取用一個高階作業系統環境的 Linux 模式，代表的是一個全新的框架。

一開始，軟體及硬體產業的許多企業有所遲疑，不敢貿然支持這麼一個挑戰和智慧財產授權有關的習慣商業實務及版權等基本概念的軟體開發模式。但是，消費者及其他終端使用者嚮往開放源碼的作業系統，企業領導人也改變看法，看出機會大於風險，因此，愈來愈多具有影響力的組織及個人開始推崇及支持 Linux 的發展，包括 IBM、戴爾（Dell）、惠普科技（HP）、甲骨文（Oracle）在內的許多公司加入行列。Linux 的被廣為使用，引發大量的新軟體開發及應用平台的設立，例如謀智公司（Mozilla）推出的火狐（Firefox）網路瀏覽器、免費聽音樂的潘朵拉電台（Pandora Radio），以及被廣為使用的 OpenOffice.org 辦公室軟體。[4] 現今，美國白宮官方網站（www.whitehouse.gov）使用的是開放源碼的內容管理平台 Drupal，該平台只使用 Linux 作業系統。

擴散性思考不僅是准許、還積極鼓勵表達種種意見與建議，而

---

4   All facts taken from Wikipedia and Linux.com.

且，有時是極度相反的概念、看法、見解與想像，包括可能不受歡迎、不具吸引力，或反傳統的觀點，甚至可能是看似錯誤、反動或荒謬的觀點。

但我們要強調的重點是，你應該以審慎架構、想要解答的問題來展開擴散性思考。也就是說，你應該先嚴謹地準備好產生點子的流程。你是已經做了充分的事先研究且磨銳了雕刻刀的雕刻家；你是已經徹底研究調查了地圖和領域、現在準備開拓無數新途徑以通往最終目的地的探險家。你並非未做任何事前準備就現身於腦力激盪會議，或是試圖「跳脫框架思考」來探索某個含糊不清、無邊無際的課題，而是要探索一個已經在先前流程中劃好界限的課題。

這是「在新框架內思考」和「跳脫框架思考」的一個關鍵差別：我們擁抱活潑的擴散性思考，我們明白鼓勵自由發揮創意的重要性，但我們認為，若你不先適當地架構與陳述你要探索的基本問題，那麼，擴散性思考和自由發揮創意將不太可能產生具有實用價值的點子。我們固然偏愛並支持「打破成規」，顛覆既有假設與模式，但我們鼓勵大家去解答經過慎重思考後架構的疑問，去思考種種實際和理論上的限制與變數，並對他們即將提出的種種解答至少設定一些界限，這樣才能產生出色的新點子。

舉例而言，該怎麼做才能讓 60% 的美國人把你公司的網站設定為他們的首頁？這個問題既能激發想像，又夠具體、明確，能引發有用的擴散性思考。在協助歐洲的跨國保險公司忠利集團（Generali Group）制定一套以網路為導向的事業策略時，我們舉行了多場擴散性思考會議，使用幾種特定的創意方法來激發大量的新點子。在此之前的研究分析與探究已經幫助我們決定，研討會的主要課題是探索及研判該公司可以採行什麼方法來發展並推出新的線上業務，不過，我們並未立刻就進入產生點子的階段，我們先修正了該公司

核心課題的架構方式，轉而探討以下的問題：「我們如何設計與建立忠利保險公司的網站，讓大家選擇這個網站作為他們的首頁？」以及：「如何讓我的祖母在忠利保險公司的網站上感到愉快及得意？」這樣的操作也許看似簡單、甚至過於簡化；但我們認為，相較於直接說「讓我們來腦力激盪一番，得出改善你們網站的大量點子」，倒不如藉由詢問這些重新架構的問題，更能使擴散性思考會議產生較大成效。

低成本的心臟手術

我們已經在前文中見過各種層次的框架例子，從範圍最廣的模式，到用以執行模式的較小概念，從「可拋棄式塑膠物件」的大框架，到可拋棄式刮鬍刀及打火機。如何把擴散性思考應用於一個諸如「低成本」之類的廣義概念框架呢？在人類史上，把「低成本」概念應用於廣泛領域，已經得出無數的創新與創意點子，例如，我們已經在前文中看到瑞安航空及其他航空公司以種種方式改變現狀，把「低成本」概念應用於航空業，徹底改變了這個產業。還有哪些例子？回顧歷史，古騰堡（Gutenberg）的印刷術堪稱為第一種低成本的出版方法，此後，低成本概念被持續、廣泛地應用，例如零售業裡的 IKEA、UNIQLO、Zara，行動通訊技術（廉價的可拋棄式手機），以及其他廣泛的產業。就連銀行保險業也不例外，包括 E*TRADE 和其他類似的經紀商，馬來西亞的興業銀行（RHB Bank）為追求成長，瞄準所得較低的新客群，推出「Easy Bank」，其分行在外觀和氣氛上都更像速食連鎖餐廳，和傳統銀行分行截然不同。

若擴散性思考是要思考廣泛的可能性，那麼，「低成本」概念還可能應用於什麼領域呢？能應用於醫院嗎？能應用於心臟手術嗎？你的第一反應可能是：「我想要最好的醫療，我絕對不會把我的性命託付給一家低成本的醫院！」且不去思考我們也把性命託付給低成本航空公司的事實，咱們來看看德維・謝提（Devi Shetty）醫生在經過懷疑與探索期後，如何建立低成本醫院。

　　生長於印度的謝提，其家人把醫生看成神一般，因為及時的醫療，他的父親數度從糖尿病引發的昏迷中存活下來，這激發他立志成為一名外科醫生，最終也做到了。謝提在倫敦的頂尖醫院接受六年的心臟外科訓練後返回印度，成為德蕾莎修女（Mother Theresa）的私人心臟外科醫生。謝提醫生以德蕾莎修女為榜樣，他認知到許多無力負擔醫療費用的病患完全被拒於醫療系統之外。

　　謝提見過西方國家和印度的手術流程與設備，他想把「低成本心臟手術」的框架化為現實。2001 年，他在班加羅爾（Bangalore）創立一家新醫院，實驗一些事業概念，例如規模經濟以降低成本。他的醫院選擇盡可能更便宜而能夠降低成本、但又不致損及醫療成效的用品，例如，他們購買所能找到最便宜的傷口縫線，但仍然繼續購買奇異公司出產的先進器材設備。在此同時，他們透過規模經濟，更有效地利用醫療設備，執行的手術數目比典型的美國醫院多，醫院擺放一千張病床，遠多於美國心臟治療醫院平均的 160 張病床。大量的心臟手術使這裡的醫生熟能生巧，手術技巧更精進，邁向世界級水準。這些外科醫生的待遇是印度一般外科醫生的水準，他們每週工作 60 至 70 小時，每週工作六天，每天執行二到三次的心臟手術，反觀美國的心臟外科醫生每週工作五天，平均每天執行一到兩次心臟手術。這裡的外科醫生一般也不肩負其他職責，例如教學。總的來說，這家醫院的心臟手術平均價格降低至 2,000 美元左右，

遠低於美國的 2 萬美元至 10 萬美元。

這一切已經構成了一個使更多人能接受心臟手術的新框架，尤其是在班加羅爾這類人口眾多的地區。不過，2,000 美元對許多印度人而言仍然是高攀不起的價格，於是，謝提醫生再進一步推出一種特別的保險計畫，每人每年付 3 美元保險費，以備萬一需要動心臟手術。此保險計畫使該醫院的心臟手術在 1,200 美元的平均價格就能達到損益平衡，未參加此保險計畫的病患，醫院將收取 2,400 美元的費用（而非 2,000 美元），若病患選擇特別服務及病房升等，則收費可達 5,000 美元。

這種低成本心臟手術的新框架不但在經濟上可行，也造福了大眾；謝提醫生現在瞄準美國人，計畫在開曼群島（Cayman Islands）興建一家醫院，收費將高於班加羅爾，但為美國一般收費水準的一半。距離邁阿密一小時的飛行里程，就可獲得世界級的心臟手術醫療，想必會令一些人心動。

印度的亞拉文眼科醫院（Aravind Eye Hospital）也採用類似的「組裝線」生產流程方法來執行眼睛手術，尤其是白內障手術。從外科角度來看，白內障手術相當簡單容易，但在印度這樣的開發中國家，由於基礎建設匱乏及貧窮，白內障病患常未獲得醫治。文卡塔斯瓦米（Govindappa Venkataswamy）醫生在 1976 年創立了現今已成為全球規模最大、生產力最高的眼科醫院，自 2009 年 4 月至 2010 年 3 月，此醫院治療病患超過 250 萬人，執行手術超過 30 萬人次。亞拉文眼科醫療保健體系（Aravind Eye Care System）目前有五家分院（兩千多張病床）、一個眼科產品製造中心、一個國際研究基金會，以及一個旨在開發中國家推廣革命性眼科醫療保健計畫的資源與訓練中心。[5]

5　Sources for the low-cost hospital pieces include http://online.wsj.com/article/NA_WSJ_PUB:SB125875892887958111.html, http://hbswk.hbs.edu/item/4585.html, and the Aravind Eye Hospital website.

所以，試問：身為終極遊戲公司高階主管的你，在完成步驟1及步驟2後，準備進入步驟3的擴散性思考時，你將探討的首要疑問是什麼？你要如何重新架構你的基本探索線，以便在這個步驟中產生大量務實的點子？使用典型的「跳脫框架思考」腦力激盪，你可能會立即考慮：「我們如何更新我們的系列遊戲，以確保它們依舊迎合青少年男孩？」或是：「我們如何進軍行動通訊市場？」但是，在步驟1的懷疑階段，你對於公司基本觀點及目標顧客等方面的心智模式提出了質疑，你得知電玩玩家的年齡範圍已經增大，而且有愈來愈多的女性玩家。你也懷疑終極遊戲公司是否仍需繼續堅持「我們拒絕在遊戲中包含暴力或色情影像或粗話」之類的價值觀，但是，你在步驟2的探究階段進行詳細的顧客研究時，了解到這個「安全」形象對那些「足球媽媽」型顧客的重要性。這些懷疑及探究現在將對你的擴散性思考階段產生莫大助益。

　　現在，想像你長久往來的銀行相信你的創造力精神，提供終極遊戲公司五百萬美元的信用額度，利率不高，償還期長，這讓你可以選擇在接下來幾年借更多錢投資於公司的活動。這筆新融資額度使你現在更有勇氣去挑戰你們長久以來抱持的假設──這是一家瞄準年輕男性的電玩公司。在這些重要的思維轉變下，你現在也許會決定，你的擴散性思考核心疑問應該是：「我們該如何使終極遊戲公司變成那些尋求單一娛樂供應商的家庭所選擇的對象，藉此大幅增加我們的營收？」

　　決定了這個探索主題後，你就可以展開擴散性思考流程了。通常，這個流程包含三個基本階段：（1）形成創意氛圍，開始暖身；（2）進行擴散性思考；（3）編輯與改造你產生的多個新框架。

形成創意氛圍

你可以獨自做擴散性思考，但它通常會產生廣泛的結果，因此，若能和他人一起進行擴散性思考，將會更有成效。這麼做的方式有很多，你可以和一位朋友一起做快速、10 分鐘的擴散性思考，也可以和幾位同事邊吃午餐，邊進行這種思考，或是進行更正式、時間更長的研討會。我們建議你，離開你平日的工作環境（或至少心理上這麼做），擺脫干擾與分心，享受創意流程中的這個部分。我們鼓勵你前往一個令你感到輕鬆的地方，若你的同事加入行列，這地方應該讓他們可以自在地提出想法，不必顧慮到他們在組織中的立場或職位。

不論採取什麼形式與規模，在進行擴散性思考的一開始，你應該要有明確的計畫和正確的期望，若有其他人參與，他們也應該清楚這些。一個好的計畫應該包括如何檢視產生的點子，以及何時從擴散性思考步驟轉向聚斂性思考步驟。切記（若有其他人參與，必須提醒他們），此階段重視量而非質，亦即應盡可能產生更多的點子。所有在場者都應該參與，若你邀請或說服其他人參加，你有責任幫助他們擺脫壓抑，表達意見，但也要幫助他們暫時克制對諸事做出評斷與分析的傾向，讓所有人在此步驟中自由地、不受打斷地發揮擴散性思考。

套用兩屆諾貝爾獎得主萊納斯·鮑林所言：產生好點子的最佳途徑是先產生許多點子。沒有任何點子在一開始時就是個優異的點子，想創造一個制勝的新框架，首先必須提出許多點子與可能性，再修改它們。

在擴散性思考步驟中，別立即否定任何點子，縱使有人覺得某個點子很愚蠢或不當，也不應馬上就否定、排除。擴散性思考階段

的目的是產生許多有創意的新框架，若這是團體集思廣益，主持人（不論是你，或是中立、開放、能鼓勵與啟發他人而被指派擔任此角色者）必須營造寬容氛圍，才不致有人不願意分享他（她）的想法及點子。

發展新點子的主要阻礙之一，是以下的態度和措詞：「沒錯……但是……」這種對話通常聽起來類似如下：

> 「嘿，老闆，我有個好點子，用一種新方法來讓我們銷售的窗戶玻璃變色，我們可以開發一種感光系統，讓玻璃隨著太陽西下而變得愈來愈暗，在日暮之前變得不透明……」
>
> 「沒錯，我們可以這麼做，**但是**……我不知道我們的預算容不容許這麼做。」
>
> 「噢，我發現我們下個會計年度有筆預算項目足以支應研究此方法的成本。」
>
> 「沒錯，**但是**……我們的車窗事業單位去年不是嘗試類似這樣的東西了嗎？我不認為大老闆會同意我們做這事。」

後面有聚斂性思考階段可以做出務實決策，但為確保給予目前這個擴散性思考階段足夠的時間與空間，我們鼓勵你在此階段盡全力使用熱情支持的措詞：「對，而且……」別使用令人氣餒、且往往有害的措詞：「沒錯，但是……」

以下使用「對，而且……」的措詞來改寫前述對話中的回應：

> 「嘿，老闆，我有個好點子，用一種新方法來讓我們銷售的窗戶玻璃變色，我們可以開發一種感光系統，讓玻璃隨著太陽西下而變得愈來愈暗，在日暮之前變得不透明……」

「對，**而且**，也許某些型號的產品可以提供兩種選擇，讓顧客可以在某些日子使用感光系統讓窗戶玻璃變色，其他日子則保持透明玻璃。」

或者：「對，**而且**，也許可以針對冰島這類地區提供更多的選擇，這些地區在一定季節到了很晚時，戶外仍然很亮，有些消費者可能想要室內變暗。」

「對，**而且**……」的措詞有助於人們以彼此的點子為基礎，激發靈感，加入建議。

請別誤會我們，這不是要你禮貌性地或「政治正確」地肯定每一個點子。在擴散性思考階段使用「對，**而且**……」的措詞之所以有助益，純粹是基於一理由：這能迫使你想出大量點子，並且幫助進一步推演前面陳述的點子。誠如畢卡索所言：「一個構想只不過是一個出發點，一旦你對它加以推敲琢磨，它就被思想改造了。」有時候，就連一開始看起來似乎很好的點子，也可能不切實際，需要進一步推演與發展，使它變得有道理、有價值。好點子的浮現是因為你先提出了大量其他較不好的點子，最終剔除這些較不好的點子。

幾年前，我們曾協助一家電信公司，姑且稱之為「愛雷格電信公司」，該公司想贈送一個有趣獎項給它的第十萬名用戶，藉此為公司做些正面宣傳。在一場活潑的擴散性思考會議中，該公司的主管提出種種點子，包括前往天氣暖和的海外旅遊；一台新家電；一輛新車等等。但他們最中意的點子是讓這第十萬名用戶特別喜愛的一位電影明星或名人造訪他（她）家或辦公室，所有人一開始都大讚：「好棒的點子！」可是，過沒多久，大家便認知到，這個「好點子」執行起來既花錢，又近乎無法實現，試想，愛雷格電信公司

如何請茱莉亞・羅勃茲（Julia Roberts）或伊莉莎白女王現身某個陌生人的住家或辦公室呢？

　　經過多回合的擴散性思考和聚斂性思考，這群主管修改了這個點子：不請電影明星或名人現身，改找跟這電影明星或名人長相酷似者。這修改後的點子甚至更實用，因為不僅幽默，成本很低，實際可行，而且是個讓媒體記者拍照的大好機會，因此對公司而言是非常棒的公關活動。想像下圖右邊那位男士（他的姓名是伊爾罕・阿南斯〔Ilham Anas〕，印尼人）按你家門鈴，想和你喝杯咖啡，將引起當地多大騷動。

資料來源：Reuters

　　或者想像安排下圖中的「芭芭拉・史翠珊」（Barbra Streisand）現身第十萬名用戶家中，對他（她）高唱一曲〈往日情懷〉（The Way We Were），愛雷格電信公司將能收到多大的宣傳效果。

資料來源：http://www.lookalike.com/lookalikes/barbra-streisand.htm

若最初的構想（僱用真實名人）在擴散性思考階段就被過早否決的話，這項活動將永遠不會推出。

擴散性思考是擺脫過去，甩掉你熟知的固有標準與習慣，讓新點子無拘無束地自由浮現，先別批評或猜測。切記：在這個階段，最重要的是產生的點子數量，稍後再來分析它們。

暖身練習

交流大量構想、讓人人參與，別立即評斷或否決任何一個提議。在清楚這些基本原則後，便可開始暖身以伸展想像力的肌肉，就像運動前暖身一樣。暖身的方式有很多種，哪一種最合適，取決於當下的情況及參與者——文化背景、彼此的熟悉程度、他們的幽默感，

以及其他類似因素。你可以根據你的個人作風，以及你感覺如何做對你的團隊最有效來判斷。我們通常在一開始請所有參與者先以創意、不尋常的方式自我介紹，分享他們本身的新鮮事。例如「我是布魯諾，我喜愛我們公司的一點是……」，或「我是卡利，關於我的工作，有兩點鮮為人知的事實是……」。這樣的暖身能使每個人產生臨場感，並開始浮現有趣的內容。例如當有人說：「我喜歡我們公司的一點，是它真的很關心我們。」其他人便有機會詢問：「公司最近如何關心你？」或「公司的哪些基本價值觀讓你有正面的感覺？」

在這些自我介紹中注入隨機成分，也是有益的做法。例如，你可以隨機地根據參與者名字的字母順序、出生月份（也許是從 12 月往回推，或隨機），或就讀的小學在哪一州（或國家）來安排自我介紹。你也可以請每個人介紹別人，或是在介紹完自己後，挑選下一個說話者。若人們知道下一個輪到自己做自我介紹，他們往往不會認真聽別人的自我介紹，而是在心中思考演練自己的自我介紹。

暖身的基本目的之一是，讓每個人再次覺察他們的一些既有心智模式（尤其是下意識的傾向與「規則」）往往會引導、有時扭曲或限制他們的思考。

一種通常滿有幫助的暖身方法是「抽考」（pop quiz），題目稍微和步驟 2 中辨識出的一些大趨勢或主題有關，但不要太密切關聯。舉例而言，我們最近協助一家美國消費性產品公司的主管，在步驟 2 中辨識出的一個重要大趨勢是：巴西、印度、中國等快速發展的開發中國家的消費者愈來愈富有。擴散性思考步驟想探索如何提升該公司在這些國家的市場占有率，在暖身時，我們詢問有關於這些國家的一連串複選題，例如：印度的第一大出口物品是什麼？

巴西的平均所得多少？中國興建高速鐵路的速度有多快？這些抽考能激發人們的好奇心，鼓勵他們開放擁抱對探討主題的新觀點。測驗這種明確、事實性質（亦即純粹是演繹性質）的問題，可幫助人們記得懷疑他們對事物的現有觀點未必「正確」或是「唯一方式」，也可以促使可能是首次參與這種流程者或對擴散性思考抱持懷疑心態者參與其中。

以下是我們特別喜愛的演繹性思考暖身問題（這類問題只有一種可能解答）之一：

> 想像你的書架上有一套 20 冊的精裝本百科全書，每一冊內頁厚 2 英寸（約 5 公分），上下封面各厚 1/4 英寸（約 0.6 公分），一隻小蟲從第 1 冊的第一頁爬到第 20 冊的最後一頁，請問小蟲爬了多長距離？

有些人回答 50 英寸，亦即「20 冊內頁總厚度 40 英寸」加上「20 冊上下封面總厚 10 英寸」。許多人回答 49.5 英寸，因為扣除了第 1 冊的上封面及第 20 冊的下封面。不過，正確答案是再減去 4 英寸，亦即 45.5 英寸，因為在書架上，第 1 冊的第一頁在這一冊的最右手邊，第 20 冊的最後一頁在這一冊的最左手邊，因此，實際上，小蟲不需爬第 1 冊和第 20 冊的內頁。*

其次，你也可以詢問一些開放式的歸納性思考問題，例如：「若發現火星上有生命，且適合人類居住，會怎樣？」你可以詢問一些跟你的產業有關的這類問題，例如：「你們認為，2040 年時，《廣告年代》（*Advertising Age*）上被最多人閱讀的三篇文章是什麼？」或

---

* 譯註：其實，當這 20 冊是正著擺放於書架上時，亦即封邊朝外時，45.5 英寸是正解；倘若封邊朝裡擺放，翻頁朝外時，正解應為 49.5 英寸。此外，前提是這些書為橫式編排書籍。

是和你的組織有關的問題，例如：「我們銷售的這類產品從未出現在哪些銷售場所，是否能舉出三個這樣的場所，也許我們的產品可以開始在這些場所銷售？」先前辨識的大趨勢和所做的研究可作為回答這類問題的參考。

第三種我們發現頗有成效的暖身方法是，針對一個有趣的開放式問題提出許多簡短的創意解答。例如，想像你有無限多的磚塊，試想出種種你可以創意使用這些磚塊的方式，對此問題，我們鼓勵人們超脫以下假設：（1）用這些磚塊來蓋房子或其他建物；（2）磚塊必定是矩形、平直的。有人建議使用磚塊來創作現代藝術品；或是在爐子上把磚塊燒熱後，在餐桌上用它們來燒烤食物；或是把它們當作種種產品來賣，例如健身用的舉重砝碼、門擋、碎冰工具、書擋、甚至是武器。[6]

還有偏視覺型的暖身練習，例如，請人們想像下圖是什麼：

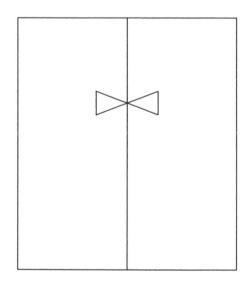

6　There are numerous possible exercises along these lines; we first came across this one in Micael Dahlén, *Creativity Unlimited* (New York: Wiley, 2008).

有人說這是一位男士的蝴蝶領結被電梯夾住了，有人說這是一根柱子上的霧笛，有人說這是一隻在照鏡子的白化企鵝張開的喙。[7]

這類練習迫使所有參與者（就算你獨自一人做也一樣）使用演繹性思考和歸納性思考技巧，超脫他們習慣的思考方式，暫停他們的批判心智機能（critical faculty），無拘無束地想像及發展出大量新框架。重點在於擁抱各種點子與可能性，開始針對步驟 2 中辨識的大趨勢或其他主題或研究發現，進行腦力激盪。你（及其他參與者）根據前面預備工作得出的結果，開始進入自由發揮、不做出評斷的產生點子階段，邁向在新框架內思考。

做完暖身練習後，開始聚焦於你要探索的核心課題，不僅複述這些課題，也以能幫助所有參與者開放思想及發揮想像力的方式，來探索因應這些課題的可能方法。你將需要重新架構這些課題，以幫助發揮創意。

例如，若你說：「今天，我們將討論如何對政府機構銷售我們的服務。」這是很籠統的話，你應該使用更具體的措詞，好讓所有面對疑問的參與者更直接感受到挑戰，因此，你也許可以改問：「若你碰巧和政府機構 X 的主管一同搭乘電梯，這半分鐘內，你會對他說什麼？」

或者，倘若你要探討的課題是：「該如何使我們的餅乾品牌變得更出名？」你可以重新架構這課題，改問：「我們可以如何做，以使所有超市的經理想把我們的餅乾陳列在商品區末端最顯著的地方？」或是：「我們如何使皮奧里亞市的一家四口在共進晚餐時興致勃勃地談論我們的餅乾？」

你的大目標是能提出擴大問題的新方式——不熟悉、不同於以

7　Ibid.

往的方式，迫使人們改變觀點。以下是如何重新架構疑問或課題的一些建議：

- 把課題架構得**具象化**，有助於激發更多有趣的反應。用「我們如何能夠……」或「該如何做，才能……」作為問句開頭，通常很有幫助。
- 盡可能讓主要課題具體呈現，且明確針對你的組織及人員，尊重仍然有效且重要的既有價值觀與限制，這其實也有助於促進創意。
- 也許有人是初次面對此課題，因此，你必須持續釐清，直到他們清楚了解此課題，確保所有參與者了解他們應付此課題的影響性與牽連性。
- 溝通此課題時，使它和你的組織的某個（某些）特性串連起來，而不是把它架構成可適用於所屬產業中一些其他組織的課題。

辦公用品供應商史泰博的主管舉行腦力激盪會議探討「我們該如何銷售更多的辦公用品？」時，若一開始先提出「史泰博究竟是一家怎樣的公司？」這個基本問題，再以這個問題的回應作為進一步探討的基礎，應該會得出更多且更令人振奮的結果。你的目標應該是在一開始提出正確的大問題。管理顧問蕭恩・柯伊恩（Shawn Coyne）某次接受訪談時這麼說：「你若想獲致顯著的成功，別只是偷別人的點子，你應該偷的是引領他們得出這個點子的正確問題。」[*][8]

---

[*] 柯伊恩是《百發百中：瞄準靶心的腦力激盪術》（*Brainsteering*；中譯本由時報出版）一書的合著者，前麥肯錫管理顧問公司顧問，所以也算是我們的競爭者，我們知道，在此引用他的這句話，有點諷刺啦。

[8] From an interview with Vern Burkhardt on IdeaConnection.com, January 28, 2012.

身為終極遊戲公司的高階主管，當你和同事探討娛樂整個家庭的新方法時，你們原先的疑問是：「我們如何使終極遊戲公司成為那些想尋找單一娛樂提供者的家庭選擇的對象，藉此大幅提高我們的營收？」現在，你們可以把它重新架構成：「我們如何使密爾瓦基市市郊一位 35 歲家庭主婦在聽到或想到娛樂這個字眼時，第一個想到的是終極遊戲公司？」或是：「我們如何使肯塔基州一個 55 歲的小鎮鎮長向他的友人、選民及追隨者極力誇獎終極遊戲公司？」或是：「我們如何使美國的每一位浸信會牧師在星期天布道時談到終極遊戲公司的產品有助於建立品格？」

進行擴散性思考

　　在開始探討與回答你的核心疑問或課題時，你的方法應該著眼於促進擴散性思考，激發你及其他參與者思索及提出你希望創造的新框架。下文敘述我們喜愛使用的一些方法，目的是想幫助你們用不同的透鏡來看待你們的組織及它經營的事業，激發你們考慮和你們向來抱持的假設與信念非常不同的觀點，或是幫助你們對於那些通常被視為彼此完全不相關的主題、境況與世界做出一些新奇的聯想。這種擴散性思考的方法很多，大致上，它們的目的是幫助你：（1）改變你的觀點，產生新見解、模式及方法；（2）在你的各種框架之間發展新聯想、比較及類比。

　　這些方法當中有一些往往會引發「大概念」型的點子，當你試圖創造一個大的新核心框架（例如一個新的整體願景）時，這種大概念很有幫助。有些方法則是特別有助於創造填補用的新框架——你已經有一個大框架，現在你試圖創造很多較小的新框架，填入這

個大框架裡，就如同 BIC 公司試圖在「廉價的可拋棄式塑膠物件」新框架中填入較小的新框架。你也可以使用許多這類方法來更清楚地察看你的現有框架，或是以新角度看它們，透過創造未來情境，重新檢視及強化這些框架。

下文介紹一些促進擴散性思考的方法。

描繪你的公司，但不要用到五個關鍵字

想像若美國銀行（Bank of America）的執行長在公司董事會上做簡報時，敘述該公司的業務中沒有使用到「money」、「bank」、「checking」、「saving」、「financial」等字眼。也許，他說：「我們幫助我們的客戶規劃及保存他們最重要的財物」，或……

這種方法特別有助於發展新的大框架，例如為你的公司提出一個新的整體策略願景，因為這種思考迫使你丟棄一些你對於你的組織的最基本既有觀點。這種方法也促使你考慮以新方式來看待組織的一些層面目前呈現的事實，因此，你也可以使用此方法來創造一或多個新概念／點子的框架，以便填入大框架裡。

在和法國卡斯特蘭香檳公司（Champagne de Castellane）的領導人一起舉行擴散性思考會議時，我們請與會者描繪他們的公司，但不要用到「liquor」、「drink」、「champagne」、「alcohol」、「bottle」這幾個字眼。在拋出大量有趣且出人意料的字眼後，他們認知到他們公司的角色並非只是供應酒品，而是對派對及慶祝場合的圓滿成功做出貢獻。在此簡單、但很重要的洞見浮現後，便形成了一個新框架，讓這些主管能夠以新方式思考公司及其未來，進而產生了許多新產品與行銷的點子，其中一些點子很快被採行，使該公司的總

營收提高。舉例而言，夏天時，香檳往往不夠冷，尤其是購買作為禮物的香檳，因此，該公司提供夠堅固而可以裝入瓶裝香檳和幾磅冰塊的塑膠袋。在許多派對上，總是有人被請求致詞，因此，該公司提供免費的「如何致詞」小冊子，黏附於香檳瓶上，作為促銷贈品。此外，許多派對中含有遊戲及娛樂，該公司修改一些裝香檳的木箱，使它們可以被用來當成西洋棋和雙陸棋的棋盤。附帶說明的一點是，這些主管把八成心力投入於辨識新的大框架，在建立了大框架後，填入其中的點子便輕而易舉地產生了。

　　身為終極遊戲公司的高階主管，若不使用「video game」、「entertainment」、「adventure/quest games」、「gamer/player」、「sports games」等字眼（或是這些字眼的同義詞），你會如何描繪這家公司？你會改用哪些詞彙？

　　以下是描述你的事業（你的第一批新「框架」）的可能方式：「我們闔家共享的安全娛樂方式」；「我們為所有年齡小孩提供逃離現實苦悶的方法」；「我們幫助改善手眼協調及視覺動作技巧」。也許，你的一位同事聽到這些描述後，理解最後一點，運用「對，而且……」的思考，再加入一些點子。他也許是擔心「視覺動作技巧」聽起來稍嫌枯燥，便補充說：「對，而且……電玩有助於避免分心。」另一位同事接著說：「對，而且，我們也可以從『安全』的角度向托兒所及幼稚園老師和家長們推銷我們的產品，說我們將為你們的小孩提供一個安全環境，並幫助他們為生活做出更好的準備，在學校裡表現得更好！」這個「幫助建立技巧以為各種生活做更好的準備」的大主題，既吻合公司想超脫純粹遊戲公司的抱負，並且具有增加營收的潛力，也有助於激發公司如何幫助其顧客的新靈感。

　　根據「提供安全娛樂，幫助小孩為學校及其他生活做準備」的大框架，你和你的同事接下來開始思考：

- 以公司過去在系列遊戲產品領域的成功為基礎，開發新的教育性質系列遊戲；
- 研究該如何開發專門瞄準增進「多元智能」以及改善大肌肉動作技能、小肌肉動作技能、長期與短期記憶、空間關係、口說及書寫語言能力、集中專注與避免分心等目的的遊戲；
- 開發既有助於發展財務與金錢管理技巧，又有娛樂效果的遊戲；
- 和小聯盟或其他本地運動聯盟組織建立夥伴關係，推出線上運動聯盟；
- 投資於開發比市面上現有測驗準備軟體更具娛樂效果的同性質軟體；
- 創造一種虛擬保母——既能娛樂、也能教育年幼小孩的遊戲，使學齡兒童對學習讀、寫及數學產生興趣；為他們的學習中間休息時段提供有趣的體能運動；能和他們一起玩建立信心的遊戲；增進他們對更廣泛世界的好奇心。

在這種擴散性思考方法中，你也可以思考一些大趨勢或你們已經討論過的主題或疑問，然後試著不使用五個關鍵字來描述你的組織。哪些大趨勢影響你的組織，你認為一般會用哪些關鍵字描述它（你的目的是在你的描述中不使用這些關鍵）？在思考時，你可以猜想若在街上隨便找一個人來描述你的公司，他會使用到哪些關鍵字？例如，試著不要使用「Internet」、「web」、「search」、「data」、「information」等字眼，你會如何描述 Google 這家公司？你也許會如此描述：「任何人在任何地方的根據地」，或是：「舉世最大的會聚地」，或是：「老大哥」。若你思索的大趨勢之一是：「綠色、

環保地經營事業的方法」，或許，你會如此描述 Google：「地球上最大的綠色圖書館」。

打破限制

你在前面步驟中辨識出什麼限制？這個這個方法是要你有條不紊且謹慎地瓦解一些現有的心智模式，看看浮現什麼可能性。若你覺得你公司的各部門各自為政，缺乏足夠的合作，若是設立一位協同合作長（Chief Collaboration Officer）呢，會不會有助於改善這種情況呢？若你的目標是進軍新興的軍艦市場，但你的公司只有建造帆船的經驗，想像兩年後有位海軍艦隊司令興奮地向他的高級幕僚談論你公司的新產品，試想，你的公司是如何達到這境界的？

以太陽能發電為例，每小時照射於地球的太陽能足以為全世界提供電力一整年，但我們至今還不擅於利用這能源。早期使用太陽能發電的住家及商業機構必須投資約 25,000 美元至 5 萬美元的屋頂集能設備，還得考慮不同的投資回收期、申請許可證所需具備的條件、以及種種可能取得的補助。不過，他們仍然能夠每月節省約 80% 的電費。那麼，是什麼原因使得一般家庭不願歷經這些流程而採用太陽能發電？主因是不確定的投資回收時間和大筆的前置投資金額。這個產業的一些組織探索種種選擇後，終於得出一個新框架，完全破除了這項限制：以租賃取代購買。太陽能公司安裝、維修及擁有你家屋頂上的集能板，使你家從第一天起就可節省 15% 至 20% 的電費。主營此業務的太陽城公司（SolarCity）的執行長林登·賴夫（Lyndon Rive）說：「人們不會購買加油站，不會購買電力公司，為何我們要他們購買太陽能發電設備呢？」[9]

---

9   As quoted in Jeff Himmelman, "The Secret to Solar Power," *New York Times*, August 12, 2012.

想像你的公司消失了

你還記得電路城（Circuit City）或夏波零售連鎖店（Sharper Image）嗎？雷曼兄弟（Lehman Brothers）或貝爾斯登（Bear Stearns）如何了？

想像 2025 年時，你的組織不復存在了，猜想為何會如此，或是如何發生的。多數人通常會從現在預測未來，這個從未來回推的方法迫使你更有創意地想像未來。想像若你請微軟公司的兩百名高階主管花 30 分鐘思考並解釋為何他們的公司到了 2025 年可能不復存在了，你將會獲得許多令人震懾的回應。

你的組織怎麼會突然間消失？也許是你之前探討的一些大趨勢導致，或是你的行銷模式因為某種原因而變得不恰當，也許是你的產品或服務被新技術取代，或是消費者的品味改變了。

我們使用這個方法幫助人們延伸可能性範圍，藉此擴展他們看待他們的組織的方式。在設想各種可能的未來情境以探討你的現行策略及其他手段時，這個想像與推想方法也有助於發展一個大的新框架。

把你的公司一分為二

摩托羅拉（Motorola）在 2011 年把公司拆分成兩家獨立公司，一家是摩托羅拉行動公司（Motorola Mobility），經營行動器材和家庭娛樂設備業務；另一家是摩托羅拉解決方案（Motorola Solutions），經營商務行動器材及網路解決方案業務。卡夫食品公司也在 2012 年 10 月拆分為兩家獨立公司，一家承繼原公司名稱，

接收其北美地區的食品零售業務；另一家取名億滋國際（Mondelēz International），負責其全球的商品製造零售業務。

使用這種思考方法時，你檢視你的組織，並且假設性地把它拆分成相互獨立且完全窮盡的兩個部分（mutually exclusive and comprehensively exhaustive）。*該如何做呢？你會建議如何把你的組織一分為二？

你可以想像你的公司拆分成上與下、高階與初階、有形與無形、地上與地下、日常營運與創新、赤字與盈餘，可能的拆分法有無限種。舉例來說，我們和法國郵政公司合作時，在擴散性思考階段，主管們想像這個組織可以拆分為北與南、男性與女性、定點業務和行動業務、黃色及非黃色（黃色是法國郵政公司的郵筒、送件車等等使用的識別顏色）。我們鼓勵你想像各種出人意料的拆分法，一旦你決定了這兩個獨立體的類別後，你就可以開始做很有趣的工作：決定你公司中的哪些部門、團隊，或個人劃分至哪一個獨立體，以及為什麼。

你也可以結合使用兩種拆分法，例如，若你請加勒比海聖約翰島上一家觀光客潛水學校的主管根據「有形或無形」及「水面上或水面下」這兩項分類來區分組織人員，他們可能得出如下表的區分方式：

	水面上	水面下
有形	業務人員；客貨兩用廂型車司機；船隻作業員；在當地游泳池訓練學員的教練；帳務、宣傳及行銷人員	陪同學員潛水的教練；和教練一起工作的實習生
無形	在家工作的簿記員及會計人員	

---

* 譯註：亦即兩個部分不相互重疊，但兩個部分合起來完整涵蓋原體，沒有任何縫隙與遺漏。

你向參與者指出右下象限是空白欄，請他們想想有誰可以為這潛水學校工作且其性質可以歸屬於這空白欄。誰可以在水面下工作且無形、但對組織及其營運續效產生影響？我們想到的一個可能答案是攝影師，他們祕密地偷拍潛水者的照片，潛水活動結束後再販售給他們。你能想到其他可能的答案嗎？

　　這跟想像你的組織可能如何突然消失的方法很相似，思索你的組織可能如何一分為二，有助於激發前瞻性思考。你一開始想出的點子往往能幫助你發展出一個新的核心框架，當你開始提出種種點子以填補空白欄時，這些點子其實就是更小的相關框架，用以填入核心框架中。

　　想像終極遊戲公司拆分為兩類事業的獨立公司：（1）多元智能與技巧發展，以及（2）娛樂；或是（1）新領域的遊戲，以及（2）核心的系列遊戲。這些是相當明顯的拆分法，但想想看，把「video games」拆分開來：（1）視訊，以及（2）遊戲呢？或是拆分為白天 vs. 夜晚，或是拆分為「公司外界知道的」和「只有公司內部知道的」？公司的各主管及員工將在這些獨立的事業體扮演什麼角色？你和你的同事能開始為所有年齡層的顧客構想出什麼產品與服務？可能有參與者構想組成一支「多元智能與技巧發展」團隊，專門聚焦於了解神經學的最新發展，運用這些新知來設計新遊戲的一些層面，另組成一支「娛樂」團隊，專門致力於使這些遊戲變得有趣。或是分設一條「白天」的教育性質遊戲產品線，另一條則是「夜晚」的娛樂性質遊戲產品線；或者分拆為「文明」遊戲和「戰鬥」遊戲；或「莎士比亞」系列遊戲和「蘇斯博士」（Dr. Seuss）系列遊戲；或「高度衝擊」型遊戲與「冷靜輕鬆」型遊戲。

想像牽強的合資企業

首先，提出和你的事業領域或所屬產業沒有自然關聯性的事業領域或產業中知名優秀企業的名單，接著，隨機挑選其中一個，或是把這些企業隨機指派給與會者，一人一個，請每個人敘述這個企業和你的公司建立合資企業的可能性，或是和你的公司共同探究商機的可能性。

你的組織能和臉書、捷藍航空（JetBlue Airways）、當肯甜甜圈（Dunkin' Donuts）、國稅局、哥倫比亞廣播公司電視網（CBS Television）、薩克斯第五大道百貨公司（Saks Fifth Avenue），或澳美客牛排店（Outback Steakhouse）建立怎樣的合資企業？紅十字會或聯合勸募協會（United Way）呢？

咱們來想想看，終極遊戲公司能和種種其他組織建立合資企業以發展什麼新產品或服務呢？想像終極遊戲公司和美國國稅局合作推出一種娛樂性質的「電玩」，讓你完成報稅作業；或是和聯合勸募協會合作發展技能，幫助失業者找到新機會；或是和綠扁帽部隊（Green Berets，美國陸軍特種部隊）合作發展遊戲，指導玩家天天做吃力的健身運動。想像和太空總署合作發展遊戲，教導學齡兒童如何找出資料的重點，處理資訊，把資料儲存於記憶體，從記憶體取出資料，在各種解決問題狀況和任務中運用這些資料。你也可以構想開發贊助性質遊戲，讓人們在加州披薩廚房（California Pizza Kitchen）或其他餐廳等候上餐點時打發時間；或是和哥倫比亞廣播公司（CBS）或英國廣播公司（BBC）合作推出新節目，例如讓觀眾和最新的遊戲節目互動地玩，或是遠距參與實境秀。

這種類比與組合的方法非常有助於激發你去思考新商業模式、新產品、新服務或新方法的可能性。

採取新立場

倘若某天早上醒來，發現自己是美國第一夫人，你的生活將有何改變？

這個擴散性思考方法要你浸濡於一個非常不同的觀點，採取完全不同的立場。

舉例而言，在舉行擴散性思考研討會時，我們常請領導人從很特定、新鮮的立場（例如你是個承受極大壓力的自由音樂人，已退休的寡婦，紅牛公司〔Red Bull〕的執行長，或是正在度假的驗光師），用生動的句子描述其組織的未來或是其管理或營運的其他層面。

此方法的目的是要大大改變你的視角，這特別有助於激發你和其他參與者對你的組織的整體願景提出有趣的新觀點。你可以思考類似以下的問題：「吉隆坡的刑警會如何描繪我們的事業？」或「托斯卡尼的葡萄園園主會說她最喜歡我們的產品的哪一點？」

你也可以架構旨在產生點子以填入更大框架中的問題，例如，若你管理一家家具製造公司，並且已經發展出一個聚焦於「魔法與樂趣」概念的新框架，接下來，你也許可以提出這樣的疑問：「我們公司可以推出怎樣的產品來取悅有三個小孩、兩份工作的單親媽媽或爸爸？」

有時候，這個方法也可以作為發展有關於未來的假設的起始點，這些假設可幫助你構思新情境。你可以詢問類似這樣的問題：「一位15歲的韓國數學能手可能會告訴我們什麼社會與技術變化，將在未來五年或十年對我們公司的事業構成挑戰？」或是：「來自飽受戰火摧殘的剛果的一個19歲孤兒，可能會告訴我們接下來幾年該採取什麼不同的作為？」

從一個 7 歲小孩活潑、熱情的觀點，用一句話來描繪你的組織。接著，從高齡 95 歲、被告知生命只剩下 48 小時的物理學家的觀點，用一句話來描繪你的組織。或者，你可以從各種職業人士（會計師、調查性新聞記者、繪圖設計師）的立場來思考，或是想像你或你的組織身處其他的特殊境況或環境背景（例如街頭市集、高中足球賽、爵士樂夜總會等等）。

有時候，我們會請人們從他們的顧客或其他特定人士的立場來思考一個疑問或課題。我們最近和歐洲一家知名銀行舉行擴散性思考會議，該銀行想要提出有關於如何使用行動電話及其他通訊技術來增進其產品與服務的新點子。一位大趨勢專家先講述和銀行業相關的許多趨勢，接著，我們讓與會者進行擴散性思考的暖身之後，請一位與會者採取以下的思考立場：四代同堂，總共十人，她是這個大家庭的女家長。我們請另一位與會者想像她是一個荷蘭家庭的母親，她家的平均頻寬流量居全國前 2%。我們請這些與會者思考的課題是：「我們如何使這些人在 2030 年平均每天體驗我們銀行的產品／服務量增加到十倍？」

身為終極遊戲公司的高階主管，你的核心疑問是：「我們如何使終極遊戲公司成為家庭娛樂的單一來源選擇？」在使用這個擴散性思考方法來回答此疑問時，你採取三、四個假設性家庭的立場，挖掘它們可能以哪些不同的方式看待你的公司。你思考若你是底特律市郊中產階級的核心家庭，有兩個學業成績不理想的青少年小孩，或者你是斯里蘭卡農村貧窮、未受教育的單親媽媽，有三個很用功、非常自動自發的小孩，你會如何回答這個疑問？這兩個家庭分別渴望怎樣的產品與服務？怎樣的產品／服務特色與促銷能吸引他們購買終極遊戲公司的產品服務？你也可以想像你是倫敦一個很富有的家庭，先生是家庭主夫，你們有一個 5 歲大的小孩，你會如

何回答上述疑問？

　　你也可以思考，一個喜愛社交、愛開玩笑、70 歲的前美式足球聯盟（NFL）四分衛可能會如何回答這些問題。他會想要獨自坐在舒服的椅子上玩終極遊戲公司出品的運動電玩嗎？抑或他是社交場合中的靈魂人物，喜歡和其他愛熱鬧、喜歡談論職業運動的同儕一起娛樂？又或者，因為他年輕時選擇了運動職涯，未能獲得扎實的教育，因此希望他的子孫能獲得好教育？

　　在此方法中，你從這些顧客的角度來思考，若你是他們，當你聽到娛樂這個字眼時，你聯想到什麼？這位退休的前四分衛腦海裡可能會浮現運動與酒吧這類字眼，以及渴望與人作伴，並對其後代有很深的期許。那位家庭主夫可能會聯想到揮霍與兩人時光這類字眼；而單親媽媽可能會想到暫時拋開一切，擁有一小段自我時間；核心家庭可能會聯想到全家一起看電視，或一起玩終極遊戲公司出品的遊戲且全家比賽之類的景象。或者，娛樂這字眼使他們聯想到家人間的各種衝突與融洽，面臨不同程度的考驗，需要他們做出個人最大努力的時刻，或他們被迫團結以求生存與勝利等等景象。

　　這些討論將引領你們思考以下兩大主題：

1. **多元智能與技巧發展。**針對先前提出的「使青少年為學校及生活做出更好的準備」等構想，思考如何根據「多元智能」理論來開發適宜家庭的遊戲，幫助遊戲使用者辨察他們的智能長處與技巧，改善弱點。例如，遊戲可以幫助使用者改善他們的反應時間，遏阻分心，記憶資訊，強化手眼協調。你的公司可以和學區合作，推出線上競賽，頒獎給獲得最高分及獲得最大改進的參賽者，家庭可能會鼓勵其小孩參賽，因為這些遊戲中蘊含的訓練對小孩的未來學

習及生活有種種益處。也許可以考慮在這些遊戲中設立追求達成里程碑，並和童子軍徽章或當地的運動小聯盟建立關係，以鼓勵小孩從事更多非久坐的活動。這些點子的行銷活動不僅瞄準青少年，也要瞄準渴望對小孩的大學及未來生活產生助益的家長。

2. **暫時擺脫一切。** 針對單親媽媽渴望的「自我時間」，終極遊戲公司可以為小孩提供既可娛樂小孩、又安全且具有教育性的遊戲，讓母親能夠安心地讓他們自己玩遊戲。也許，你們可以構思一個名為「免憂慮的保母」的新框架。你們甚至不必為這名母親提供遊戲，只需在廣告中強調，提供給小孩的遊戲可以讓她安心地讓小孩自己玩，使她獲得一小段自我時間。此外，終極遊戲公司也可以開發針對單親媽媽需求的遊戲，一天五分鐘就能感受猶如明顯的暫歇，讓她獲得充電。一些有關於社交網站的點子也許可以發展出終極遊戲公司支援的玩家社群，讓處境相似的家長社群能彼此連結，分享經驗與故事，同時又能以終極遊戲公司出品的遊戲娛樂小孩。

　　這些快速產生的點子可能有幫助，但或許稍嫌明顯簡單，但你可以把這些初步概念推進至下一個層次。至於行銷活動方面，你可以考慮在足球媽媽們使用的產品的包裝裡，放入具有吸引力的終極遊戲優惠券，例如在優惠券上印著推銷文案：「我們的遊戲能幫助你的小孩發展多元智能與技巧」，再放入學校文具用品或小孩零食產品的包裝裡。或者，優惠券可以附在即將出刊的親子雜誌裡，承諾：「史上最有價值的遊戲，我們不僅娛樂你的小孩，也幫助辨察他們獨特的學習長處與技巧。」那麼，開發「史上最有價值

的遊戲」，意味著什麼呢？是指開發娛樂與教育功能兼具的電玩StrengthBuilder，吸引世界各地的小學、國中及高中向你的公司取得此遊戲授權嗎？

接著，有人建議終極遊戲公司可以考慮自行建立一個安全的社交網站，瞄準發展學齡小孩的多元智能與技巧。另一個人說：「對，而且……我想像一位單親媽媽有個過動兒，甚至是被診斷出注意力不足過動症（attention deficit hyperactivity disorder, ADHD）的小孩。我們可以開發旨在幫助小孩改善注意力時間廣度及遏阻分心的遊戲。」或者，另一個人說：「對，而且可以使用我們的社交網站，好讓處境相似的網友彼此交流。」或者，另一個人說：「對，而且，我們可以開發幫助任何類型的心智技能者和任何類型的學習者的遊戲軟體。」

你和你的同事繼續從顧客立場來思考與探索，列出對這種種新提案的一些疑慮，並提出應付這些疑慮的點子。你們的初步討論中浮現的疑慮可能包括：在臉書時代設立一個新社交網站的複雜度；有沒有能力吸引小孩受注意力不足過動症、亞斯柏格症候群（Asperger's Syndrome），或其他精神、神經行為、學習問題所影響的家長；必須克服人們對於電玩容易上癮及危險的既有印象；必須對認知科學和神經學有深厚了解，才能開發出真正具有治療效果的遊戲。你們會如何應付這些疑慮？你們可以考慮：

● 推出一項專門計畫，調查跟電玩相關的神經學和心理學——人腦的多線路運作，以及它們對於遊戲設計的含義，探索何以玩特別設計的電玩實際上能**幫助**患有注意力不足過動症、泛自閉症障礙、讀寫障礙及其他這類問題的小孩，幫助他們建立智能長處，訓練他們變成更好的學習者。

- 提出一套新的行銷標語，和其他聲譽好、為家庭提供服務的公司及組織合作，例如公視少兒頻道（PBS Kids）、基督教青年會（YMCA）、美國女孩娃娃（American Girl Dolls）、救助兒童會（Save the Children）等等，利用你們公司長久以來的「安全」形象來建立足球媽媽們及其他家長的信任。

撰寫跟你們公司有關的新聞標題

　　有些擴散性思考方法要你不僅重新思考你的組織，也重新思考這個世界：若發生意外事件，怎樣的新點子將突然變得切要且有益？想想看，若你是一個組織或中央政府的領導人，接下來十年，全球氣候暖化導致整個南半球完全不宜居住，你會採取什麼行動？

　　我們常用的一個方法是，挑選一些刊物，例如《今日美國報》（*USA Today*）、《衛報》，或是針對性較高的刊物如《時人》（*People*）、《運動畫刊》、《男士健康》（*Men's Health*），請擴散性思考的參與者撰寫未來某個時點（例如 2020 年）關於其組織及更廣大世界的新聞標題。我們通常會請他們撰寫出「夢想」中的新聞標題和「夢魘」裡的新聞標題。

　　終極遊戲公司夢想在《時人》雜誌上出現的新聞標題是什麼？也許是：「電玩如何拯救了我的家庭：一個母親的故事」，或是：「用電玩克服注意力不足過動症，一次破一關」，或是：「終極遊戲公司的 StrengthBuilder 遊戲使八歲自閉症兒童首次開口說話」。在《紐約時報》上出現怎樣的新聞標題會是終極遊戲公司的夢魘呢？也許是「研究發現，電玩侵蝕短期記憶的回想能力」，或是「蓋洛爾電玩公司針對孩童推出令人驚艷的系列電玩——EnterTRAIN」。

當然，並非所有跟你的公司有關的新聞標題都會如此聳動，有時候，一些想像出的新聞標題可能具有預示作用，或是激發進一步的探索。例如，在我們和法國郵政公司舉行的一場擴散性思考會議中，一位與會者想像一則新聞標題宣布，在全國各地服務的法國郵局員工，開始在每天遞送郵件的同時銷售銀行服務。這帶給我們靈感，引發我們探索郵局員工可以在遞送郵件的同時做哪些其他的事，例如幫助獨居老人，或是抄寫水電錶。結果，法國郵政公司真的開始朝此方向發展，也提供種種金融服務。

有時候，你可能會發現，想像你的組織的新聞標題出現於跟你的核心主題及你的組織追求的東西不相干的雜誌上，也有幫助。例如，你的公司是一家商業不動產公司，你可以請與會者想像 2025年的《運動畫刊》上可能出現跟你的公司有關的什麼新聞標題。或者，你的公司製造 LED 技術的產品，請你的同事想像《葡萄酒愛好者》（Wine Enthusiast）或《今日心理學》（Psychology Today）上可能出現跟公司有關的什麼新聞標題。

想像 2025 年時，《時尚》（Vogue）或《莫斯科時報》（The Moscow Times）或《財星》（Fortune）上可能出現跟你或你的組織有關的什麼新聞標題，你的夢想新聞標題和夢魘新聞標題是什麼？

當我們詢問擴散性思考會議的參與者這類問題時，通常能幫助他們思考新的「大局」主題、趨勢及願景。但我們有時也使用此方法來幫助激發性質更特定的點子，例如，我們可能不會請 Google 的主管去想像跟整個公司有關的新聞標題，而是請他們撰寫 2040年時跟 Gmail 服務有關的新聞標題。這可能會促使他們想像 2040年時的電子郵件或人與人之間的通訊會是什麼模樣，並提出更粗略性的建議。也許，他們夢想在 2040 年 3 月號的《連線》雜誌上出現這樣的新聞標題：「在新興非洲市場的 Gmail 用戶數已經超越所

有其他電子郵件系統用戶數的總和」，或是：「嗅覺影視（smell-o-vision）技術來臨，Gmail 現在提供五種感官的服務選擇。」

運用矛盾修辭或其他形式的文字遊戲

你能夠想出一個無用的改進嗎？一個老舊的新穎事物？一種嚴格精確的彈性？

這個擴散性思考方法要你使用矛盾修辭（兩個邏輯上不相容的字詞並存，例如「虛擬實境」）來激發你明顯脫離你平常思考事情的方式。

我們最近使用此方法和一家知名美妝品公司合作，幫助公司發想新產品，填入其「慣常性」大框架中。一開始，我們請該公司主管思考：「我們如何使人們如刷牙般慣常地使用我們的產品？」這激發他們提出了一些有趣的點子，像是標榜健康與衛生的產品，例如牙刷；有明確每日用量而迫使你慣常使用的產品。但我們接著請他們提出和「慣常」並列將形成矛盾修辭的詞彙，他們提出了許多詞彙，包括「無法預測的慣常」、「獨特的慣常」、「偶發的慣常」、「一生一次的慣常」。接著，我們討論有什麼新產品點子能和這些矛盾修辭有關。結果很非凡，「無法預測的慣常」這個矛盾修辭激發了靈感，該公司開發出一條新的美妝產品線，這些產品可讓顧客自行變化使用組合，顧客可視心情及當天想做什麼來變換選擇。

身為終極遊戲公司的主管，想想看，你可以在「安全的魯莽」這個框架中填入什麼新產品／服務？你可能變得更加致力於使用最先進的繪圖及聲音技術來為你的遊戲玩家創造激烈體驗（魯莽）——令人暈眩的搖滾音效和 3-D 高畫質視覺，但同時也維持你

公司長久以來的「安全」理念——不含粗話及不必要的血腥暴力內容。你也可能會想到向雲霄飛車設計工程師、走鋼索者或高空彈跳者學習，研究他們在讓自己或他人從事危險活動之前採取了什麼極其小心、嚴密的步驟。依此類推，終極遊戲公司也應該深入了解神經學後，才能公開宣稱公司產品能幫助小孩改善他們的學習能力。

除了矛盾修辭，也可以思考其他形式的文字遊戲。例如針對某人提出的教育性遊戲構想，另一位同事說出這個行銷點子：「我們不僅娛樂（entertain）你，我們將娛樂訓練（entertrain）你！」就像把 banker 和 gangster 結合形成「bankster」（銀行界的流氓），或是把 adult 和 adolescent 結合形成「adulescent」（後青春，行為舉止像青少年的成年人），你也可以把這種文字遊戲應用於你的新概念。

想像迷你世界／類比

這個方法是探索迷你世界，我們經常使用的例子包括時尚、舞蹈、鳥、數學、印刷、電影、梵蒂岡、奧運、間諜行動、裝潢布置、海軍等等。接著，再思考你能否在這個迷你世界和你的組織之間建立關係、可能的活動或事務。也就是說，你先建立較大的框架，接著再聚焦於建立較小的框架。

設若你的組織決定要應付的主要課題是：我們如何開發出 2025 年時住在充滿摩天大樓的城市中的人們會想要的新產品與服務？

現在，想像我們要求你聚焦於……職業運動的迷你世界，你可以把這個迷你世界裡的什麼東西帶到你的世界裡？這個迷你世界的主要特徵是什麼，此特徵如何應用於你的組織？你可以探討這將如何改變你的組織所做的事、組織的運作方式，以及將面臨的新挑

戰。你可以重新思考該如何因應你先前調查的一些大趨勢，以及在這些大趨勢中浮現的機會。到了 2025 年，在這樣的城市世界，職業運動有何演變？你必定會想開發怎樣的產品與服務來供應這樣的世界？

我們使用此方法協助法國郵政公司時，公司的高階主管想像著法國郵政服務處於坎城影展、在紐約一場羅浮宮收藏品的展覽、國際刑警組織（Interpol）販毒調查單位等等迷你世界。他們的討論引領出種種新點子，包括發展付款認證系統；設立網站供集郵者展示他們收集的郵票；為產品、服務及組織提供品質保證印章；設立一個線上社群購物與交流網站。

我們有時會修改這個方法，提供一組詳細的類比角色或情況，請人們詮釋這些人事物對他們的企業或境況有何含義。舉例而言，想像在一個野外，有一位牧羊人、一隻狗、一群羊及一匹狼，這些角色在高等教育事業中代表什麼？在汽車產業中代表什麼？在你的事業中代表什麼？你可以決定誰代表各家公司、競爭者、顧客及其他的利害關係人，你可以討論誰保護誰，誰吃得很飽，誰是安全的、誰應該非常擔心第二天能否存活！

編輯與改造你的點子

在使用擴散性思考方法產生許多點子後，我們鼓勵你接下來編輯與改造它們。

這是另一個我們特別徵求使用「對，而且……」措詞的關鍵時刻。舉例而言，若一家冰淇淋公司的產品發展研討會在擴散性思考階段時，有人建議了這個點子：「我們應該推出假期口味的冰淇淋，

例如火雞晚餐冰淇淋。」那麼在這個強化階段，我們會鼓勵與會者做出類似如下措詞的建議：「對，而且，我們也許可以聚焦於感恩節時最常被拿來搭配的蔓越莓，以強調其酸甜味道。」而不是使用類似以下的措詞：「沒錯，但是，人們會想要用冰淇淋來搭配肉類嗎？」這部分流程的目的不是要剔除不好的點子，而是要改造它們。

我們所謂的改造（crushing），指的是列出所有產生的點子，然後使用各種有趣、出乎意料的方式，逐一改變它們。在每一回合的改造中，與會者可以建議改變方式。下頁的表格列出了一些動詞指令，你可以隨機挑選使用，徵求改造建議。

改造是用以擴展點子的絕妙方法，可開啟新特色，探討其他種種延伸或整合、精鍊或強化的建議。

想想你目前最關切的產品、服務或其他供應，粉碎它，或倒轉它，或使它變得有諷刺味道，這些意味著什麼？

同理，思考你現在的工作或個人的資歷狀況，使它變得可動或電氣化，是什麼意思？填滿它或使它飛起來，又是什麼意思？

想想你最愛或最關心的某人，你可以用什麼有益的方式來改造你們的關係？使你們的關係變得閃耀，是什麼意思？在你們的關係中加入新成分或是使它變堅固，又是什麼意思？

你及你的同事為終極遊戲公司想出的重要新點子是什麼？把它們上下倒置，或是摺疊它們，或是使它們閃耀，或是使它們變得有魅力，這些分別是什麼意思？

你們先前為終極遊戲公司提出的點子之一是設立一個社交網站，以連結有注意力不足過動症小孩的家長，而你們開發的新遊戲產品可以幫助這類小孩。你們可以把這點子加以延伸，例如，讓他們也能面對面會談交流？或者，把這個點子倒轉過來，先使用現有的社交網站，找到這類家長，再於這些社交網站上推出你們的新遊

改造──徵求改造建議的動詞指令

1. 使它變大
2. 使它變小
3. 使它變圓
4. 使它變方
5. 使它變閃耀
6. 使它變得更重
7. 使它變得更輕
8. 使它變得無重量
9. 把它圍封起來
10. 把它上下倒置
11. 讓它橫躺
12. 延展它
13. 改變它的顏色
14. 把它視覺化
15. 把它變成文字
16. 把它變成音樂
17. 去除文字
18. 去除圖片
19. 使它變得有魅力
20. 使它變成 2-D
21. 改變形狀
22. 改變其中一部分
23. 把它變成一個套組
24. 使它變成收藏家收集的對象
25. 使它機械化
26. 使它電氣化
27. 把它倒轉
28. 給它一些質地結構
29. 使它變浪漫
30. 加入懷舊元素
31. 使它看起來老舊
32. 使它看起來新穎
33. 讓它成為某個東西的一部分
34. 使它變得更堅實
35. 使它變得脆弱
36. 使它變成非現實主義
37. 使它變得更冷些
38. 使它變得更熱些
39. 改變它的氣味
40. 改變其中一個成分
41. 加入新成分
42. 扭曲它
43. 使它變得透明
44. 使它變得不透明
45. 使用另一種材質
46. 改變包裝
47. 使它變成可攜帶
48. 使它變成可摺疊
49. 摘要概述它
50. 把它變成可在冬季使用
51. 把它個人化
52. 把它變成一種代替品
53. 使它變成絕緣物
54. 加快它的速度
55. 減緩它的速度
56. 使它飛起來
57. 粉碎它
58. 使它變銳利
59. 改變它的外形輪廓
60. 濃縮它
61. 把它展延開來
62. 軟化它
63. 硬化它
64. 使它變成有諷刺味道
65. 使它純淨化
66. 把它不純化
67. 加入舒適元素
68. 使它變得令人不安
69. 使用不同的質地結構

戲。使這個點子變得有魅力，也許指的是找一些名人參與，徵求一些本身受注意力不足過動症困擾或有這種小孩的演員及運動員出席新遊戲促銷活動。對，而且，八卦雜誌可能會透露玩你的遊戲的一些名人及他們的感想。對，而且，或許可以考慮把遊戲取名為「競相成為焦點」（Race to Focus），在翌年的母親節發行。對，而且，或許我們可以把它和職業賽馬串連起來，取名為「聚焦德比職業賽馬」（Focus Derby PRO）。

若你們探討的是把教育和娛樂結合起來的點子，你們可以想到什麼「對，而且……」的概念？和訓練密切相關的有軍隊（基本訓練）、運動（春訓）、健康（例如物理治療中的肢體再訓練），如何應用這些？也許你們可以開發銷售給軍隊或球團以幫助發展心智或身體技能的遊戲訓練工具；也許你們可以轉型為一家科學導向的學習公司，經營臨床試驗以測試你們新開發的遊戲是否對注意力不足過動症或其他學習障礙的小孩有所幫助。

在擴散性思考流程結束時，你應該要得出一份經過編輯、改造、充分成形的點子清單，這往往是創意過程中的一個關鍵時刻，而且，有時是情緒化的時刻。你們可以產生一長串很棒的新框架，但現在，你們認知到，儘管它們全都看起來很棒，你們可能只能訴諸其中的一些，你個人偏好的點子可能在擴散性思考階段被其他人投票否決了。一些或所有參與者可能感受到歷經了一次真正開放擁抱新創意可能性的體驗，有些人可能已經開始聯合起來支持某個原創、新穎的點子，或是現有框架的一個新變化版本，因而開始感受到尤里卡時刻的即將來臨。

後續追蹤很重要

為了延續這新創意活力與機會的泉源，並且使擴散性思考階段產生的眾多點子的價值最大化，我們敦促你迅速、徹底、且持續地後續追蹤所有參與者。後續追蹤工作內容應包括列出並溝通所產生的一些或全部點子；和參與者就他們提出的點子保持密切聯繫；盡快邁入聚斂性思考階段。

我們曾見過非常聰穎、有創意、非常積極的人們在擴散性思考階段發展出大量點子，卻未能採取這些重要的後續行動。嚴謹的後

續追蹤至少能確保參與者覺得他們在步驟 3 做出的努力很重要且有價值,使他們更可能想要參與創意流程的後續階段。在擴散性思考會議結束前,你應該要列出後續行動概要,讓可能參與者知道接下來要做什麼,你也必須確保這些後續行動確實依照日期展開。感謝參與者的貢獻也很重要,尤其是,若聚斂性思考會議緊接著擴散性思考會議舉行,並且立即把一些點子付諸實行的話,你應該把大功勞歸屬於提出這些點子的個人及整個團隊。

最重要的是,你應該和所有參與者以及未與會的組織要員保持開放的溝通管道,分享會議中提出的點子,指出接下來將展開什麼流程,並且盡可能快速有效地進行。你們很快就將挑選、表決、並執行所有人都覺得最有道理、最有前景的框架。

如何避免創意殺手

維持一個正面、鼓舞的創意氛圍,是促成有成效的擴散性思考會議的要素,很多措詞及態度可能導致阻礙開放、發揮想像力的思考,「沒錯,但是……」的措詞只是其中之一。

為了避免傷害擴散性思考會議的活力,請看這份扼殺創意的措詞清單,這些是你在此階段應該力求避免的措詞例子。

82 種扼殺創意的措詞		
這行不通	你可以幻想,但是……	我們實際一點吧
這未包含在預算裡	這得花很多時間	二十年來一直都是如此
這不嚴肅	我們現在不是在中國	電腦不夠強,沒法……
別再說胡鬧的話了	你必須務實些	這是個好理論,但實務上……
這違反規範	嗯,當然啦,可是……	沒有那麼多的解方
這太昂貴	我們無法改變世界	我們的競爭者也沒這麼做
我們已經嘗試過了	人們不會懂的	你還不如說我們關門大吉好了
這已經做過了	像我們這樣的人會覺得……	別不自量力了

我們的客戶會怎麼想呢？	我們不是實驗室	你為何要不惜代價地改變？
我們改天再談這個	我們迷途了	你有衡量過風險、後果嗎？
我們先做市場調查再說吧	這不會有結果的	我們可以看出你在暗示什麼
我們一直都有這麼做	有點常識好不好！	我已經在別處聽過這點子了
讓我們回歸基本吧	既然談到這個，何不……	我們沒有這樣的人員和設備
政治上不會接受這個	我們成立一個委員會吧	他們會很震驚
你不是認真的吧	這不干我們的事	這或許不愚蠢，但是……
我有更好的想法	他們會認為我們瘋了	我不是專家，但是……
這不像你想的那麼簡單	我們再等等看	學術味道太濃厚了
這只能解決部分問題	把它寫下來好了	唯一的問題是……
就算我們想做……	人們不想改變	一天只有 24 小時
這在技術上不可能做到	冷靜	這不是優先要務
這無法實行	我看不出這中間有何關係	這不夠具體
這不合法	這跟我們的策略不符	你不了解我們的問題
老闆絕對不會接受這個	這不是我們的業務	別太誇張了
漂亮的點子，但不適合我們	這會增加我們的工作	太可笑了，別逗了
我們回到正軌吧	這嫌太早了	讓我們去問問專家的意見
我得警告你	已經太遲了	這不合我們的文化
有任何這樣的先例嗎？		講重點吧
你永遠沒法改變……		

當然，我們並非指你絕對不能使用這些措詞中的任何一個。但在擴散性思考階段，你應該盡量多使用「對，而且……」的措詞，避免使用上述扼殺點子的說詞，或是表達懷疑立場及否定的話，例如「我們回歸現實吧」。

現在，想想看，你或你認識的人往往說了什麼話而壓抑或否定新點子，也許，你可以列出一些，這可以使你更警覺而避免說這些話，或是在別人說這些話時，加以制止。以下是我們觀察到的一些：

- **自責**。我們經常聽到人們說類似這樣的話：「我對這東西沒概念」；「我實在沒創意」；「我們規模太小，無法做這個」；「我們不是實驗室」；「我不會跳探戈」。

- **責怪或猜疑他人。**「你在做夢」;「你實在是荒謬」;「你必須務實點」;「你不了解我們的問題」;「你沒衡量風險」。

- **擔心他人的評價或態度。**「老闆絕對不會同意這個」;「我們的客戶會怎麼想呢?」;「人們不想改變」;「競爭者不會這麼做」。

- **擔心資源。**「這得花很長時間」;「我們沒有這樣的設備」;「電腦能力不夠強」;「我們沒有資料」;「這太昂貴了」。

- **籠統的否定態度。**「這不切實際」;「文不對題」;「理論是不錯,但實務上……」;「你是在談公司的業務面,不是創意面」。

- **表面上中立的說詞,但隱藏檯面下的否定態度。**「把它寫成備忘錄,傳送給我」;「我們以後再另外開會討論」;「我有不同的想法」;「把後續發展情況告訴我」;「我們查一查法律層面」。

這類具有破壞力的說詞以及它們代表的「不可能發生」心態,其矯正方法是使用「對,而且……」的措詞,並且採用更傾向「可以做到」的態度。在聚斂性思考階段,你將有足夠機會去研判與決定哪些點子值得嘗試,哪些點子應該先擱置一邊。在擴散性思考階段,應該力求使用更鼓勵、有益的措詞,例如:

「有何不可?事實上,我們還可以……」

「這有點像……」

「我們有很多途徑可以嘗試這個……」

「要是我們測試這個點子,然後……」

「多有趣啊!我們再更深入探討這個……」

擴散性思考實例——忠利保險集團

試著想像 1831 年時的保險業務是什麼模樣。西方世界很多地區已經揮別街坊鄰居彼此協助的單純「互助會」時代，轉變為以造船業為核心的工業時代。船東、商人及船長聚集在海港城市，人們願意為航海旅行及運輸投保，就是在這種背景下，忠利保險公司於 1831 年創立於當時欣欣向榮的義大利海港城市第里雅斯特（Trieste）。

將時空快轉至近兩百年後的今天，忠利集團總部仍在第里雅斯特，但其他種種大都早非昔日面貌，周遭世界的改變盡如你所能想像，一如你所能想到的種種意外與災難，人們都熱切於投保。1831年時，第里雅斯特的人們或許識得現今的火災與航運災難保險概念，但他們絕對不懂現今保險單的法律細節、用以訂定保險費的精算模型、錯綜複雜的免賠額及自付額、汽車保險概念、再保概念和退休基金之間的關聯性，以及其他複雜的資產管理模型。更別提在網際網路和電腦上購買與銷售保單，而忠利保險公司現今營運的環境就是線上世界。這個保險業巨人目前在六十多個國家經營保險業務，2010 年時有員工 85,000 人，以及遍及全球的 7,000 萬個客戶，光是其法國分公司就有 550 萬個客戶，年繳保費 150 億歐元。2007年時，法國分公司在已經交出一年亮麗業績的榮景之際，仍然推動大策略檢討，意圖尋求尤里卡時刻。我們與該分公司攜手合作的主要專案行動之一便是要全面改造公司的網際網路策略。

在第一次會議上，該公司主管懷抱較傳統的目標，他們想要研判哪些網路導向產品與服務在未來幾年最有前景，推出這些產品與服務的可能成本，它們能創造的潛在營收，以及此分析對公司的整體商業模式和策略有何含義。他們也急於評估現行幾項和網際網

路有關的方案的可行性及吸引力，若我們的共同合作中產生了新方案，他們也想評估及推動。

在當時，忠利已經和銀行發展出頗有成效的合作關係，在線上銷售人壽保險產品，但該公司在網路上銷售的產品與服務落後於競爭者，忠利品牌在數位市場上並未展現應有的顯眼程度。

因此，我們的初始角色之一是促成必要程度的懷疑，也就是我們的五步驟流程中步驟1的要求。我們幫助這些主管了解他們當時既有的網際網路策略中哪些部分奏效（或不奏效），以及他們眼前的網路導向商機可能有多廣大。在進入擴散性思考會議之前，我們和這些客戶共同探討後得知，他們能做的不只是重新設計公司網站，並宣布他們已經推行新的網際網路策略。我們幫助他們改變他們的認知，從「我們是一家穩健的老字號保險公司」舊框架，轉變為「我們是一家活躍於保險業的嶄新電子商務公司」新框架。更確切地說，他們最終全都了解到，他們不應只是推行一個標準的公司網站，以反映該公司已經在做的業務，而是應該徹底全面改造公司，使該公司成為業界出名的電子商務公司，能夠迅速反應與調整，能夠快速領先經營相似業務的其他公司，而不是追隨它們的腳步。

在了解到他們能夠做出具有多大潛在動能的轉變後，他們想要建立在網路上經營事業的種種新能力、特色及方法，建立一個能夠引起大眾共鳴、創造口碑、提高公司市場占有率的新模式。換言之，他們想要改造公司的幾個基本層面，這些改造不僅得是有道理的商業模式，也必須能夠使忠利確實有別於其他競爭者。於是，浮現出的一個大問題是：忠利如何轉型成為線上行銷及供應保險產品／服務的所有層面的領先者？

在探討可能性的步驟2中，我們幫助忠利密集研究其顧客，增進其競爭情報，仔細檢視網際網路上各產業的最佳實務（主要聚

焦於保險業競爭對手如捷客汽車保險公司〔GEICO，Government Employees Insurance Company〕、進步汽車保險公司〔Progressive Corp.〕如何在網路上與大眾互動），研究在網際網路上提供終端使用者客製化體驗的一些最創新方法，並探索其他重要趨勢，例如 Web 2.0。

在幾週期間，我們也探究忠利內部各團隊在當時如何看待與經營網際網路這個領域，包括評估他們對於此通路的價值抱持怎樣的普遍態度與看法，分析該公司當時正在推動的三十多項網際網路相關計畫，例如，其中一項計畫尋求針對大機構客戶，建立客製化的「商際網路」（extranet）。我們注意到忠利在每一項計畫中的主要目標、牽涉到的主要利害關係人、提議的方法及執行時間，該公司顯然渴望擁抱這些方法與展望（其中許多是組織內特定的子團隊構想及倡議的），也期望公司上下人員能採行一個共同的大願景及策略。

接著，我們展開一系列的擴散性思考會議，其中幾場在一座風景秀麗的莊園舉行，讓主管們能夠走出他們平時的辦公室，呼吸鄉間空氣，解放他們的心智去看看新視野。我們的第一場會議是全體出席會議，與會者約四十人，大都是高階經理人，包括公司的一些最高階主管。人人似乎都熱烈參與，不僅是因為關切公司前途，也因為公司的高層領導人到場，並且對進入創意流程展現高度興致，這形成了非常正面積極、活潑、熱情的氛圍。

在介紹了所有與會者之後，我們用一些錯覺、謎題及其他的暖身練習作為開場，介紹「懷疑」的概念，提醒所有人應該辨識及質疑他們的既有框架。我們請與會者試著不使用明顯的關鍵字來描繪他們的公司（參見前文介紹的第一種擴散性思考方法）。我們請他們想像自己處於一個很具象、容易想像的場合，例如在一場演講或

談話中解釋這家公司的業務，但不要使用到「不確定性」及「保險」這類明顯的關鍵字詞。在此暖身階段，這些主管如此描述忠利保險公司：「我們為人們提供一生的安適」；「我們為每一個人提供盡可能最好的保障」；「我們讓我們的客戶能夠沈著面對未來」；「我們為想要更多保障的人們提供簡單且立即的解決方案」；「我們保障這世界及其成員免於承受未來的危險」。

這些描述或許看來平淡無奇，但我們當時仍在暖身階段，而且，了解他們如何看待這家公司及其截至當時的顧客，對接下來的思考有所幫助。在進一步討論後，我們幫助這些主管開始聚焦於六個一再出現的主題：保障、日常生活、沈著、危險、解決方案、未來。我們強調，這些主題不會束縛他們的擴散性思考，但有助於啟發他們的創意靈感，並使他們產生信心，相信他們不僅能就特定主題產生廣泛的點子，而且將會對最有價值、助益、迫切的點子達成共識。

接著，我們展開擴散性思考，把與會者分成四組，每組約十人，每一組在不同的房間，開始構想大量點子。我們請每一組一開始先想像在廣泛類別的刊物上出現什麼跟該公司有關的新聞標題，從《占星術》（Astrology）雜誌、《Elle》，到技術類型雜誌如《連線》、《PC專家》（PC Expert）等等。我們請各組分別聚焦於四個主要課題之一，這四個課題探討該公司如何使用網際網路來：（1）提升及改善公司能夠銷售的產品與服務；（2）使其客戶和這些線上供應建立連結；（3）強化及改善公司和銷售代理與經紀商之間的關係；（4）提升公司和員工之間的內部溝通與關係。

各小組思考這些課題，並想像各種刊物上可能出現什麼相關的報導及新聞標題時，產生了種種奇特的點子。例如，聚焦於公司能在線上銷售什麼產品／服務的小組想像《航行月刊》（Sailing Mothly）上刊登的一篇報導，內容談的是「出海航行時才付費」的保

險，費率是當場視天氣風險及你航行的距離而定，使用安裝於你的手機上的應用程式和全球定位系統（GPS）技術來測量航行距離。他們也想像在一本探討網際網路技術的雜誌上刊登了一篇文章，報導忠利保險公司承保虛擬實境中的化身，推出一種保單，個人與機構在網路上遭到版權侵犯或毀謗中傷時可獲理賠。另一個小組聚焦於使客戶連結至公司在線上提供的新產品／服務，他們想像法國的《汽機車》（*AutoMoto*）雜誌上的一篇文章，報導你在購買一輛新車的當下可以同時購買的汽車保險，保險費涵蓋這輛車的全部成本。這組的另一位組員推出了一個更異想天開的想像：《*Elle*》雜誌上刊登一篇專訪報導指出，忠利保險公司將為所有客戶承保他們不夠時髦的風險，顧客可以把他們的相片上傳至忠利的網站，並在稍後收到針對他們的服飾提出的建議，指導他們在時尚方面的選擇，若他們蒙受跟時尚有關的不幸及倒楣事，忠利將會理賠。*

在這四組主管開始敞開他們的心智，擁抱各種新的可能性的同時，我們協助他們謹慎地重新架構疑問。我們建議他們不要針對「我們的網際網路商業模式應該是什麼？」或「我們如何成為線上保險業務的領先者？」這樣的疑問進行腦力激盪，改而思索更具啟發性的疑問，以引發更多的歸納性及前瞻性思考。例如，我們請他們思考以下疑問：

- 我們如何讓歐洲地區每個人在其電腦上把法國忠利保險公司網站（Generali.fr）加入「我的最愛」清單裡？
- 我們如何為剛投入勞動市場的人提供新的保險體驗？
- 我們如何使用網際網路來讓顧客做我們為他們做的工作？

---

* 再次提醒你，讀到這內容時，別急著做出你的評斷！切記，擴散性思考階段的目標是產生大量點子，如前所述，沒有任何一個點子在提出之初就是個優秀的點子。愛因斯坦的這句話經常被引述：「倘若一個點子一開始不荒謬可笑，它就是個沒希望的點子！」別急，後面階段自然會反覆細究擴散性思考階段提出的點子。

我們也安排一位魔術師在晚間前來為與會者表演，這是一種兼具娛樂和促進懷疑思考功效的不尋常方法。在魔術節目快結束時，魔術師表演的一個花招是重複多次地讓觀眾看他在做什麼，他的右手的快動作吸引觀眾目光，大家便沒去注意他的左手在做什麼。他那熟練的手法強烈且具有說服力地提醒我們：我們的眼睛和大腦經常誤導我們，害得我們扭曲事實。魔術師的種種花招及動作有助於凸顯我們教導的「懷疑」重要性，也使所有人認知到，若他們能擺脫他們的舊框架束縛，開放思想，改變他們的觀點，就能以嶄新的方式看待事物。

　　幾天後，我們再次開會，以第一次會議產生的東西為基礎，開始想像新的保險網站及其特色。與會者針對上述重新架構的疑問提出回答，針對他們先前想像的一些新聞標題，使用「對，而且……」的措詞來擴大內容，嘗試得出一些很明確的新可能性。最終，我們總計產生了一百四十多個新點子，會議室牆壁上掛滿了活動掛圖。接著，我們把這些點子劃分成 15 個主題，以下是這些主題的一部分：

- 在我們的顧客中建立社群。
- 利用更多資訊來做出更好的訂價（例如，提供有關你的駕駛習慣的資訊，若你是更安全的駕駛人，你可以獲得較低的保費）。
- 以顧客的貢獻／渴望作為促進關係及提升品牌的基礎（例如，我們的許多年長者利用餘暇從事藝術創作，也許我們應該贊助藝術創作課程或作品展出）。
- 以現有產品為基礎，推出延伸產品及線上服務。

● 提供迷你產品及夥伴關係（例如為失業者提供免費電影票）。

● 建立一個線上圖書館（例如，建立一個「內部 Google」）。

　　與會者把這 15 個主題拿來和公司現有的三十幾項網際網路相關計畫相較，雖然有部分重疊，但很多新點子並不在那三十幾項計畫內，也有一些要增加的項目，包括在線上建立 B2C 通路，為大客戶建立專門的網站，提供虛擬化，重新設計公司的內部流程（例如公司內部網路）。

　　總計現在有 21 個主題，每個主題有一到十九個半發展的點子。接著，與會者把這 21 個主題劃分為四大類：

1. 客戶／終端使用者在價值鏈上的角色。
2. 經紀商在價值鏈上的角色。
3. 新產品概念。
4. 優化忠利公司員工的內部價值鏈。

　　這些研討會結束後不久，該公司便進入聚斂性思考階段（參見下一章），四支「電子商務團隊」首先分別調查這四個分類，包括：研究適當的標竿（保險業或其他產業）；評估收益與成本；根據各種質與量的標準（例如可行性、成本、潛在影響等等），評估每個項目的吸引力。這些團隊被責成在八週後向主管委員會提出簡報，就像他們是創業家向創投公司推銷其創業計畫一般。這些推銷內容被摘要成報告，提交給一個特別委員會，由此委員會決定如何排序它們，並以一個月的時間撰寫出有關於如何執行它們的整體事業計畫。這部分的流程，以及步驟 2 的調查工作，非常重要。舉例而言，一位高階主管後來說：「我嘗到了特殊的醬汁，但牛肉在哪裡？」

他和其他在擴散性思考階段對我們的工作抱持著較懷疑態度的高階主管，特別期望所有人最終能在歸納性思考及演繹性思考之間、冒險實驗和務實研究之間求取平衡。

在忠利公司的整個團隊決定如何推動後續工作後，該公司投資可觀資源於執行它的新網際網路策略，成立了一個全新的 60 人事業單位。由於該公司這個領域的許多領導人一起歷經了我們的五步驟流程，他們表示他們現在彷彿全都說共通的語言了。「這個流程使我們的基因構造改變了，如今，我們團結一致做很多事，」該公司的一位高階經理人說：「我們已經學會如何改造自己，如何以新視角來思考我們做的每件事。」在全公司產生的興奮感與熱忱下，員工們熱烈參與這個新設立的數位事業單位，在公司宣布成立這個新事業單位後，內部有上百人志願申請加入。忠利保險公司也決定支持這些行動，投資超過 5,000 萬歐元改善後勤作業及網站更新，這些額外支出占該公司全年資訊技術預算至少 20%。

忠利保險公司也在其新框架中填入種種新特色及產品／服務。經過僅僅數月的準備工作，公司推出全面翻新的網站，有各式各樣的新產品與服務、重新安排而易於使用的螢幕畫面、即時最適化，以及搜尋功能。根據擴散性思考階段產生的新點子，該公司的新網路策略包含無數公司有史以來首次採行的做法：建立一個讓中小型經紀商可以使用新服務（例如內含最佳實務的協助網頁、一個分享銷售合約樣本的網頁）的平台；為線上集體保險經紀商設立一個線上市場（使得產品線能夠延伸）；設立一個能讓團體（例如為 500 名員工生命投保的僱主）更新其風險資訊的平台；設立一個讓個人及團體可以整合其投保項目的平台（例如那些向忠利購買多種保單的人）。其中，一些新增的特色和線上接觸與服務顧客的新方式被視為改變保險業的創舉。另一方面，儘管這些新特色幫助客戶直接

與公司互動，但該公司並未因此降低或除去保險經紀人與顧客親身
接觸的重要角色。忠利的新網站很快地為該公司贏得獎項，透過保
險經紀人銷售的保單和公司直接對顧客銷售的保單雙雙業績成長，
該公司也在數位領域從落後者變成公認的領先者。

CHAPTER
6

聚斂性思考——挑選正確的新框架以聚焦你的視野

> 每當你看到一樁成功的事業時，別忘了，
> 那是因為有人曾經做出了一個勇敢的決策。[1]
> ——彼得・杜拉克 Peter Drucker

試試下面這個動作：用你的右腳往逆時鐘方向轉，在此同時，用你的右手往順時鐘方向轉。

你能做到嗎？我們相信答案是不能，這不是你的身體的自然機制。雖然，擴散性思考和聚斂性思考代表一組共生的功能，但它們基本上是區分開來的流程，不同的思考方式，你的心智自然機制不會同時做這兩種思考。雖然不應同時運作，但你得反覆、一再地操練。

在聚斂性思考階段，你從純粹創意腦力激盪、不做出評斷的模式，轉變為分析哪一個點子最有機會成功。這完全不同於擴散性思考，聚斂性思考要求你評估你產生的所有點子，從中選擇最有希望、

1　This quote appears on numerous websites, including thinkexist.com and goodreads. com. Original source unknown.

最有前景者，然後集中心力於應該執行的點子，或是依照你所認定的順序來執行。你必須運用邏輯、實際性、紀律和精明技巧來評估分析這許多的框架，從中選出你要付諸實行者。聚斂性思考是運用你的最佳推理技巧和優秀判斷力，聚焦，篩選，最終做出你接下來要執行的決策。

不幸地，經常發生的情形是，提出了極具創意且有前景的點子，最終卻一無進展。在企業界，我們全都見過令人興奮的可能性在委員會裡被埋葬，或是根本被遺忘。一個著名的例子是如今無所不在的電腦滑鼠，第一個問世的個人電腦滑鼠版本是全錄公司（Xerox）於 1981 年推出、搭配其個人電腦「Alto」的滑鼠，這個滑鼠笨重、昂貴、且易碎裂。滑鼠概念出現後，一直沒沒無聞，*直到賈伯斯在 1979 年造訪全錄公司，試用了 Alto 滑鼠後，認為他和蘋果可以做得更好。[2] 幾年後，蘋果推出史上最具革命性且最受歡迎的個人電腦之一「麥金塔」（Macintosh），搭配了一個靈巧、耐用且較便宜的滑鼠。全錄因為未能做出明智的決策，因而未能更早或更有成效地把電腦滑鼠這個優異的點子成功轉化為商品，賈伯斯後來說：「要是全錄知道它手上握有什麼，並且利用其大好機會……它原本可能變成如同 IBM、微軟及全錄加總起來，舉世最巨大的高科技公司。」[3]

不同於擴散性思考階段的目的是產生更多的新點子，聚斂性思考階段的目的是開始把點子化為實際，對決策安排優先順序，好讓你能根據最佳點子，採取行動。但必須強調的是，儘管這個階段是

---

* 　譯註：世上第一個滑鼠原型出現於 1968 年，發明者是史丹福大學科學家 Douglas Englebart。

2 　Malcolm Gladwell, "Creation Myth: Xerox PARC, Apple, and the Truth About Innovation," *New Yorker*, May 16, 2011, http://www.newyorker.com/reporting/2011/05/16/110516fa_fact_gladwell#ixzz1Zdlrs6KV.

3 　Ibid.

聚焦於分析研判和歸納性思考，你仍然必須繼續抱持開放的懷疑心態，否則，你可能會把偏離現狀太遠的點子給去除。把這些點子留著，很可能使你創造出全新的大框架，以前述例子來說，滑鼠並非只是鍵盤的改良版，滑鼠的問世改變了幾乎所有人的「輸入資料最好的方法」這個大框架。

聚斂性思考會議中往往仍會不時蹦出新點子，你可能會決定以有趣方式修改或精鍊擴散性思考階段產生的一些點子。聚斂性思考階段，你不能完全關閉創意思考，它仍然能繼續扮演有助益的角色，只要你能夠在此階段讓批判及分析的心智機能主導你的思考就行了。但切記，別試圖在同一時間做擴散性思考及聚斂性思考，尤其是和其他人共同討論時，最缺乏生產力的情況就是會議室裡有半數人在做擴散性思考，另外半數人在做聚斂性思考，這將導致所有人都很灰心，而且，兩個陣營提出的意見會被彼此批評否決。若你還處於擴散性思考階段時嘗試聚斂性思考，那就有點像試圖在腳踏車的輪子仍轉動當中去修理輪子；你必須先使輪子停止轉動（至少暫時停止），才能開始有效地修理輪子。

過去數十年間引人入勝的「裂腦」（split brain）科學研究，以及紀元以來的「陰與陽」、「本我與自我」等等哲學思想指出，擴散性思考仰賴一套認知功能（其中許多運作明顯發生於右腦），聚斂性思考仰賴的是這些認知功能的不連續部分（大都發生於左腦）。*擴散性思考運用你的想像力，亦即運用自由、不受束縛的腦力激盪，做出無數的創意跳躍，產生種種點子，不去思慮它們最終有多聰穎、合理或價值。反觀聚斂性思考仰賴的是判斷與分析，思索是否能夠把點子付諸執行以化為實際，做出務實的演繹，以決定哪些點子比其他點子更有意義與價值。

---

* 　裂腦研究領域最早且最重要的研究人員之一是美國神經生理學家羅傑‧斯佩里（Roger Wolcott Sperry），他在 1981 年贏得諾貝爾醫學獎。

在絕大多數組織中（事實上，是在絕大多數的人類中），有些人較擅長擴散性思考，有些人較擅長聚斂性思考；那些較傾向擴散性思考者很自然地擅長提出無數天馬行空的點子，而較傾向聚斂性思考者則善於從別人天馬行空的點子中挑選出最好的點子，並且把它們化為實際。許多最成功的通力合作涉及了結合擴散性思考者和聚斂性思考者的長處，像是威廉·惠利（William Hewlett）與大衛·普克（David Packard）；查爾斯·羅爾斯（Charles Rolls）與亨利·羅伊斯（Henry Royce）；耶夫·聖羅蘭（Yves Saint Laurent）與皮耶·貝爾傑（Pierre Bergé），就連比爾·蓋茲（Bill Gates）和保羅·亞倫（Paul Allen）也是這種天作之合。＊

有些人可能認為，「奇蹟」出現在擴散性思考階段，但我們的經驗顯示，聚斂性思考才是認知開始改變進而具體化的階段。＊＊在此階段，廣泛的點子突然竄入人們的心智中，就像開啟高壓電開關，進到非常明亮、貌似真實的領域。事實上，我們常在此階段看到與會者眼睛睜大發亮：「嘿，這可能有搞頭哦，我們可以使用這點，改變我們的事業……」或是：「把這兩個點子結合起來，我們就能產生改變市場的東西……」

欲了解擴散性思考和聚斂性思考如何循序來來回回地多回合運作，我們以愛迪生發明燈泡為例。在愛迪生的發明出現前，想產生照明，你必須生火，並且保持火的燃燒；也就是說，你必須讓壁爐裡的木柴繼續燃燒，燭台裡必須繼續添蠟，燈籠裡必須添油。假設，

＊　我們私下並不認識這些人，但保羅·亞倫在其著作《我與微軟，以及我的夢想》（*Idea Man*）中寫道：「我是想出點子的人，無中生有地構思出東西，比爾聆聽後向我提出質疑，然後找出我的最佳點子，把它們化為現實。」類似的故事顯示，在每一個配對中，羅爾斯、惠利及聖羅蘭是較擅長擴散性思考的那一個。至於本書作者德布拉班迪爾和伊恩的組合，較擅長擴散性思考的當然是前者啦。

＊＊這當然是過於簡化的說法：認知其實不會「開始」改變，因為認知是非常個人性的，認知的改變是非常二元性質的事，就像燈泡非開即關。話雖如此，在一個團體或公司裡，總是有早期採納者，基本上，我們所謂的「開始改變」，指的就是這群人。

一個有效的擴散性思考和聚斂性思考流程可能促使愛迪生或其他人嘗試發展更好的照明來源，想到更有效率的某種油，更好的蠟，更便利的燈芯或燭芯，更安全的燈罩玻璃，或其他諸如此類的改進。

　　但是，愛迪生及其同事和助理想出了一個全新的框架：白熱光。白熱燈泡的基本前提是防止燈絲燃燒，亦即藉由阻止某個東西燃燒，以產生光。*歷史把這個新點子歸功於愛迪生，儘管，他也仰賴了其他人的貢獻。這個新框架雖了不起，但並未立即發明出可使用的燈泡，愛迪生還得做更多修修補補、試驗及分析，最終才得以成功。

　　進行多回合的擴散性思考（以得出看待事物的新方式）和聚斂性思考（以挑選接下來嘗試的方法），愛迪生試驗鉑以及其他無數可能的金屬燈絲，最終才得出可以維持達 40 小時的碳絲版本。有人問他是否感覺可能會失敗而應該放棄，他回答了以下這段很著名的話：「為何要放棄？我現在已經知道九千多種無法發明出電燈泡的方法了，這代表成功幾乎已經快到手了。」就在說完此話後不久，他的樂觀真的生出果實。他持續改進技術，最終發明出可以維持超過 1,200 小時的碳化竹絲作為燈絲，並取得專利。**

　　當然，在此徹底改變（一種可以持續達數週、而非僅僅數天的白熱燈泡）出現後，就有很大空間可供更多回合的擴散性和聚斂性思考，讓未來世代的創新者得以發展出不同亮度的燈、不同顏色與形式的玻璃、不同種類的燈絲、各種專門用途及使用持久時間的燈泡。事實上，你可以使用擴散性與聚斂性思考來發展出一種新框架，你也可以仰賴這兩種思考流程來精鍊、強化與改進這個框架。

---

*　　譯註：物體加熱後表面會發出光芒，燈絲若能達到很高溫也不致燃燒起來，就會發出很亮的光，鎢就是具有這種特性的金屬

**譯註：在英國，有人先取得此專利，愛迪生因而敗訴，後來只得買下這專利權；在美國則是歷經多年官司後，由愛迪生取得專利權，但其後，愛迪生最重要的發明是以鎢絲取代碳化竹絲。

決定誰參與聚斂性思考流程

　　跟擴散性思考流程一樣，你可能也會選擇邀請其他人參與聚斂性思考流程。在多數情況下，你可能相當快速地從擴散性思考流程邁入聚斂性思考流程，因此，兩個步驟的參與者相同，這些參與者可能是你的朋友或同事或一群專家。通常，這種方法合理且有效率，因為參與過擴散性思考流程的人已經很熟悉大家共同產生的廣泛點子了（有時候，他們甚至已經對這些點子投入了相當心力），因此，他們可能更知情、更勝任於研判和決定哪些點子最適合付諸執行。

　　不過，在某些情況下，可能另一組人更勝任聚斂性思考階段。通常，對手邊課題有深入知識者最能勝任聚斂性思考流程，做出有見識的判斷。

　　舉例而言，若你想提出有創意的新聞稿，你也許可以獨自進行擴散性和聚斂性思考，或是在午餐時和幾位朋友快速討論。但若你想提出一個更大的框架，例如為你的組織想出新的策略願景，你恐怕需要找對組織的現行商業模式及最重要的競爭對手有相當了解的同事參與。若你的焦點是為公司現有的一個框架填入東西，例如提出新產品或服務的點子，你最想要邀請參與的人包括了解新產品目標市場者；了解新產品的發展、製造及通路成本者；了解競爭產品現況者；以及了解其他類似層面與因素者。

　　當然，你的組織規模可能甚小，因此，參與聚斂性思考流程的人必然也是擴散性思考流程的參與者。但在規模較大的組織，你可能會發現一些人的專長比其他人更有益於聚斂性思考流程，因此，這階段應該主要、甚至是只交給這些人處理。

　　決定誰最能勝任聚斂性思考流程，得視每個組織的獨特狀況及需要而定。舉例而言，我們和美國中西部一家服飾與配件公司（我

們姑且稱之為范普公司）合作，幫助該公司的高階主管籌劃在多週內進行幾回合的擴散性和聚斂性思考會議，這些會議的出席者是不同組的人。首先是范普公司的高階主管一起出席一回合的擴散性及聚斂性思考會議，產生有關新產品發展的幾個大主題，包括「綠色市場」（瞄準特別熱中於購買環保性質產品與服務的消費者）、「奧運勝利」（他們想採購令人感覺像是贏得奧運似的產品）。在這想像新的大框架的初步流程之後，該公司 15 位新嶄露頭角的領導人一起進行另一回合的擴散性與聚斂性思考會議，他們對每一個主題進行活潑的腦力激盪，以便在他們的主管提出的大框架裡填入東西。這第二組人審慎地挑選出非常有創意的產品點子，供范普公司考慮付諸實行，例如看起來像是用竹子做成的女性裙子；一層層看似香蕉葉的女性上衣；附有一個小裝置的男女運動褲，當你穿著它跑步超過一定速率時，這裝置會發出象徵勝利的音樂。接下來幾個月，該公司的產品發展與市場研究專家再進行擴散性思考，以探索、測試及強化每個點子，據以決定公司可以實際生產哪些新產品，並在國內精品連鎖店和全球各地類似標靶百貨（Target）這樣的大型商店銷售。

邁入聚斂性思考階段

挑選了最適合的參與者之後，已經可以準備展開聚斂性思考會議了，你們必須先決定以下三件重要事項：

1. 關於你們即將做出的決定，有沒有任何重要的實際「關卡」**限制**，例如預算限制、必須重視的技術標準、法規要求或

禁止的實務或行動等等。

2. 你認為應該用以決定訴諸哪些點子的更主觀性**標準**，例如執行每個點子需要投入的成本、心力及時間；你和同仁是否具有相關背景與經驗；或是這點子是否和你的組織文化及目前的產品／服務相稱等等。

3. 你們的**挑選及表決程序**。你們將如何對廣泛的點子做出排序；如何權衡各項標準；是否每個與會者只能投一次票（或是否將有幾回合的投票表決）；是否每個與會者的一票分量相同（或是特定人士如公司執行長或第三方專家的一票較具分量或具有決定性）。今天要完成嗎？抑或今天做哪些部分，哪些留待未來幾天或幾週以便使用更多的資料？若為後者，各項標準要如何衡量？

你的起始點應該是辨識是否有決定某個點子生死的關卡限制。這種關卡限制是絕對限制條件：要不就是能符合，要不就是不能符合。舉例而言，你是范普公司的創意長，正要從一群有關於服飾的新點子中做出選擇，你們可能有關於紡織原料方面的限制條件，可據此做出決定。例如全球的絲供應量嚴重減少，你已經知道范普公司的任何產品將無法以符合成本效益的方式使用絲，因此在聚斂性思考流程中，你不想浪費時間去考慮使用絲的新產品提案。

雖然，如前所述，任何組織內的一些假設與規定有時可以修改（或打破）以激發新創意及可能性，但在聚斂性思考階段，組織可能面臨客觀事實上若是違反便會傷及公司、員工或顧客的限制，或者是若不予理會，將不可能執行一或多個新點子的限制。其他限制包括：

- 內部或外部資源的上限；
- 在組織必須遵守的現有契約、其他協定或政策下，限制或禁止從事的活動或實務；
- 必須重視的產業標準，例如各地區規定的電器產品伏特數。

　　這類種種限制可能是外部限制，例如美國食品藥物管理局（FDA）審核通過特定化合物，可能至少得花三年；其他限制則是跟你的組織有關，例如，你和你的環保食物電視頻道管理高層信諾於播出有機蔬菜烹飪方面的節目，因此，在聚斂性思考階段就不必考慮為肉類愛好者開闢「肉食者天堂」或「豬滾泥樂翻天」之類節目的提議了，除非這些點子是提議使用蔬菜及素食材料烹飪出嘗起來像肉的食物。在天馬行空、高度創意的擴散性思考階段，可以冒險和揮灑想像力，包括粉碎一些這類假設性限制，例如想像若是政府把所有醫藥管制鬆綁，或是想像因為絕大多數蔬菜與動物都極度短缺而被迫所有食物都得是人造的。但是，在聚斂性思考階段，必須重視這些限制，因為這有助於確保你或你的組織不致浪費時間或資源在不切實際的幻想上，選擇了付諸實行之後不適當、導致損害，或根本不可行的點子。

　　在展開聚斂性思考之前必須討論的另一個重要事項是訂定用以評估各個點子的標準。事先討論並同意在付諸表決以做出決定之前先根據什麼標準來評估這些點子，屆時就不會有人試圖操縱（不論是刻意或無意間地操縱）你們的決策朝向特定可能性了。若在聚斂性思考流程中，因為任何理由而使你們認知到某個標準沒有助益或無關緊要，或需要增加其他標準，你們可以隨時調整（或者，你們可能需要中立的輔導員協助你們做這件事）。但總的來說，事先仔細思考及辨識出這些標準及關鍵決策點，將使流程進行得更順利。

據以做出決策的標準似乎有無限種，光是為了決定哪些標準最有幫助，你們大概可以進行無數的擴散性及聚斂性思考會議了。

以下是一些你們可以考慮使用的標準，尤其是當你們試圖發展出一個新的大核心框架時。

校準

- **策略前景**。這個新點子是否和你的組織的整體策略、目的及目標一致？
- **能力**。這個新框架是否利用你的組織的能力、知識基礎及相關領域的經驗？
- **價值觀**。這個新框架是否或多或少和你的組織的文化、價值觀及理念一致？

可行性

- **資源**。這個新點子能仰賴你的組織的現有資源、資產及人員嗎？
- **時間層面**。這個點子將需要花多少時間執行？時機是否和你的組織的現行規劃搭配得很好？
- **財務性報酬**。我們的財力負擔得起訴諸這個新框架嗎？它可能夠快地產生充足營收嗎？抑或提供資金推行這個新框架將會嚴重威脅到現有事業的健全性？
- **行銷面需求條件**。從你的組織的行銷、銷售及通路結構來看，你打算如何使這個新點子成功？
- **地理面需求條件**。跟這個新框架有關的地點與地區是否和你的組織目前營運的地點與地區相當吻合？
- **法規面的可行性**。訴諸這個新點子將會牽動多大程度的批准、

執照取得、認證或其他法規要求層面的問題？

- **技術發展。**這個點子需要新的技術發展嗎？它是否和你的組織現有的技術很搭？
- **研究及資訊方面的資源。**實行這個新框架是否需要新的研究或資料資源？

影響

- **聲譽／品牌。**實行這個點子對於增進你的組織的聲譽及商譽有多大程度的助益？它是否和你的品牌或商標相稱？它將會增進抑或減損此品牌或商標的價值？
- **競爭優勢及差異化。**這個點子將會增進抑或減損你的競爭能力及利用競爭者的弱點嗎？能使你在顧客眼中與其他競爭者有所差異化嗎？
- **外部性。**訴諸這個新框架將如何改變或影響你所在地的社區、你參與的產業、你的國家、全球？將產生正面影響嗎？抑或負面影響？
- **營運效率。**實行這個新框架將使你的組織省錢或節省資源或提升營運效率嗎？這個新框架能仰賴或可能達成怎樣的規模經濟？
- **風險／失敗後果。**若這個新框架失敗，對組織有何影響？在做出顯著或不可逆的改變之前，是否有「不會造成遺憾」而可以立即採取的行動，或是可以進行小規模先導試驗或測試的機會？

通常，你考慮的點子本身的特性將左右你決定使用哪些標準來進行評估。

我們也見過人們根據下列標準來評估重大新點子的潛力：

- **改變。**這個新框架將幫助我們改變看待事物及做事的方式嗎？
- **價值的躍進。**這個新框架值得我們揮別過去嗎？
- **可信度。**這個新框架對其他人（我們的同仁、顧客、客戶）而言具有可信度，並且令他們易於想像、了解、擁抱，並據以行動嗎？

想要以這種更高層次的方式來評估一個新框架的迫切性、力量與可想像程度，你也可以請與會者這麼做：面對一個7歲小孩（他的商業或技術理解能力大概不如你與你的同事），你如何描述這個框架？在你的組織或產業中所有人參與的論壇上，你如何描述這個框架？你如何像推銷一種新運動、一部電影，或一棟城市大樓般地向大眾描述及推銷這個框架？你也可以請與會者試著想像向路邊的陌生人說明這個新點子。通常，你覺得最引人注目、最動人、最值得實行的點子，也將是你能夠快速地、簡潔利落地、生動地向一無所知的局外人說明的那些點子。

想檢驗你的新框架是否具有這種創意性及前瞻性的強度，可思考以下問題：

- 它是否需要我們的大力支持？
- 它將需要我們冒險嗎？
- 它將帶動模式的改變嗎？
- 它簡單嗎？
- 它特別嗎？

- 它令人振奮嗎？
- 它會不會使人們覺得有明顯的「之前」與「之後」分別？
- 它會令我們印象深刻而記得它當初是何時、在何處提出的嗎？

當然，我們並不是說每一個新框架都應該在上述所有問題中全獲得「是」的回答，但思考這些能幫助你們更有信心地確認你們是否真的在朝新的東西前進。不論你們希望創造怎樣的框架，你們選擇使用的評估標準以及思考的問題，都將幫助你以隱性方式檢驗這些點子，進行一些「現實性檢查」，使你們和你們的組織只推動那些你們相信至少有機會成功的不錯點子。

更熟練於聚斂性思考流程時，尤其是當新點子牽涉的利害對你們及組織很明顯時，例如：「我們真的要進入這成本甚高的新事業領域嗎？」你們應該根據你們的組織特性和目前面臨的課題，共同辨識出幾項最重要的評估標準。

只要你能警覺這些風險，並和你的同事盡全力在事前針對最有道理的評估標準達成協議，你們就能成功地處理聚斂性思考流程。

排序、表決，以及做出你們的建議

在進入最終的決策流程時，你及此流程的參與者應該謹記你們的重要目標或手邊課題，評估所有提議的點子，指出相關限制及決策標準，然後說明使用什麼方法來排序、評估及表決這些點子，以及要如何向組織的其他同仁闡述。

但是，你們如何知道要訴諸哪個（哪些）框架呢？就算你們的

分析很出色，你們對各項提案的表決程序也很公平且有條理，你們如何確知你們是在採行邁向成功的最佳途徑？

在多數情況下，你們無法確知。通常不會有單一確實正確的解答，總是有許多可能的框架，就算是最好的策略，也仍然只是一個暫時性假說。因此，挑選一或多個訴諸的點子，此流程是歸納性思考流程，不是演繹性思考流程。換言之，面對眼前的種種事實與數字、限制、評估標準，以及將它們應用於評估所有點子，你們必須歸納或推斷什麼點子對你們及組織最為合理，你們必須做出決定，有所選擇。

今天，我們讚美飛利浦公司領導人的智慧，在分析了與保健支出和消費市場偏好有關的大趨勢後，他們明智地決定發展易於使用的居家保健用品，如今成為該公司一個大規模的事業單位。但是，如前所述，在他們做出此決策的當時，他們能訴諸的合理點子絕對不是只有這一個，這不是一個完全客觀、邏輯、明顯的選擇與行動，這其中含有相當的主觀成分，是該公司的主管憑藉個人和集體的最佳判斷，冒險跨出一大步。

我們經常鼓勵客戶製作表格或矩陣，以幫助他們根據事先選定的標準來評估每個點子。你們可以給予每項標準一個權重（亦即每項標準的重要程度不一），或者，你們也可能決定所有評估標準的關聯性與重要性相同，那就不需要分配權重。你們可以製作二乘二的矩陣，比較特定的益處與不利，例如成本與效益，或可行性與影響性。

你們可能接著使用更細部的標準，徹底且仔細地以每項標準來檢驗點子。

你也許訂出規則，讓每位與會者有一票表決權；或者，你也許讓重要決策者有更多票表決權（或是直接對這些重要決策者的一票

賦予較高權值，亦即他們手上的那一票分量較重）。你也許訂定規則，禁止人們投票支持他們本身的提案；或者，讓任何人或一群與會的領導人有權投票支持任何一個提案，包括他們本身的提案。你可以徵求大家同意只舉行一回合的投票表決，但我們通常建議舉行數回合的投票表決，但在後續回合的表決中把前面回合表決中得票數最低的點子汰除，藉此濾除「噪音」，聚焦於大家最感興趣的一些點子。最重要的是，由於與會者應該是（因此可能也將是）參與點子推動與執行工作的要角，因此必須讓所有人覺得自己確實參與了評估點子的流程。

我們提供的一條指導原則是：在討論及投票表決任何新框架時，別只是屈服於明顯的共識，或是對心存的疑慮置之不理。擴散性思考階段是超脫限制，暫停評斷，產生大量點子；聚斂性階段則是要運用最清晰、具分析性、且務實的思考，所有與會者必須有勇氣與堅持說出其疑問與評價、見解、不安及疑慮。若你和一群人舉行會議，這群人傾向做出一個決定，但你覺得不太對，你必須現在就發言！不是所有人都會對每一個決定感到滿意，你可能為了顧全大局而吞下自己的異見。但是，若你感到不安卻不說出口，你的同事將無法因為你提出的疑慮而受益。若有一位會議主持人或引導人，此人應該不時詢問所有與會者：「是否所有人都認同這浮現的共識？」「是否有人想提出任何建議、異議、疑問或疑慮？」「大家都對此感到滿意嗎？」

聚斂性思考階段不應該衝動冒失地做出評斷（雖然，這往往是我們的自然本能），應該慎思、有條不紊、有耐心，因此，若決策流程似乎推進得太快，或是過於草率或欠缺條理分析，一定要發言質疑。歷經多回合的擴散性與聚斂性思考是很尋常的事，若你們結束一回合時，對你們做出的決定感到不安，那就再回頭，重新評估，

再來一回合。

　　不論選擇使用什麼方法來排序各個點子，你應該把聚斂性思考流程產生的結果拿來和你的原始目標相較，主要是因為這麼做將幫助你返回現實或返回正軌。擴散性思考和聚斂性思考會議是激烈的工作，提醒自己和其他與會者你們希望達成什麼，以及明確的目標結果，往往有助於你們重返正軌。你原本是希望創造新產品或服務？為事業創造一個新的大概念？一個新的行銷計畫？新的成長途徑？營運策略？未來情境？有時候，接近聚斂性思考會議結束時，你可能發現你在探討評估的一個概念或點子雖然很棒，但明顯偏離你原本的任務。反之，有時候，你可能會發現，一個你早早就丟棄或是排序很低的點子，突然變得有道理，看來值得考慮。不論是哪一種情形（抑或其他類似情形），你或其他與會者都應該把意見說出來，別忘了，你們是在做出有後果與影響性的決策，若偏離了正軌，那就重返正軌，再次聚焦，絕不嫌遲；若看出先前的某個點子有新的可能性，應該在此時說出來，讓大家重新評估。

進行多回合的擴散性與聚斂性思考

　　把你的最佳點子拿來再進行更多回合的擴散性與聚斂性思考，這麼做的好處，我們再怎麼強調都不為過，尤其是在已經先建立一個大框架後，撥出一些時間，由你自己或邀請他人（可以是先前的參與者，或是另一群人）一起，運用你們的最佳思考及創意，在此大框架中填入更多想執行的點子。這不是要你重複和之前相同的方法或疑問，看看是否有不同的東西出現，這雖是有趣的學術性做法，但通常不是運用大家時間的最好方法。我們的意思是要你以得出的

一些結果為基礎，作進一步的創意思考，從新的角度來檢視，針對已經產生的一個點子，試著做出「對，而且……」的延伸擴展，或是把幾個點子結合起來，形成更大的構想。

在終極遊戲公司的擴散性思考階段，你及你的同事最終產生了數十個點子，從為職業婦女開發新遊戲，到利用公司的「安全」形象。想像你們在經過幾天的反覆聚斂性思考討論和數回合的投票表決後，你們得出了填入各種可能性的下列四個大框架：

- 運用公司現有的遊戲開發專長，針對新市場區隔——例如青少年女孩、年長者、母親等等，開發廣泛的遊戲。
- 探究「娛樂暨訓練」（entertrain）的概念，包括測驗準備、為企業量身打造的訓練課程等等廣泛的可能選擇。
- 深入了解和神經學有關的學習障礙（尤其是注意力不足過動症），以及電玩能對它們提供的幫助，旨在朝向開發治療型遊戲。
- 推出前瞻性的行銷閃電戰，聚焦於公司長久以來維持的「安全」形象，利用此形象來宣傳終極公司不僅供應「安全」（你們的舊框架）的遊戲，也供應「有益」（你們的新框架）的遊戲——**應該**被使用多年的遊戲，有助於小孩逐漸建立或強化智能長處與技巧的遊戲，能使不安的家長和教育者放心的遊戲。

把你的點子清單做出這種整理分類，可能需要花幾個小時或幾星期，視你的情況的複雜程度而定。此外，視這些點子的抱負大小而定，你可能需要再花不僅是幾小時，而是幾天或幾星期，和你的同事共同決定你們是否應該訴諸所有點子，抑或只訴諸其中一、兩

個。若你們決定你們的公司應該只挑選其中一個點子，你們仍然需要更多時間分析哪個點子最值得付諸執行。

在進行聚斂性思考會議之前，你和你的終極遊戲公司同事已經甩開「我們必須瞄準青少年男孩和二十幾歲男性」的限制，而且，儘管公司業績仍在成長中，你們決定挑戰「我們的規模不夠大，不足以既維持我們現有的系列遊戲，又每年推出不只一、兩種新遊戲」的限制（這源自兩位創辦人以往抱持的觀點）。

你和你的同事也決定運用當地銀行提供給終極遊戲公司的五百萬美元信用額度，雖然，你們未必需要用此信用額度來借錢，但因為有此額度，你們現在可以擁抱審慎冒險與擴張事業的可能性。

至於評估及挑選標準，由於你們和公司財務長免不了對信用額度還是感到不安，你們決定尋求能夠在短程與中程創造財務性回報、風險程度較低的點子。後來，公司創辦人再加入一項標準：他們期望終極遊戲公司能夠對人們的生活有所貢獻，能在某種程度上改變社會。他們最近看到比爾·蓋茲和巴菲特（Warren Buffett）運用財富的方式，深受激勵，非常感興趣於能夠對世界做出一些改變的「新框架」，希望公司不再只是一個純粹營利導向的組織。於是，你們全都事前同意，最重要的排序標準是財務報酬與風險程度，「對世界有貢獻」則是重要的指標與抱負。

在 500 萬美元限制和公司人員有限下，你們很快認知到，儘管你們想探討宏大的成長計畫，公司卻沒有足夠的寬裕度可資執行所有點子（就算它們全都有道理）。因此，你請同事們探討在每一個大框架下的各種可能性，並開始考慮具有最大潛力、但不會有顯著風險，並且可能對世界有貢獻的點子組合。

經過一些討論後，你發現你的同事（可能是以趨避風險的財務長為首的一些同事）對於需要花很多錢或是動用到信用額度的點子

不感興趣，他們奉行的箴言是：「若沒出問題，為何現在要改變它？現有東西的情況還不錯，為何不在這上頭追求成長就好？」*若終極遊戲公司有強烈的共識文化傾向，而非採取多數決方式，你可能會決定就此打住，你承諾再做更多調查後再重新召開會議。

在進一步探究後，你發現公司最優秀的遊戲軟體設計師之一和兩位明星級業務員對現狀感到乏味，不想年年為相同的幾款遊戲生產並更新版本，正考慮要離開公司。你急切於留住他們，認為若是讓他們負責新計畫，將能說服他們留下。此外，你也和兩位創辦人商談，他們對於神經學和電玩的潛在療效非常感興趣，因此，你開始針對這個點子的細節準備更具體的提案。你訪談多元智能領域的神經學專家，以及注意力不足過動症及其他學習障礙領域的專家，包括小兒神經學家、專業治療師、精神病醫師、教師、輔導員、家長，你的提案中包含發展此點子需要的人員、時間及成本等計畫與時程表。你也得知，注意力不足過動症是最常被診斷出的孩童神經行為障礙，估計全球約有 5% 的小孩受到影響，構成可觀的全球市場。注意力不足過動症往往也會持續至成年，這使得「對世界有貢獻」這個層面的潛力更大。而且，男孩被診斷出患有注意力不足過動症的數量高出女孩數倍，這意味著就算你們的產品大幅改變，你們的目標市場區隔實際上可能不必轉變過大。[4]

你把這新計畫發送給你的團隊後，你們再度召開會議，有幾個人針對此計畫和組織現有事業的搭配程度、你的計畫書中的一些預算項目等提出更詳細的詢問，於是，你再改進你的計畫書，針對如何推動此計畫、預期此計畫和現有事業之間的關係、需要的成本等

---

* 　有些人說沒必要重新發明輪子，我們應該慶幸許多人不這麼想，近幾個世紀以來，輪子進步了很多。

4　Source for this is the first few paragraphs of Wikipedia's entry on "attention deficit hyperactivity disorder," http://en.wikipedia.org/wiki/Attention_deficit_hyperactivity_disorder.

等，增加更具體的細節說明。財務長試圖堅持訴諸無風險的發展途徑，但最終被說服若保持現狀而不求改變的話，風險反而更大，因為若是保持現狀，可能失去優異員工，更遑論手機發展趨勢和周遭世界變化所帶來的威脅。

團隊進一步討論後，最終一致同意：

- 投資於研發神經學／注意力不足過動症的商機，指派一位深感興趣的明星級業務員和遊戲軟體設計師負責了解此市場，更詳細了解如何設計能幫助注意力不足過動症患者的遊戲產品。你們同意動用500萬美元信用額度的一部分來支應這些研發費用。

- 進一步探究「娛樂暨訓練」的概念，著重發掘低風險商機。另一位有意離開的明星級業務員似乎對於聚焦新事業發展計畫很感興趣，正在研究為企業主管提供訓練、為軍方人員提供繼續教育、測驗準備軟體等的商機。他甚至準備展開更多的擴散性思考，進一步探索這個點子，他知道，在他確定爭取到任何交易之前，公司實際投入於發展這類新產品的資金將很少，而且，他考慮採行其他產業使用的「使用者付費」模式。

- 使用信用額度的一部分，僱用優異能幹的新員工，取代部分現有職務的員工，以確保公司在跨入這些新領域的同時，現有的系列遊戲產品繼續成長，帶來營收。

- 擱置利用「安全」形象推出新行銷活動的點子，以及針對年長者和其他區隔開發新遊戲的點子，至少目前先不執行這些點子，你們研判「StrengthBuilder」是遠遠更令人興奮的新框架。

接下來幾個月，針對注意力不足過動症的商業想法成形，你和同事也更清楚看出，這不僅能改變世界，也將徹底改變你的公司，從原本為青少年男孩提供娛樂，轉向幫助所有人的多元智能發展，改善小孩及青少年的教育及生活體驗。隨著新產品的前景愈來愈看好，你們認知到，人們視電玩為「有害」的普遍觀點終將 180 度轉變，這得歸功於你們轉向開發「有益」的電玩，幫助患有注意力不足過動症及其他學習障礙的小孩變成更好的學習者，這些遊戲也許能減輕、甚至治癒這些小孩的神經行為症狀。你們將使終極遊戲公司轉變成幫助多元智能學習和增進能力的公司，甚至，在持續有研究計畫使用大腦成像進行臨床研究以及探討種種神經系統治療方法之下，終極遊戲公司可能被視為一家醫療保健公司。歷經時日，這個新的大框架——這個新願景或看待公司的新方式——可能開啟進一步研究的大門，研究如何使用電玩來治療各種學習障礙，以及焦慮和憂鬱等精神疾病。當然，對終極遊戲公司而言，這些新業務將可持續成長，並創造巨大的競爭優勢。

若你未先致力於促進懷疑心態，質疑你的初始見解（認為把現有的遊戲產品延伸至行動通訊平台，並且繼續瞄準現有的顧客區隔，是最安全且最佳的成長途徑），那麼，這一切新框架和新發展都不可能出現。唯有在「有益」的新框架之下，你的新策略及產品才顯得有道理，這個新框架的建立就是你的尤里卡時刻！

在新框架內思考——擴散性與聚斂性思考的實例

我們協助法國郵政公司發展一個它可以用來激發與指引未來行

動的大主題時，其主管一開始並未察覺到我們將請他們進行十幾回合的擴散性思考與聚斂性思考研討會。隨著數位科技（尤其是電子郵件和社交網站）的普及，法國的包裹遞送業務管制鬆綁（導致來自聯邦快遞及其他快遞業者的競爭），法國郵政公司急於尋找新靈感，確保它在邁入 21 世紀之後仍能跟上時代需求，同時繼續獲利。換言之，法國郵政公司需要創造一個新的大框架。若要類比的話，可以想像這猶如在幫助美國郵政總局，使現在的它變得像 1950 年時那般生氣蓬勃，符合時代需求。

我們使用無數的擴散性思考方法，產生大量的新主題及點子。與會者從廣泛不同的角度和種種非常刺激的隱喻來描繪這個機構，包括吸毒成癮者、腹絞痛的嬰兒、微軟公司總裁等等。他們提出數十個關鍵詞來形容這個機構的未來，包括：「重塑貼近感」、「使生活安適」、「永遠在你身邊」、「別動，法國郵政公司會把世界帶來給你」。他們腦力激盪出無數有趣的新點子，有些點子是關於如何改善郵局的顧客服務，例如：在每個郵局播放輕鬆影片或提供現場音樂演奏；僱用專業作家幫郵局的顧客寫信；在每個郵局設置遊樂場或會議室。有些點子涉及跨足全新的事業領域，例如：類似 PayPal 的線上交易支付平台；為人們傳送的電子郵件提供加密服務；針對大眾市場的網路工具，幫助人們決定當地的不動產價值。

我們花了數星期舉行多場會議後，才決定將重點放在該公司高層領導人相信能夠團結整個組織的六大主題。接著又舉行更多會議，經過多方思考後，根據這六大主題，得出三個可能的大框架：（1）成為一個交易平台；（2）成為值得信賴的第三方服務供應商；（3）為人們提供生活上的支援服務。

接著，我們檢視這三個概念是否有重疊部分，幫助法國郵政公司評估許多現有的主要產品與服務，看看哪些和每一個概念最具邏

輯關聯性。該公司決定再把它們歸納成兩個大概念：其一是以信賴為核心的願景，其二是以交易平台為導向的願景。第一個概念是建立顧客可以信賴法國郵政公司提供的服務，根據多年的顧客調查結果，以及傳統智慧之見，與會者清楚看出，在法國，郵政公司是最受信賴的機構之一。第二個概念把郵政公司視為各種交易的一個中心，不僅是遞送信件與包裹之類的傳統交易，還包括較不明顯的交易，例如幫助民眾透過電子管道匯款；或是讓客戶可以在線上捐款給非營利組織，但無需擔心網際網路的安全性問題。

接著又對這兩大主題進行更多的擴散性思考會議，包括使用大膽類比去想像及討論重視「信賴」與「交易」的其他世界（例如在柏林圍牆倒塌之前的美蘇太空競賽，或是監督人體器官捐贈的組織）。接下來，法國郵政公司的高層領導人再度進行聚斂性思考，探討在「交易」這個主題上和聯邦快遞及 DHL 競爭，或是在「信賴」這個主題上和電力公司及大銀行競爭，代表什麼含義？法國郵政公司握有什麼可資競爭的資產，以及在哪些層面具有競爭優勢？他們最終決定，最簡單、但強而有力的「信賴」概念是最精華、最引人興趣、最超凡的主題，也是法國郵政公司可以在未來多年成功發揮的一個主題。

更確切地說，法國郵政公司的多位高階主管認知到，這個機構多年來被大眾視為一個值得信賴的組織，因為郵局在全國各地無所不在；郵差天天親自遞送郵件到府；郵政公司為維護其慎重、誠實及可靠性的聲譽，做出了龐大投資；力求避免不正常的延誤，信守承諾；小心避免在向人們收費時犯錯；不惜成本地避免發生勞工問題而導致營運的中斷或延誤，使全國各地民眾能順利收到郵件，獲得郵政公司提供的種種重要服務。

在一連串的擴散性思考中，研討會的參與者想到法國郵政公司

可以達成 Google 及 eBay 那樣的模式。Google 被人們視為值得信賴的搜尋平台，eBay 被視為安全、值得信賴的買賣平台，這兩家公司都透過無數重要的技術創新來建立它們的重要價值，但兩家公司也都成為以信賴為基礎的平台。他們認為，顧客一向視法國郵政公司為永遠存在、總是公正、誠實的夥伴，他們可以更加增進顧客對這個機構的信賴度。

決定以「信賴」作為首要主題後，該公司的主管接著考慮各種標準，他們思考下列疑問：

- 以信賴為導向的模式能提供什麼新營收來源？
- 法國郵政公司要如何和提供相似服務的其他組織（例如銀行及快遞服務）競爭？
- 法國郵政公司能在相關市場上取得多少占有率？需要做出哪些新投資？
- 可能的早期成果是什麼？
- 這能幫助法國郵政公司成長嗎？
- 這能使法國郵政公司在現代高飛翱翔嗎？

喬治斯・勒費弗是法國郵政公司的人力資源暨勞工關係部主任，也是我們為該公司舉行擴散性思考和聚斂性思考會議時的積極參與者。他最近告訴我們，當時，這個組織首要詢問自己的是：「我們未來必須有何不同作為？我們有何理由這麼說？這對我們的重要利害關係人有何含義？」

在完成所有的擴散性思考及聚斂性思考會議後，法國郵政公司的經營高層達成共識，選擇了「信賴」，這概念符合他們能想像到

的每一個標準。勒費弗解釋：「我們一直都知道我們在顧客滿意度調查中的信賴度得分高，但直到現在，我們才了解到，可以把信賴作為引領我們前進的一個槓桿。我們開始思考我們也許該停止做什麼，該開始做什麼。我們認知到我們總是贏得人們的信賴，現在，我們可以把它作為合理訴求，我們只需要改變我們的角度就行了，顧客會接受，因為這吻合他們長久以來對法國郵政公司的觀點，能夠引起他們的認同。」事實上，信賴本身幾乎為法國郵政公司過去所做的一切和它未來想做的一切提供了無懈可擊的標竿。在擴散性思考中浮現的其他許多看似合理且有價值的主題，現在看起來似乎只不過是「信賴」的子集了。例如，在擴散性思考時，許多經理人提到「貼近」（亦即法國各地有這麼多郵局，郵局員工貼近每一個社區、街坊與家戶）作為這個機構的首要營運層面。但是，當聚斂性思考流程開始進入最後階段時，這些主管全都認同一個改變觀點，他們現在看出，法國民眾讓郵局員工遞送他們個人的郵件，有時甚至讓郵局員工拿著信件及包裹進入他們家中，基本上是因為信賴。貼近固然重要，但因為信賴，才得以貼近，因此，貼近落入更大的「信賴」框架裡。勒費弗說：「信賴已經變成我們共同願景的真正根基。」

　　勒費弗及其同事趨同於「信賴」這個大框架後，他們幾乎立即看出這不僅可作為對內部和對大眾宣傳溝通的一個主題，而且還是該組織現行策略計畫中內含的一部分。例如，在該公司進軍消費者信貸領域的新行動方面，信賴意味著不投資於任何不可靠的抵押貸款交易；在促進顧客與慈善組織的連結方面，信賴意味的是保護顧客隱私，並發展各種新的線上工具，讓個人能安全地透過法國郵政公司借款給非營利組織。他們舉行後續的擴散性思考與聚斂性思考

會議，思考種種新產品與服務的點子，以填入「信賴」這個大框架裡，以下是與會者提出的眾多點子的一部分：

- 利用郵政公司的知名品牌，以及遍布全國各地的足跡，經營一家搬運公司。
- 推出顧客評價服務，證明特定產品、服務及營業處所的品質。與會者甚至還曾經重新考慮收購米其林的旅遊餐飲指南事業，來幫助郵政公司快速啟動這個新領域的潛在成長。
- 提供廣泛的電子服務，不僅是雅虎（Yahoo!）或 Gmail 當時已經提供的服務，還有客製化郵票，你可以在線上使用你自己選擇的圖像及主題來製作你自己的個性化郵票。
- 更深入以信賴為要素的線上領域，提供安全的虛擬文件保存、遞送及管理服務；提供線上投票工具，讓企業能舉行安全的選舉活動，例如提名及票選工會代表。

附帶說明一點，最後這個「數位安全性」概念並不是舉世的新概念，甚至在法國郵政公司內部也不是新概念，該公司早幾年曾經考慮過，並且放棄了。但如今，在「信賴」這個大框架下，這個概念卻顯得非常有道理。這是以不同角度來檢視舊點子的又一個例子，再次凸顯了改變立場與角度的重要性。

所有這些創新點子自然地吻合該公司的「信賴」新框架。自2002 年起擔任該公司總裁的尚保羅・貝利（Jean-Paul Bailly）不久前告訴我們，信賴成為該組織的重要共同願景是「法國郵政公司史上一個決定性時刻」，它影響了公司的經營決策、公司訓練及評量員工的方式、該公司對於發展（及不發展）哪些新產品與服務的決定。貝利表示，在那些研討會之前，法國郵政公司對於它該朝什麼

方向發展缺乏明確的核心策略，「信賴」概念提供了一個無所不包的價值觀、一個共同的起始點與基線，讓法國郵政公司能夠據以檢視近乎所有重要的潛在選擇、方案與機會，「信賴已經成為我們的信念」，貝利說。

不斷地再評估

> 依賴一個公式是一種休眠，若持續過久，就意味死亡。[1]
> ——美國知名法學家　小奧利佛·霍姆斯

　　沒有任何一個點子是恆久好用的，不論多出色、多敏捷、多巧智、多適時且有效，你的每一個框架都必須與時並進地修正、改進，且最終被替換。創意流程應該持續不停，我們的五步驟應該持續運作，你需要一再使用它們，惟並非總是採取相同順序罷了。

　　產生新點子——就算是極有價值、甚且贏得全世界稱頌的點子，並不代表你的創意流程已經完成，可以畫下句點了。你在終極遊戲公司開發的減輕注意力不足過動症遊戲，很可能到了明天就被別人超越了。競爭對手可能推出更有效的遊戲，或是有人推出一種能夠產生腦波以中和該症狀的特殊帽盔，或是有治療這種病症的靈藥問世。你永遠不能停止懷疑。

　　沒有任何點子能夠恆久有效，為保持持久的創造力，你必須持

1　Oliver Wendell Holmes, Jr., "Ideals and Doubts," *Illinois Law Review* 10, no. 3 (May 1915).

續創造、修改、挑選、實行、丟棄，到了一個時點，你必須更換你的框架。

想持續成功，你必須創造一個又一個的新框架，擁抱改變，知道何時該丟棄現行框架，改換一個。一些公司不坐等卡蘭巴時刻到來，它們不相信今日的成功可以保證明日的成功，它們不停地預期變化可能帶來什麼影響，因此在更換它們的現行框架方面做得很好。

新聞組織路透社（Reuters）就是一個持續以出色的制勝方式變革進化的典範。路透社的「訊息及新聞遞送」大框架遠溯至該公司創立的 1850 年，這大框架持續維持至今，但是，這麼久的期間，世界發生了這麼多的改變，它如何能夠持續使用這大框架呢？一開始，路透社使用信鴿來實行這個框架，接著在 1851 年使用電報來實行，繼而自 1882 年起使用電傳機，這些技術後來陸續被無線電（1923 年）和衛星通訊（1962 年）取代，到了今天，該公司使用以先進的網際網路新聞傳遞應用程式為基礎的全新方法。

保羅・朱利斯・路透（Paul Julius Reuter）在 1850 年於德國（當時的普魯士）的亞琛（Aachen）創立路透社，在當時，電報是一項新發明，但亞琛和布魯塞爾之間還未設立電報線路，因此，他使用信鴿來連結這一段，使新聞得以更快速地在柏林和布魯塞爾之間傳遞。

路透知道，信鴿終究不是有前景的技術，他尋求傳遞新聞及訊息的新方法；或者，換個方式來說，他尋找新的小框架，以填入他和他的同仁在創設公司之初建立的大框架。路透顯然極善於構思出大量新點子，並且充分利用這些點子，然後在必要之時更換它們。

在 1851 年搬遷至倫敦後，路透利用英國多佛市（Dover）和法國加萊市（Calais）之間新鋪設的英吉利海峽海底電纜，向巴黎的證

券經紀人提供倫敦證交所的股市行情,也把歐洲大陸的股市行情提供給倫敦證交所的證券經紀人。路透設立愈來愈多的辦事處,1865年,他的這個私人事業改組擴大成為股份公司,取名為「路透社電報公司」(Reuters Telegram Company)。1865 年,路透社率先在歐洲報導美國總統林肯遇刺的消息,在事件發生 12 天後,這新聞才傳到歐洲。

1882 年左右,路透社實行另一種新模式,開始使用「電傳機」(一種直行式列印機,是現今一些聽障人士使用的終端機的前身),在該公司各地辦事處之間傳遞新聞及股市行情。比起只能傳送簡短訊息的電報,這種新技術可以傳送更長的訊息,延續了該公司「更廣泛且更快速地傳遞新聞及訊息」的使命,同時也繼續利用這世界的趨勢與技術轉變。

1923 年,路透社幫助發展出無線電的新用途,包括在國際間傳輸新聞的方法;透過長波無線電,用摩斯電報電碼傳送股價及匯率。伴隨無線電傳輸的發展與成長,這最終成為路透社在歐洲,以及後來在全球各地提供的首要服務。

路透社持續保持敏捷與彈性,該公司在 1960 年代推行第五個新框架,擁抱衛星通訊技術的潛力;在 1990 年代中期推行第六個新框架,搭上新興的網際網路技術。雖然,在世界不斷變化的同時,路透社的「傳遞新聞與股市行情」大框架維持不變,但該公司一再發展出令人興奮的新框架來填入其中,因而得以跟進時代潮流,繼續成功。

伴隨你的周遭世界改變,你的處境也將改變,因此你持續需要新框架。從政治劇變到技術革命,從意外的經濟大危機到全新的社會、文化與機會領域,這些世界可能和你早先在不同環境下規劃的未來情境大不相同。未能預見的大衝擊事件可能破壞先前的新

框架的有效性，當然，有時候，就連你熟知的威脅（例如你很熟悉的競爭者）也可能帶來出乎你意料之外的衝擊。事實上，在路透社於 2008 年和湯森出版集團（Thomson Corporation）合併成為湯森路透公司（Thomson Reuters）後，外界可能普遍認為，這新合併改組的公司在財金新聞與分析領域的主要競爭者之一是彭博（Bloomberg）。但在 2008 年開始的經濟衰退中，湯森路透的市場分析事業單位遭遇的重大挫折之一，是它新推出的 Eikon 市場分析與交易軟體表現低於預期，未能和歷史悠久穩健的彭博資訊系統終端機有效競爭。[2] 路透社是一家成功史超過一百多年的公司，這長期的成功歸因於它持續不斷地進化，現在的路透社必須再次進化，尋求另一個改變賽局的新框架。

步驟 5 是要確保你及你的組織像不停地掃描天空以收集資訊的雷達般，持續嚴謹、一絲不苟地檢視你的框架。你必然會期望這些框架恆久有效，步驟 5 要確保你收集的資訊不致受到這種心態的束縛。這個步驟也力求避免否認心態，至少，你必須知道你何時在拒絕正視或接受你眼前的事實。

通常，步驟 5 需要你重返步驟 1，畢竟，這兩個步驟都涉及高度警覺提防，並持續懷疑你的現有框架。我們在第 1 章中使用到逃脫牢獄的比喻：若你未認知到你身處牢獄裡，不熟悉這牢獄的運作，不了解其脆弱性，你就無法逃脫這牢獄。步驟 5 的目的是要確保你不會再次陷入牢裡，或者，萬一你再度陷入牢裡，也能立即打造新

2　"Will the Latest Corporate Shakeup Be the Last for Thomson Reuters?" http://
techbytes4lawyers.wordpress.com/2011/12/08/will-the-latest-corporate-shakeup-be-
the-last-for-thomson-reuters/; Edmund Lee, "Thomson Reuters CEO Glocer Steps Down
as Smith Takes Over," *BusinessWeek*, December 5, 2011, http://www.businessweek.
com/news/2011-12-05/thomson-reuters-ceo-glocer-steps-down-as-smith-takes-over.
html; Amy Chozick, "Glocer, Chief Exec of Thomson Reuters, is Being Replaced," *New
York Times*, December 5, 2011, http://mediadecoder.blogs.nytimes.com/2011/12/01/
glocer-head-of-thomson-reuters-is-being-replaced/?ref=media.

鑰匙或逃脫路線。

　　你必須時時盡你所能地注意你的現有框架是否有效且合用，以及它們如何阻礙你。劇作家蕭伯納（George Bernard Shaw）說過：「不改變就不可能有進步，那些無法改變自己心態的人，將改變不了任何事。」換言之，若你不持續重新檢視與修改你的成見，你將無法向前邁進。

　　步驟 5 要你不斷地、仔細地重新評估你的現有框架，使你盡可能地為未來的不確定性和無法阻礙的變化潮流做準備。這步驟有助於確保你不致抱持你的新框架過久或是過快丟棄它們，簡言之，我們懇求你繼續懷疑，記得耐吉的經典標語：「沒有終點線！」

時候到了，就得換掉你的框架

　　2011 年夏天，在仔細研究大量資料，顯示愈來愈多消費者捨棄 DVD 租片，轉而選擇串流影片後，耐飛利執行長里德・哈斯汀（Reed Hastings）決定要把這家公司一分為二。[3] 新成立的快斯特公司（Qwikster）專營耐飛利原來的租片業務——用鮮紅色信封袋寄送 DVD 給顧客，內附便利的已付郵資還片信封。另一家公司承繼原公司名稱耐飛利，但不再提供郵寄 DVD 租片業務，只專注於較新且成長快速的串流影片業務。

　　在做出此決定後不久，哈斯汀發出一封電子郵件給耐飛利的所有訂戶，內容如下：[4]

3　Nick Wingfield and Brian Stelter, "How Netflix Lost 800,000 Members and Good Will," *New York Times*, October 24, 2011.

4　Email quoted in Nick Greene, "Netflix Fee Increase: Humanity's Most Trying Moment," *Village Voice*, July 15, 2011, http://blogs.villagevoice.com/runninscared/2011/07/netflix_fee_increase.php.

我們把無限量的 DVD 郵寄租片業務和無限量的串流影片業務分開了，以更正確地反映個別的成本。我們的會員有兩個選擇：只選擇串流影片方案、只選擇 DVD 郵寄租片方案，或兩種方案全選。

目前月繳 9.99 美元可無限量線上視聽串流影片和無限量取得 DVD 郵寄租片的方案，將分為兩種方案：

方案1：月繳 7.99 美元，可無限量線上視聽串流影片；但不能取得 DVD 郵寄租片

方案2：月繳 7.99 美元，可無限量取得 DVD 郵寄租片，一次一片；但不能在線上視聽串流影片。

若你想取得兩項服務，每月收費 15.98 美元（7.99 ＋ 7.99）。

你什麼都不必做，就能繼續享有無限量線上視聽串流影片及無限量 DVD 郵寄租片的會員資格。

在宣布成立快斯特公司和發出這封電子郵件給訂戶後不久，大約 80 萬個訂戶退出耐飛利，許多人強烈不滿耐飛利不再提供郵寄 DVD 租片服務，必須改向快斯特取得此服務，而且，串流影片加上 DVD 租片價格從 9.99 美元大幅提高到 15.89 美元。

2011 年第三季財報宣布時，耐飛利的股價重挫超過 25%，《紐約時報》的報導指出：「耐飛利低估了那些仍然想要小紅色信封（就算他們忘記觀看信封裡頭的 DVD）的訂戶無法量化的情緒。」[5] 哈斯汀告訴該報記者，他認知到自己因為傲慢和過度自信（對於消費者日益偏好串流影片的信心），做出了將耐飛利一分為二的決策（並同意漲價）；他說他錯在「太快採取行動」，而公司方面選擇不做出改變。

許多人大概會同意，哈斯汀過早把「郵寄 DVD 租片」和「串

5　Ibid.

流影片」業務區分開來以利後者發展，他未能認知到，公司的許多顧客還沒打算用另一個框架取代現有框架（事實上，許多人仍然想要在不大幅調漲的價格下享有兩種選擇，或針對那些尚未供應串流服務的影片，仍然可以取得 DVD 租片）。他們仍傾心於「郵寄DVD 租片」的概念，不願丟棄它、進入只能透過下載數位檔案來取得視聽娛樂的新世界。

耐飛利未能認知到許多消費者還沒做好更換框架的充分準備，但另一方面，也有許多組織容易犯相反的錯，亦即依戀舊框架過久。說到在新框架內思考，你不能操之過急，但也不能滿足於現狀。不論你連續經歷了多少次的尤里卡時刻，或是你的多數現有框架多出色，你仍舊永遠面臨遭遇卡蘭巴時刻的風險。*

當然，為了完成工作，你必然得繼續持用你的現行框架一段時間，暫時「凝住」一切，你才能採取行動。例如，若你想在不同的市場區隔銷售產品，你在這個月的第一個星期一做出的區隔劃分及針對各區隔研擬的銷售策略，到了第二及第三個星期一大概仍然有效。為了效率，你必須仰賴此原方法一段時間，暫時「凝住」它，你才能專注於銷售你的產品。但是，這世界恆常變化，那些消費者區隔法最終將過時。

現在的組織常震驚於世事變化之快，舉例而言，1960 年時，在所屬產業中營收名列前十大的美國公司，平均來說可望繼續四十年間排名前十大；但統計資料顯示，到了 1990 年，這平均時期已經縮減至十四年，到了今天，恐怕只有十年或更短，視產業而定。[6] 相同的統計資料也顯示，1960 年時在所屬產業中營收規模跌出前三

---

* 歷經此風波後，刻意專注於快速成長的串流影片業務的耐飛利在 2012 年繳出亮麗的營運績效，儘管可能會和郵寄 DVD 租片業務形成自相殘殺的局面，該公司仍然做出了把公司一分為二，分別專注於不同業務的決策。在我們看來，此舉是正確認知到世界恆常改變。

6　Compustat U.S. public company data, BCG Strategy Institute analysis.

大的美國公司有 2%，到了 2008 年，這比例已經提高至 14%。這些統計數據凸顯彈性與調適的重要性，也凸顯經常檢討與修改你的框架的重要性。*

人們往往忽視逐漸的變化，猶如「溫水煮青蛙」，例如，父母往往不會注意小孩在成長過程中每天的變化，總是突然間發現他們的小孩似乎變大、變得更成熟了。定期檢視，將有所助益，例如定期來訪的祖父母和叔伯姨舅就會注意到你的小孩變了；同樣的道理也適用於你的框架。

好消息是，你可以增進掃描及敏於變化的能力，使你更警覺於這種逐漸的、雷達偵測不到的變化，當某些跡象或訊號的含義不明確時，你可以提出更多疑問，更深入挖掘。

從無數組織的歷史可以看出這種警覺與敏捷的重要性，你不能過早採行有效的框架，但也必須在現有框架過時或遭到威脅時，適切地丟棄它們，快速改採別種框架。一個至少在早期展現這種敏捷力的範例是福特汽車公司，尤其是其創辦人亨利・福特（Henry Ford）發展 Model T 車款，以及非常有效率的組裝線製造流程以生產這款著名的汽車。1886 年時，高第列・戴姆勒（Gottlieb Daimler）已經發明出四輪汽油引擎車，[7] 亨利・福特到了 1903 年才創立福特汽車公司。[8] 福特採行的第一個框架（他和他的公司花了約五年時間精修此框架）是「不昂貴的四輪汽車」，一開始取名為

* 這些分析參酌了我們的幾位同事的研究成果，特別是馬丁・瑞夫斯（Martin Reeves），他在近年探討「適應力優勢」（adaptive advantage）的重要性。現今的市場不斷變化演進，資訊氾濫，企業與產業的分界模糊，我們面臨全球社會、文化和生態環境的巨大轉變，在此環境下，欲擁有適應優勢，組織及其領導人必須在選擇、執行及管理其未來策略方面展現機靈、試驗和高度彈性。我們認為，重新評估及更換框架，有能力知道該訴諸哪些新框架，以及何時該這麼做，這些是形成並利用這種適應優勢的要素。

7　Patrick J. Sauer, "The Mother of Reinvention," *Inc.*, April 27, 2009.

8　"A Timeline of Ford Motor Company," NPR, January 23, 2006, www.npr.org/templates/story/story.php?storyID=5168769.

「四輪車」（Quadricycle），有非常簡單的車身架構、汽油引擎、腳踏車輪型的四個輪子。*但福特最出色的能力之一是，他認知到這個小框架很快就會變得不適合、不切要，消費者想要更多，他們想要自動起動汽油引擎車的馬力與功效，他們也想要容易維修與修改的汽車，他們想要更便宜取得擁有汽車及開車的尊榮。接著，他們和外國的民眾也想要可以經得起顛簸的鄉村道路的汽車。[9]

福特在 1908 年推出 Model T，使汽車從相當昂貴、脆弱、難以維修的奢侈品，變成大眾負擔得起、堅固、快速、有效率、容易維修的商品。他不僅發展出無數創新特性（例如更輕的材質、更強的懸吊系統、一體式的底殼），而且在組裝線上增設一條移動式輸送帶，使汽車製造時間從 12 小時縮減為僅需 93 分鐘，因此大幅降低製造成本與售價。[10] 這個新的大框架「大量生產堅固、低成本的汽車」，使得福特汽車公司爆炸性成長，也改變了整個產業。** Model T 在 1927 年 5 月停產，但在此之前，該公司已經製造出 15,458,781 輛的這款汽車，銷售至全球各地。[11]

儘管如此，調適及保持持續的敏捷力，一再地在適切時點換掉一個出色的新框架，這是相當難以做到的事。亨利‧福特倔強地堅持於 Model T 多年，但伴隨都市化，浮華炫耀的好萊塢影片當道，以及美國人愈來愈精進的文化品味、興趣與渴望，汽車很快地變成一種表現社會地位與財力的方式，而非只是一種交通工具。[12] 或者，

---

* 為何會取名為「Model T」？因為他們已經先試驗了 Model A、B、C、K、N、R、S。

9　Sauer, "The Mother of Reinvention."

10　Ibid.

** 亨利‧福特不僅創新「大致相同」框架（亦即提出新特性，使該公司生產的汽車更快速、更輕、更堅固），也大幅提升汽車的製造效率，促成徹底改變。後者的創意形式正是我們所倡導的可持久的「新模式」的核心，換言之，不僅是對現有產品或方法推出新特色或復刻，而是做出更廣、更徹底、更有力的改變。

11　"A Timeline of Ford Motor Company."

12　有關亨利‧福特未能超越 Model T 的所有細節，皆取自 Richard S. Tedlow, _Denial: Why Business Leaders Fail to Look Facts in the Face—and What to Do About It_ (New York: Portfolio, 2010)。

換個方式來說，人們的框架從「有效率的汽車」變成「有效率的汽車反映你是誰，你花得起多少錢」；或是從「運輸工具」轉變為「地位象徵」。

通用汽車公司（General Motors）預期到了這種顯著的文化轉變，並且在它發展的產品中反映這種變化，反觀福特汽車公司在設計、製造及行銷其產品等層面並未做出多少改變。通用汽車公司推出顧客貸款、愈來愈時髦的多種車款——雪佛蘭（Chevrolet）、龐帝亞克（Pontiac）、奧斯摩比（Oldsmobile）、別克（Buick）、凱迪拉克（Cadillac），提供更多酷炫特色和奢華象徵，每年推出新款式，使去年的車款顯得老舊過時、低人一等。在此同時，亨利·福特依舊迷戀他那可靠、但黯淡無光、只供應一種顏色（黑色）的Model T。

哈佛商學院歷史學家理查·泰德洛（Richard S. Tedlow）在其著作《啟動你的面對力》（Denial）中，例示許多企業領導人未能快速有效地因應變化，亨利·福特在其餘生未能認知到他周遭發生的重大社會經濟劇變。[13] 縱使家族成員指出他忽視的東西，他仍然倔強地堅持他那曾經制勝的車款。結果，在後來的數十年間，通用汽車和其他汽車公司的市場占有率持續增加，福特汽車的市場占有率卻是不斷流失，到了二次大戰結束時，福特汽車公司幾乎瀕臨破產。

如何「知道」該是更換框架的時候了

為學習如何得知該是更換框架的時候，你必須微調你的前瞻心態，你必須變得更善於因應可能在中程及長程的未來發生的種種變

13　Ibid., pp. 17–19.

化，你不僅要能夠提早察覺這些變化的初期徵兆，還要能夠根據這些跡象，敏捷且有效地採取行動。你必須認知到，就算在一帆風順之際，你仍然得保持警覺，總是有一些變化及力量可能在任何時候對你的組織帶來巨大影響，把你的組織高舉在滾燙的火堆之上，甚至把你的組織丟入火堆之中，令你懷悔莫及：「要是我們能更早認知到這個的重要性就好了。」

變化跡象，以及你看出這些跡象且預做準備時的能力，分布於由強到弱的光譜上。在光譜的一個極端，你遭遇明顯的矛盾和卡蘭巴時刻，相當容易看出並希望能做出因應。在光譜的另一個極端，你幾乎無法看出或是完全無視於無可避免的變化和失敗前景，你陶醉於現下的成功，除非你採取預期及因應變化的必要步驟，否則可能會落得像亨利・福特那樣，在已經向前邁進的市場上銷售老舊的車款。有時候，表面上看來一帆風順，事實上，你是在坐以待斃。

沿著這條連續的光譜帶，有種種微弱訊號，但因為你本身現有的偏見與成見，導致你難以辨察到這些訊號（儘管，組織內或組織外的其他人已經明顯看出這些訊號）。這類訊號的典型例子包括：新競爭者進入你的產業；你的組織的高層人員愈來愈擔心新技術或變化（包括看似輕微的變化）對你的組織的核心事業績效造成的影響。有時候，你注意到這些微弱訊號，但你卻對自己說：「沒什麼大礙」。

注意卡蘭巴時刻

顯示你需要重新評估你的現有框架的一種強烈訊號，是卡蘭巴時刻或矛盾的出現：你目前觀察到的一些重要事物似乎和你的現行

方法、信念、模式，或其他框架明顯不一致。

在卡蘭巴時刻，你迎面受到變化的衝擊。例如，你是手機製造商，卻碰到 iPhone 問世；你是傳統的香水販賣店，絲芙蘭美妝連鎖店（Sephora）則以其迷人的「親自試用」新框架吞食你的銷售量。或者，沒人購買你那價格太高、滴漏式的咖啡了，因為隔壁新開一家可供筆記型電腦無線上網的雅座式咖啡館，販售各種美味咖啡。若某個競爭者在你所屬的產業中帶來巨大變化，構成卡蘭巴時刻，你必須密切注意，思考你該如何立即重新檢視你的現行框架，你或許會覺得已嫌太遲，將難以挽回，但在此卡蘭巴時刻，唯有重新思考你的框架，你才能繼續生存、繁榮。

在遭遇矛盾現象時，你可能也會認知到必須重新思考你的現行框架。所謂矛盾現象，指的是你觀察到的多個現象似乎和一或多個你的現有心智模式不一致。

在物理學界，有關於光和物質的性質，曾經存在多年的激烈辯論。17 世紀荷蘭科學家暨發明家克里斯提安·惠更斯（Christian Huygens）創立的一派理論認為，光的作用就像波；英國物理學家暨天文學家牛頓後來提出另一種理論，認為光的作用就像一群粒子。包括尼爾斯·波爾（Niels Bohr）及愛因斯坦在內的知名物理學家的後續研究，發現了和這兩種理論不吻合的新資料，最終得出現在的理論——基本上，光和所有物質都具有「波粒二象性」（wave-particle duality），這理論成為量子力學的基本原理。跟這些傑出的物理學家一樣，我們往往堅持一個理論，直到它不再站得住腳，直到對立的資訊出現，直到我們產生矛盾。

另一個有趣的例子是一個普遍被抱持的理論——基於規模經濟的作用，愈大的企業能夠為消費者提供價格更低、更具競爭力的產品或服務。基於這個理論所得出的假定是：當消費者拿大型的家得

寶（Home Depot）超級商店和小型的本地五金行相較時，他們必然預期類似的產品在家得寶的售價較便宜。同理也適用於大型雜貨店相較於小型的本地街角雜貨店。根據這理論，當你在你的事業裡進行分析時，你可能會發展出一個邏輯理論（你心智中抱持的暫時性假說）：規模愈大隱含價格愈低。但是，這個假說也適用於商業銀行嗎？矛盾出現了：在許多情況下，小型的地方性銀行其實提供更好的服務、特色、彈性，有時甚至為本地顧客提供更實惠的利率，這是因為它們能和顧客親自接觸，取得有關於顧客本人的知識，從而降低違約風險。在這種情況下，你原本抱持的「規模愈大隱含價格愈低」的理論太廣義，因此產生了矛盾，矛盾在向創意招手，要你以更有用的新理論（亦即更有用的新框架）取代原理論。

在這個例子中，一些簡易的新框架可能是：「規模愈大隱含價格愈低，但有時對銀行業例外」；或「對雜貨店及五金行而言，規模愈大隱含價格愈低」。不過，更有見地的新框架也許是：「對於供應鏈中存在規模經濟的有形產品而言，規模愈大隱含價格愈低。」當然，你也許還能想像出幾種其他類似的框架。當你覺察到一個矛盾時，它會引發你修改你的理論，或更可能的是，它會引發你發展出一個全新的理論。

在商界或生活中，當你觀察到「我們在史密斯公司裡的經營方式」或「我們在孟斐斯市向來看待事物的方式」，不再適用於眼前的世界時，很可能就是該尋找一個新框架的時候了。卡蘭巴時刻和矛盾現象是該修改或更換框架的最明顯跡象，你知道必須做出改變，該是在新框架中思考的時候了。

環顧四周，你將會發現，你認識的無數公司或組織最近遇到了這種令人焦急的矛盾境況。舉例而言，世界聞名的大都會歌劇院（Metropolitan Opera）總經理彼得・蓋伯（Peter Gelb）告訴我們，

他在 2006 年 8 月接掌這個位於紐約市的組織時，[14]「痛苦地覺察必須採取大動作」，以應付公司愈來愈棘手的財務困難，使大都會歌劇院變得更迎合廣大的群眾，以便因應歌劇觀眾群年紀愈來愈老的事實。他回想當年，林肯藝術中心（Lincoln Center）的輝煌大廳裡總是擠滿各年齡層的人，蓋伯十幾歲時在大都會歌劇院當引座員。他很震驚於這麼一個舉世最受稱頌、高度創新的文化機構之一，竟然會面臨如此深切、艱難的不確定性，他們做了一切該做的事，提供高品質的歌劇，經常滿座，但卻陷入財務困境。這些挑戰激發蓋伯思考種種力圖增加聽眾的新對策，亦即為大都會歌劇院想出一個有用的新框架。

他努力重新思考大都會歌劇院的演出劇目，產生包括古典和現代歌劇的新穎劇目，有時還引進廣為人知的劇團、電影及舞蹈總監來督導它們，期望藉此吸引新的以及更多樣化的歌劇觀眾群。他也幫助創立大都會歌劇電台（Metropolitan Opera Radio）——24 小時播放的衛星電台頻道，播出大都會歌劇院的現場演出，以及以往的錄音，並且每週在大都會歌劇院的網站上推出現場演出的串流視聽，讓全球各地的人們免費欣賞。蓋伯也開始為大眾提供免費的彩排，並安排時代廣場（Times Square）和林肯中心廣場的巨大螢幕播出該公司的揭幕夜表演，讓紐約市居民或觀光客能夠免費欣賞露天歌劇。

但是，如何發展全新方式來看待大都會歌劇院面臨的問題呢？蓋伯知道，世界各地的歌劇院及其他藝術組織面臨成本升高速度快過票房收入增加速度的困境，尤其是若想維持一般大眾負擔得起的票價的話，很難提高票房收入。這個基本現實導致明顯的預算困難，多數組織的應對方法是以種種途徑來縮減行政及其他成本，提高其

14　有關蓋伯與大都會歌劇院的所有事實，皆取自蓋伯的自傳（http://www.metoperafamily.org），以及 2012 年 3 月的訪談。

他管道的收入（例如來自基金會及個人的捐款）。

蓋伯後來還考慮大都會歌劇院是否能以其他方式來增加票房收入，他和他的同事轉向擴散性思考。設若概略定義總票房收入等於每張票價乘以總座位數，那麼，是不是可以擴增觀眾席？擴增觀眾席，但不縮減座位大小與空間，不像航空公司那樣擠入更多排座位，改採更進步、需要更大努力的新方法呢？

蓋伯推出了絕對堪稱聰明的新框架，他推出「大都會歌劇：高畫質現場轉播」（The Met: Live in HD），把贏得「皮博迪獎」（Peabody Award）和「艾美獎」（Emmy Award）的一系列演出透過衛星傳輸，在世界各地的電影院同步放映，讓數十萬觀眾能夠以遠低於林肯中心多數門票的價格，同步欣賞大都會歌劇院的演出。這些高畫質轉播讓觀眾有彷彿坐在前排的感受，甚至是更佳席位的感受，因為拍攝演出的攝影機可以放大聚焦於舞台上明星及獨唱者，並在合唱時拉遠鏡頭，拍攝整體。現在，「大都會歌劇：高畫質現場轉播」在全球六大洲五十多個國家的一千五百多個戲院播映，平均每場觀眾約 25 萬人，這對觀眾減少、收入銳減的大都會歌劇院來說真是大進補！這些炫目的高畫質現場轉播每年為該公司增加 1,100 萬美元的收入。

幾乎每一個矛盾現象都在對創意招手，是發展新框架來因應它的機會。

也留意微弱訊號

面對眼前的任何刺激，沒有任何兩人的看法或詮釋會完全相同。不論訊號有多明亮或多暗淡，個人和組織本諸其獨特主觀的心

智架構，總是會更清晰、更快速地看到某些訊號，但更遲或更看不清其他訊號。正因如此，你必須製作你自己的「較難察覺訊號」清單，尤其是那些可能跟你、你的組織，以及（或是）你的整個產業最有關聯性的訊號。有了這份清單（我們希望你能持續檢視與修改此清單），你便能細心地掃描它們，在注意到這些訊號開始出現時，可以前瞻性地做出因應。

以下是一些值得留意的常見訊號：

- **價值主張改變**。舉例而言，收取產品溢價愈來愈難。例如，你經營一家豪華巴士公司，你注意到一些新公司推出內部遠較不豪華的巴士，在街上定點接載乘客，並且在線上提供曼哈頓至華盛頓特區單程 19 美元的車資，而你的車資至少 75 美元。或者，相同產品有價格明顯更低的代替版本，例如你是一家書籍出版社，你注意到電子書售價僅僅 3.99 美元，而你的精裝本實體書目前售價 24.95 美元。

- **尚未獲得滿足的消費者或顧客需求**。舉例而言，你的公司製造雷射印表機，目前仍然只生產黑白雷射印表機，但多數消費者已經視彩色印表機為標準選擇。或者，你經營辦公室用品商店，你注意到在 iPad 問世後，市面上尚未出現便宜、具有吸引力的 iPad 護殼。

- **新競爭者、新供應商進入，或是你的直接事業夥伴的業務或產品／服務出現對你構成嚴重威脅的變化**。舉例而言，你是過季特價商品連鎖店 T.J. Maxx，你發現瑞典服飾零售商 H&M 進入這個領域。或者，你是豪華公寓的高檔建商，你仍然從新罕布夏州採購花崗岩，但你的競爭者已經開始從義大利及印度進口品質更好、價格更低的花崗岩。或者，你是索尼音

樂娛樂公司（Sony Music Entertainment），你注意到你曾經為他們銷售歌曲的音樂人如今在線上獨立銷售歌曲。或者，你的終極遊戲公司經營傳統電玩事業，你發現，在你認真考慮行動通訊器材平台之際，你的競爭者全都已經快要推出行動版本的遊戲了。

- **新的突破性技術和（或）產品／服務問市。**舉例而言，你的航空公司只提供經濟艙座位，擠入更多排，使得座位空間小，但你的幾個競爭者提供特級經濟艙，座位較寬敞，椅背可以後仰平躺。或者，你仍然製造及銷售傳統腕錶，但新進的創新公司供應 WiFi 連結的腕帶感應器「Wrist-Pods」，不僅顯示時間，也提供語音辨識的 GPS，並以各種顏色顯示你目前所在地的天氣。

- **你的組織的核心業務績效指標變化。**舉例而言，你的最重要產品之一的季營收突然增加或衰減，你的所有產品類別的存貨長期停滯，或你的今年年營收遠低於去年。我們常喜歡把監控這類指標的挑戰比喻為開直升機：直升機駕駛注意許多不同的儀表指針顯示飛行的重要層面，並且必須保持在期望的數據內。當然，某些儀表比其他儀表更重要，但總的來說，當一個重要的儀表指針超過期望數據時，駕駛必須注意特定問題；若有兩個儀表指針顯示不尋常結果，代表可能有更大的問題影響直升機；若有三個以上的儀表指針不正常，代表可能有緊急狀況。當然啦，經理人必須清楚要監視哪些「儀表指針」，並使之最適化，才能如此操縱；換言之，你必須先知道哪些績效指標攸關重要，你才能開始注意到它們看起來不太對勁，並且採取行動。視你的組織而定，這類「儀表指針」可能是存貨水準、月營收、股價、每週支出、你的網

站點閱率、特定區隔的營收、你的服務人員的利用率、市場占有率、產品型錄索取數量等等。例如，在終極遊戲公司，若你注意到通常銷售量最高的系列遊戲之一的新推出更新版銷售量比預期少 30%，可能該是你重新檢視幾項現行假設的時候了。

- **未獲得滿足的商機及其他潛在機會。**有時候，你可能驚訝地注意到某個東西竟然還未出現於市面或還未獲得滿足，這是商機訊號，你必須以新框架取代你的現行框架。舉例而言，若你是 1970 年代一家傳統電視新聞頻道公司的主管，晚上睡不著，打開電視，納悶：「為何沒有全天候的頻道報導新聞？」你可能決定，應該丟棄「我們在六點鐘時摘要新聞」的現行框架，改採「我們全天候報導所有新聞」的新框架。或者，你為一家巴士公司研擬事業策略，你注意到曼哈頓城外 90 英里處一個新建的賭場外有大批農場及工廠工作者徘徊，他們在賭場玩了一夜後，沒有交通工具可以回家。於是，你可能研判這是不錯的商機，可以為公司開闢一些新路線，包括往返賭場及其他場所的巴士路線。

- **出現具有廣泛顛覆破壞力的事件。**當出現具有廣泛顛覆破壞力的事件發出變化訊號時，可能也會激發你重新檢視你的現行框架。這類事件的例子包括：政府實行新法規；你的產業的所有生產活動轉移至境外；長期乾旱或環境型態變化；總體經濟變化（例如商品價格持續上漲）；社會性變化（例如阿拉伯國家的民主運動盛行）。

- **徵兆、焦慮及（或）直覺。**有時候，訊號可能更微妙或隱伏。例如，你的助理告訴你，你的電話遠比往年更少響起。或者，生產部門的幾位員工提到他們對於工廠窗戶漏水的情形感到

憂心，令你再度憂心組織的整個廠房脆弱性。在終極遊戲公司，你可能聽聞你的一些明星級業務員及遊戲程式設計師對工作愈來愈感乏味。這類擔憂、跡象和察覺，往往是即將發生重要變化、新風險與新機會的重要警訊。

　　當然，這些只不過是微弱訊號的一些例子。在思考影響你及你的組織的未來的種種因素時，你將能夠辨識出許多其他訊號。

　　飛利浦在 1990 年代末期遭遇了這種境況，該公司察覺它生產的咖啡機主要是傳統多杯分量的滴漏式咖啡機，但愈來愈多消費者想煮個人化的咖啡，挑選自己喜愛的特殊口味，感覺他們喝的咖啡是高級、奢侈品。換言之，卡蘭巴時刻尚未出現，也沒有明顯的矛盾現象，但飛利浦開始察覺他們主要發展及生產的是相當標準型的滴漏式咖啡機，但消費者渴望的是具有新特色及可能性的咖啡機。「同時為每一個人供應相同咖啡」的大框架出現了漸趨陳舊的暗示訊號，若不採取行動，假以時日，這些主管可能變成家用咖啡機領域的亨利·福特，在整個產業向前邁進的同時，飛利浦繼續設計和銷售簡單型的咖啡機。

　　所幸，飛利浦快速發展並開始銷售極為便利且創新的單杯式 Senseo 咖啡機，合作對象是莎莉集團（Sara Lee Corporation）旗下歷史遠溯至 1753 年的多維艾吉伯咖啡烘焙公司（Douwe Egberts），這兩家公司（一家咖啡機製造商和一家咖啡烘焙商）開始注意到微弱訊號，決定攜手因應。當 Senseo 咖啡機在 2001 年於荷蘭問世時，咖啡機市場很擁擠、競爭很激烈，咖啡的需求大致上停滯，愈來愈受冷飲和無咖啡因飲料擠壓。[15] 在此大環境下，就算是前瞻如飛利浦這樣的公司，原本大概也不免會看淡咖啡機前景，傾向藉由「大

15　Interviews with Philips executives, and http://www.uselog.com/2010/03/senseo-real-story-behind-coffee.html.

都維持原樣」的創新來跟上競爭，例如只對現有的咖啡機款式增添幾項新性能，或是開發更有效率或更便宜的咖啡機，或者，更極端的做法是：乾脆完全停產咖啡機。

但是，飛利浦辨察到一個相當強烈的訊號：它仍然傾向歷史已久的產品模式，聚焦於生產較昂貴的 DIY 咖啡機，但許多消費者傾向新框架：較不昂貴、但高度個性化且精緻的單杯式咖啡機。

飛利浦採取行動，以它在設計、製造和銷售咖啡機及其他小型家電的豐富經驗，結合多維艾吉伯公司烘焙優質咖啡豆的專長，飛利浦創造出全新的煮咖啡體驗和一個非常成功的新框架。

Senseo 咖啡機的設計工程師辨識出現有咖啡機製造商還未能很有效地因應的幾項重要消費者趨勢，包括：消費者強烈傾向想喝咖啡時才煮，單杯地煮，而不是煮一壺，最終大部分走味而被倒掉；渴望能夠根據自己的口味喜好來煮咖啡。這些設計師也了解，人們希望能快速、有效率地煮咖啡，也希望能有喝泡沫義式濃縮咖啡的奢侈感。Senseo 咖啡機迎合了這一切，讓使用者能夠選擇不同口味的咖啡易濾包（coffee pod），半分鐘內就煮出義式濃縮泡沫咖啡。Senseo 有獨特前衛的外型設計，一開始是漂亮的藍色（現在則有各種有趣的顏色款式），使它有別於眾多咖啡機，一些人讚美它那雅致的外型增添了奢華味。銷售業績也很出色：Senseo 咖啡機售價遠低於多數的義式濃縮咖啡機，零售價格介於 70 美元至 130 美元，視機種而定；[16] 問世後頭四年全球賣出 1,500 萬台，到了 2012 年，仍然是西歐市場這個產品類別中的佼佼者，儘管，這塊市場的競爭程度已經遠較過去激烈。

這故事還沒完呢。世界繼續變化，一些最新觀察到的趨勢顯示，消費者總是想要他們的咖啡是極致的新鮮，還有，儘管人們多數時

16　See http://www.senseo.com.

候想要煮單杯（為了便利性及變化性），但他們有時也想要煮一壺，例如當有客人時。所以，飛利浦再度和多維艾吉伯咖啡公司合作，於 2012 年底在荷蘭推出 Senseo Sarista 咖啡機，並計畫於 2013 年在更多國家推出。只要一個簡單按鍵，這款咖啡機會在煮咖啡前研磨咖啡豆（沒有任何其他的單杯咖啡機提供此功能），符合新鮮度的要求，而且，你可以煮一杯、兩杯或一壺，只需輕觸選擇鍵即可。世界持續變化，飛利浦的咖啡供應也隨之起舞。

印度利華公司——克服卡蘭巴，學會注意微弱訊號

1999 年 8 月，聯合利華（Unilever）資深副總約翰・雷普利（John Ripley）面對聽眾，做出他的演講結論：「學習流程引領我們的公司在全球各地再次自我改造，我們不再是一家滿足特定客群的公司，我們是一家為所有人提供產品與服務的公司。我們檢視眼前的新市場及新商業模式時，詢問的問題不是我們該不該競爭，而是我們該如何競爭。」下了講台，他省思近年間發生的一切。[17]

聯合利華在印度的子公司印度利華（Hindustan Lever Limited）在那些年間省思當企業主管未能充分覺察微弱訊號時，可能會發生什麼境況，以及如何從這境況復原的最佳實務例子。以極其著名的「浪花」（Surf）洗衣粉品牌為首，印度利華到了 1965 年時已經壯大到稱霸印度的各種消費者產品市場，光是洗衣粉市場就擁有高達 70% 的市占率。起初，印度利華的競爭對手並不是另一個洗衣粉品

17　大部分有關印度利華與「努瑪」之事實、其執行長與高階主管的引語與其他聲明，來自案例研究 "Hindustan Lever Limited: Levers for Change," INSEAD-EAC, Fontainebleau, France, 2002。但此處的引語則來自案例研究 "Hindustan Lever Reinvents the Wheel," IESE-International Graduate School of Management, 2003。

牌，而是印度人使用肥皂塊洗衣的傳統方法，為鼓勵人們改用洗衣粉，印度利華建立銷售員網絡，這些銷售員前往全印度各地，向人們展示如何使用洗衣粉，說明洗衣粉相較於肥皂塊的容易性。此外，印度利華也推出強勁的全國性廣告活動。多年來，印度利華在印度的高級洗衣粉正規業者（organized sector）行列中稱王，它幾乎不去注意或擔心更廣大低階市場中那些缺乏大公司資源、產品品質較差的非正規業者（unorganized sector）。

1970 年代，競爭來自一個意料之外的對手：效率較差、但遠遠更便宜的洗衣粉品牌「努瑪」（Nirma）。創業者卡桑拜・帕特爾（Karsanbhai Patel）在自己家中研發出的「努瑪」洗衣粉，售價只有「浪花」洗衣粉的三分之一，儘管未添加香精，也不會在洗衣時增艷或柔軟衣服，卻快速受到市場歡迎。努瑪品牌沒有強大的銷售團隊或組織（早期的訂單由帕特爾自己騎腳踏車遞送至各商店），其成長全靠口碑和簡單的廣告與促銷，該公司藉由指派銷售商為抽佣代理來避繳營業稅，最終發展出使用小貨車、繼而使用卡車的遞貨系統，遠比印度利華在全國廣設銷售代理商的做法更為簡單。

努瑪洗衣粉極其暢銷，到了 1977 年，已經成為印度第二大品牌的洗衣粉，銷售量僅比浪花洗衣粉低三分之一，市場占有率12%，僅次於浪花的 30.6%。

伴隨成長，努瑪的幾個策略層面依舊迥異於印度利華。浪花洗衣粉的外包裝是製造成本較高的高級紙盒，黃色粉狀的努瑪洗衣粉以廉價人工裝在塑膠袋裡。努瑪洗衣粉的暢銷也得力於其創新的行銷標語，有別於許多其他洗衣粉家庭工業製造者使用印度婦女肖像的商標設計，帕特爾以他女兒的肖像設計了一個商標，再加上一句令人難忘的廣告標語——「努瑪把衣服洗得白淨如牛奶」（Nirma washes clothes white as milk），這廣告標語在印度全國各地變得家喻

戶曉，琅琅上口。

努瑪洗衣粉的許多忠誠顧客是較不富裕者，他們從未使用過浪花洗衣粉，直接從不便利的肥皂塊轉換使用品質較差、但較便宜且比肥皂成效更好的黃色努瑪洗衣粉。

好長一段時間，印度利華並未注意這個新威脅，該公司認為它的潛在顧客是較富有的印度消費者，因此並未立即去提防這個低成本競爭者，這種情形常發生於在新興市場做生意的公司身上。努瑪就在印度利華的眼前，但因為沒有出現卡蘭巴時刻，面對努瑪在市場上的不斷成長，印度利華有多年期間不以為意，沒有採取任何行動。1977 年，印度利華當時的行銷總監辛努‧森恩（Shunu Sen）終於注意到努瑪持續成長的市場占有率，致函給在亞美達巴德市（Ahmedabad）的印度利華品牌經理，要求提供有關於努瑪公司的資訊，據報，那位品牌經理怒氣沖沖地回覆：「你以為我會認得亞美達巴德這裡生產的每一項垃圾產品嗎？」*

在當時，印度利華的領導人對公司的市場地位太有信心了，以至於他們未能領悟努瑪在洗衣粉市場上持續壯大的可怕地位。1977年至 1985 年間，努瑪的銷售量達到 49% 的複合成長率，到了 1985年，努瑪洗衣粉一年銷售量 20 萬噸，市場占有率高達 58%，反觀浪花洗衣粉的市占率已滑落至 8.4%。但嚴重的是，印度利華仍然未能深切領悟，只因為該公司的市場情況仍然不錯，印度利華仍然認為它的核心市場是富有的印度消費者，浪花洗衣粉的銷售量及營收仍繼續成長，為公司挹注獲利。可以說，印度利華當時未能覺察事後看來很明顯的微弱訊號：印度較低所得階層的消費者產品市場快速成長，努瑪逐漸主掌此市場的洗衣粉銷售量。印度利華繼續抱持其既有策略與展望。

---

* 　譯註：努瑪公司總部位於亞美達巴德。

但 1986 年，努瑪公司進一步挑戰印度利華曾經稱霸的市場，該公司宣布，它正在測試一種新的洗衣皂，將直接和印度利華在市場上領先的 Rin 洗衣皂競爭。努瑪開始行銷這款新的洗衣皂後，據報，印度利華的行銷總監森恩承認失敗：「我們把消費者和獲利輸給他（指帕特爾）了。」在逃避眼前警訊與事實多年後，努瑪構成的威脅使印度利華更難以否認，該是它丟棄舊框架的時候了，這個老舊過時的框架只聚焦於富有的印度消費者；只聚焦於生產有品質的產品，而非更低廉的產品；只使用龐大、高成本的全國性銷售團隊。印度利華得換上可以攔阻努瑪公司攻勢的新框架。

這卡蘭巴時刻一出現，印度利華便緊急切換至更高檔，它藉由改變包裝（從紙盒換成塑膠袋）和簡化通路來降低成本，推出全國性廣告，說明含量為努瑪洗衣粉兩倍的浪花洗衣粉實際價格更接近努瑪洗衣粉。該公司也使用一種創新方法，根據原料可得性和其產品在印度特定地區的銷售潛力來決定在何處設立新廠。帕特爾向來仰賴低廉勞工為努瑪創造成本優勢，印度利華跟進使用此方法，在這些最適設廠地點設立小型的第三方製造廠，這些製造廠每一個都是獨立承包商，僱用當地勞工，因此也能減少高成本的勞資糾紛。

印度利華調整其研發聚焦，探究不斷成長、較不富有的印度消費者的需求，推出低價洗衣粉品牌「惠爾」（Wheel）。該公司在廣告中區別惠爾洗衣粉和努瑪洗衣粉，宣稱惠爾洗淨力更強，泡沫更多，且不傷衣、不傷手。印度利華也重新推出 Rin 洗衣皂，打廣告宣稱 Rin 產生的泡沫多於努瑪的洗衣皂，因此實際上更便宜。很快地，這些行動使印度利華成功地在低價市場和努瑪競爭。或許是這次教訓使印度利華改善了它對競爭的警覺力，當寶僑公司（Procter & Gamble）在 1990 年以高檔洗衣粉品牌「碧浪」（Ariel）進軍印度時，印度利華立即積極反應，增加浪花洗衣粉和 Rin 的廣

告，並透過快速產品發展方法，推出品質更高、價格較貴的「極致浪花」（Surf Ultra）洗衣粉。極致浪花是更濃縮的洗衣粉，只需少許用量，就能產生強洗淨力。了不起的是，印度利華把以往得花兩年的產品發展方法縮減至只花四個月就完成，產品的實驗室測試、包裝設計與製造、推銷材料的製作、香味打造、行銷測試、生產作業及通路模式的建立，全都在這四個月期間同步進行，高度協調。

這些快速行動使印度利華大獲勝利，新的產品發展、行銷、製造、通路方法——這些高明的新框架正是該公司阻截碧浪洗衣粉市場成長所需要的武器。1992 年，高級濃縮洗衣粉占印度整個洗衣劑市場的 11%，印度利華取得了 7%（Rin 濃縮肥皂取得 3%，極致浪花洗衣粉取得 4%），寶僑公司取得 4%，同時，印度利華在整個洗衣劑市場的總值占有率從 39% 提高至 42%。或許，更重要的是，印度利華學到了寶貴教訓：必須保持敏捷的策略展望，預期及注意微弱訊號，並據以快速行動，不能坐等最明顯、激烈的卡蘭巴時刻出現。教訓使印度利華決定，整個組織向前邁進的主題是「敏銳」：保持「行銷敏銳力，通路敏銳力，技術敏銳力」，以掌控競爭情勢。當時的印度利華董事會主席達塔（S. Datta）說：「當我們提出一個新願景時，我們必須檢視我們的架構及流程是否能配合這個新願景，若我們的現行模式阻礙我們的抱負，我們必須改變這些模式。」誠如約翰·雷普利所言，印度利華如今是一家為所有人提供產品與服務的公司，不是只針對一個特定客群；問題已不再是印度利華該不該競爭，而是該如何競爭。

廣開眼界——縱使成功了，也要持續懷疑與改變

我們常請客戶做一個反直覺的思考：若你是一家完美公司的執行長，這家公司的營運一流，每個人和每件事都以完美效率運作，公司每年的營收及獲利優異，試問，身為執行長的你要扮演什麼角色？許多人回答：「繼續做你在做的事！」或是：「輕輕鬆鬆，什麼都不用做。」若身處一個一成不變的世界，或許可以這麼做，然而，從追求強烈但可持久的創造力的角度來看，我們的答案是：身為執行長，你的角色是不斷重新評估事物，持續幫助你的公司研判接下來該實行哪些新框架，以及何時開始實行。就算你的創造力使你產生了種種很有價值、改變賽局的新框架，就算你剛歷經尤里卡時刻，推出非常賺錢的新產品，你仍然得繼續奮鬥。想要在成功之下生存，其挑戰性並不亞於追求成功。

換言之，縱使你未遭遇明顯的矛盾現象或卡蘭巴時刻，縱使你未看到任何微弱訊號，你仍然得盡全力廣開眼界。縱使在一帆風順之時，你仍然是脆弱的。

以創意和創新聞名全球的主廚暨創業者弗朗·亞德里亞（Ferran Adrià），掌理鄰近西班牙巴塞隆納的鬥牛犬餐廳（elBulli），這家在不久前歇業的餐廳連年得獎，是全世界最受推崇的餐廳之一，也是最難訂到座位的餐廳之一。[18] 在風景優美、設計優雅的濱海餐廳裡端上別出心裁的食材組合（想像：海藻鬆餅，或是南瓜子花生燉飯配番紅花果凍佐咖哩），為亞德里亞贏得無數讚美與獎項。鬥牛犬餐廳只供應晚餐，每晚只接待 50 位賓客，每年只營業六個月，這原本是季節性使然，但縱使亞德里亞後來能輕鬆應付天天營業，

18　Marcel Planellas and Silviya Svejenova, "Creativity: Ferran Adrià," ESADE Business School, May 2006.

他仍然堅持這樣的營業時間安排，好讓他能經常翻新他的「框架」。在營運的最後幾年，每年有 200 萬人爭取前往這家餐廳用餐的機會，只有 8,000 人能搶到。[19] 2007 年，英國專業美食雜誌《餐廳》（*Restaurant*）評選鬥牛犬餐廳為「全球最棒的餐廳」。

除了餐點品質，亞德里亞及其同仁的聲譽，有很大部分得歸功於他們源源不絕地推陳出新的創意和不斷重新評估如何發展及改進這個餐廳事業。或者，我們傾向這麼說：亞德里亞擅長我們的五步驟創意流程的步驟 5，持續不斷地重新檢視他和他的同仁用以經營事業和塑造其未來的心智模式（框架）。除了細心研究及嫻熟烹飪學（以及廚師可用於準備、結合及呈現各種食材的廣泛方法），亞德里亞及其同仁也經常舉行團隊創意會議，產生種種新烹飪點子、新上菜方法、新菜色，甚至為餐廳使用的廚具與餐具提出新概念。

但亞德里亞及其團隊並非只是為「我們是一家餐廳」或「我們是舉世最棒的餐廳」的大框架填入創意點子，亞德里亞想必知道，這家餐廳及其餐點背後的點子再棒，也只能令人們感興趣一段期間，因此，他也致力於拓展、且不斷重新檢視組織的整體願景和商業模式。在談到他及鬥牛犬餐廳的基本策略時，亞德里亞說：「首先是求生存，其次才是追求創意自由。」[20] 為了支撐事業，他創立一家外燴公司，一家幫助飯店旅館及其他公司發展新餐廳及新烹飪概念的顧問公司，以及一家出版公司，專門出版內含大量彩色照片介紹烹飪法的書籍（其他出版社不願出版的書籍）。

亞德里亞在 2010 年決定讓鬥牛犬餐廳歇業。[21] 他告訴《時代》（*Time*）雜誌：「我的職責之一是展望未來，我可以看出我們

19　Julia Hanna, "Customer Feedback Not on elBulli's Menu," *Working Knowledge*, Harvard Business School, November 18, 2009.

20　Ibid.

21　M.S., "Creativity and Business Studies: From Liquid Raviolis to Illiquid Businesses," *Economist*, October 27, 2011.

的舊模式已經走到了盡頭⋯⋯該是思考下一步的時候了。」[22] 在 2011 年的歇業招待會上，他告訴與會的媒體人員及無數知名廚師：「我弟弟亞伯說我們必須殺了怪獸⋯⋯我說：『不，我們必須馴服牠！』」[23]

本諸重新評估與轉型、而非死亡與結束的精神，亞德里亞宣布計畫把這餐廳改成一個國際性廚藝創意中心，並創立一個非營利基金會，讓這個事業繼續走下去。為了找到一個可永續的模式，他贊助一項企管碩士個案研究競賽，徵求包括艾賽德（ESADE）、哈佛、柏克萊、哥倫比亞、倫敦在內的各商學院學生提案。[24] 亞德里亞以其典型作風，徵求各界提出該如何設立基金會的構想，期望這個基金會不僅能以最佳實務為基礎，也能促進創意與創新。前鬥牛犬餐廳創意團隊成員卡里斯・阿貝朗（Carles Abellán）曾這麼描述亞德里亞的強烈好奇心和持續不斷收集、檢視與重新檢視創意的作風：「他總是要求我質疑每個東西，重新思考每個東西⋯⋯他的要求之一是：有興趣去了解每個東西背後的『為什麼』。」[25] 附記：百事可樂公司在 2011 年中宣布和亞德里亞建立一個新的創新夥伴關係，亞德里亞將和百事可樂公司合作，為食品創新發展新方法與概念，尤其聚焦於更健康的食品、早餐選擇等等。[26]

我們五步驟創意流程的步驟 5，其本質就是要你不斷地詢問「為什麼？」，要你懷疑現狀，思考你目前為何成功（而不是以為這成功將永遠持續），冒新的風險，或許，更重要的是，就像亞德里亞

22　Lisa Abend, "What Will the World's Best Restaurant Become Next?" *Time*, February 18, 2010.

23　Lisa Abend, "The Night elBulli Danced: The World's Most Influential Restaurant Shuts Down," *Time*, August 1, 2011.

24　M.S., "Creativity and Business Studies: From Liquid Raviolis to Illiquid Businesses."

25　Ibid.

26　http://www.pepsico.com/PressRelease/PepsiCo-and-Worlds-Greatest-Chef-Announce-New-Innovation-Partnership06162011.html.

不斷探尋新可能性及方法那樣，擴展你的學習，學習如何接受及超越無可避免的失敗。

我們的一位友人跟我們分享下面這個有趣的軼事。他最近看到一家辦公室用品公司的一群員工聚在一起熱鬧慶祝，喝香檳，吃開胃小菜，我們的這位友人問他們慶祝什麼，他們當中的一位高階主管解釋：「我們正在慶祝一個計畫失敗了。」當被要求進一步說明時，他解釋，這意味著他們仍然是一家還可以繼續冒創意風險的公司。

據《華爾街日報》報導，葛瑞廣告集團（Grey Group）的紐約分公司為鼓勵員工創意冒險，最近開始頒發「英勇失敗獎」（Heroic Failure），以表彰那些雖然失敗、但展現了敏銳靈感和突破傳統手法企圖的高度冒險創意行動。亞曼達·佐登（Amanda Zolten）是紐約葛瑞廣告公司的資深副總，她和她的團隊想爭取一家貓砂公司成為客戶。為了讓客戶留下深刻印象，她決定冒險。佐登把她的貓咪露西貝拉的糞便埋入此客戶公司生產的貓砂盒裡，把貓砂盒放在和客戶開會的會議桌下，整個會議中，此客戶公司的與會主管無人聞到氣味，直到會議結束時，佐登才告訴他們，會議桌下擺了貓砂盒。一聽此言，兩位主管奪門而出。雖然還不知道他們是否贏得這個客戶，但佐登的上司已經把當季的「英勇失敗獎」頒給佐登，表彰她的非凡冒險。[27]

為了跟上變化腳步，*為了走在別人前面，你必須冒險，為求

---

27 Sue Shellenberger, "Better Ideas Through Failure," *Wall Street Journal*, September 27, 2011.

* 跟上變化腳步，不僅是為了推出好的創新，也是為了維持你目前的好成果或好表現，誠如義大利作家蘭佩杜薩（Giuseppe Tomasi de Lampedusa）在其死後才出版的著作《豹》（*The Leopard*）中的主角法爾康納利（Tancredi Falconeri）所言：「為維持現狀，一切必須改變。」

成功而願意失敗，學習辨識何時必須以新框架換掉現行框架。不是每個新點子都會成功，但這不要緊，事實上，產生新點子固然美妙，知道何時該調整現行框架或是再度使用一個舊框架，可能同等寶貴。

身為終極遊戲公司的高階主管，你必須經常重新評估最近挑選與實行的新點子，看看它們是否仍然有效且可持續。你必須檢視聚焦於娛樂事業的銷售人員的業務發展；你必須檢視治療注意力不足過動症或其他學習障礙的遊戲產品研發狀況，同時還要留意診斷與治療方法的新資料。你必須掃描競爭者（包括電玩公司，以及瞄準學習及其他障礙的教育性質和保健性質公司）的活動，以得知它們是否在仿效你的新框架，或是提出它們自己的新框架。你必須分析周遭世界的重要趨勢，以研判你是否聚焦於正確的新領域，以及你是否也應該開始考慮其他市場區隔和新的創新方向。你甚至可能得重返你先前在擴散性思考和聚斂性思考階段產生的點子清單，檢視先前被否決、但未來或許值得考慮的概念。

最重要的是，在步驟 5 確保你的持續創意流程是歸納性思考流程，考慮複雜性及重要的不確定性。保持警覺，留意你可能失敗或落後的狀況，在這些狀況發生時辨察它們，傾聽你的直覺告訴你，你所屬的產業即將發生什麼變革。不過，光有這些警覺提防還不夠，想要在成功之下繼續生存，你也必須經常重返擴散性及聚斂性思考流程——實際上，應該是重返本書介紹的五個步驟，而非只是把去年的計畫再拿來推行一遍，「研判」（或只是冀望）你的營收將再度成長 10%。

我們認為，身為領導者或經理人的你，應該獎勵提出有趣疑問和挑戰現狀者。至於你本身，則應該盡可能地敞開眼界與心智，去

看待和思考恆常且必然的變化之流、新願景、新概念、新趨勢，以
及無限可能的新框架。

CHAPTER
8

從靈感到創新——建立新的大框架，並在其中填入點子

你能夢到，就能做到。
——華特・迪士尼 Walt Disney

　　想像你穿上有翅膀的特殊裝備，就像希臘神話裡的伊卡魯斯（Icarus），你能展翼翱翔，安全地降落在你想前往的目的地。這有可能發生嗎？你必須改變你的哪些觀念，才能使你向來認為根本不可能發生的事現在突然變得有可能？

　　2012 年 3 月，瑞士的大膽冒險者雷・莫朗（Remo Läng）穿著翼形服，從瑞士韋比爾（Verbier）滑雪勝地上空兩萬多英尺高處飛行中的飛機上，以自由落體方式跳出，飛行 16 英里，越過瑞士阿爾卑斯山脈，七分鐘後降落在義大利奧斯塔谷（Aosta Valley）。[1]

1　"Remo Laeng, Swiss Base Jumper, Becomes First Ever to Cross a Mountain Range in a Free Fall," *Global Post*, March 10, 2012, http://www.globalpost.com/dispatch/news/regions/europe/120310/remo-laeng-swiss-base-jumper-becomes-first-ever-cross-mountain-r; and "Swiss 'Birdman' Flies Across Alps in Free Fall," Reuters, March 10, 2012, http://uk.reuters.com/article/2012/03/10/us-swiss-freefall-idUKBRE8290FJ20120310.

資料來源：Marcel Kuhn and Remo Läng，**取得授權使用。**

　　雷·莫朗躍出飛機的高空氣溫是華氏零下五十幾度，墜落速度超過每小時 300 英里，越過一萬四千多英尺高的大孔賓山（Grand Combin）頂峰。據說，這是世界史上首次有人只穿著翼形服飛過山區。

　　雷·莫朗如何想到只穿著一件翼形服就可能以時速數百英里飛過危險的岩石山區？他如何從恐懼切換至信心？在同意嘗試這獨飛創舉之前，他的心智究竟是如何運作的？

　　用我們的理論來說，他首先必須從「人類無法自行飛翔，這是不可能做到的事」這個舊框架轉變為「人類當然能飛翔，為何不能？」這個新框架。*在他的思維做出這個大轉變——從「不可能」這個很大的框架，轉變為「可能」這個很大的框架——之後，他就能開始創造稍微小一點、但仍舊是相當大（且同樣樂觀）的框架，

---

*　記得：你創造的任何一個框架都是現實的**簡化**或縮版，是你的心智創造出一個新類別或概念或展望，嘗試用來了解你眼前的世界。「不可能」的想法是一種簡化，「可能」的想法也是一種簡化，當你在這兩者之間切換時，你其實是從一個現實的快照轉變至另一個快照。

例如：「人類能夠像鳥那樣地自行飛翔」，或：「人類能夠如飛機般地自行飛翔」。

當然，這些觀念的轉變全都不是完美的假說，至少一開始都不是。飛機的飛翔方式不同於鳥的飛翔方式，穿著翼形服的人類也無法以相同於飛機或鳥的方式飛翔，事實上，工程師在發展讓飛機能夠飛的機翼和其他技術時，盲目地模仿鳥的身體和空氣動力學，對他們並無助益，例如，他們花了好些時間才理解到，幫飛機安裝了能拍動的機翼（如同鳥的翅膀能拍動），這樣的飛機根本行不通！所以，實際上，飛機不是、也不能是鳥的複製品。同理，大砲並不是石弓的改進版本，燈泡不是蠟燭的改進版本。

記得，創造新的框架——尤其是這類改變模式的新框架，是一段尋求自由、再尋求更多自由的歷程。當首先發展出一個框架而引領出發展飛機構想的工程師說：「用飛機來飛行是可能的事」時，他們便可以開始自由地思考「飛機能像鳥那樣地飛」這個概念。但他們也必須丟棄他們原本的假說，才能發展出一種許多人會同意去搭乘及飛翔的交通工具。

同理，雷・莫朗及其他的大膽冒險者看到「人類能夠像鳥那樣地自行飛翔」或「人類能夠如飛機般地自行飛翔」的吸引力和一些實際可能性後，他們便能使用這些新的大構想（大框架），進一步去想像及實驗種種實現它們的新方法。雷・莫朗及同領域的其他人受限於一些工程與物理學的核心原理（鳥和飛機的飛行皆遵循這些原理），但他們也得挑戰一些現有概念與法則之後，最終才能研判出製作一件翼形服是最具吸引力且可行的方法。

雷・莫朗和其他人發展出「人類可以使用翼形服來飛行」的新核心框架，並且改進技術以做到盡可能安全有效之後，他們便可以自由地設想他們能做的種種翼形服飛行之旅。這些後續的驚險表演

點子，例如「我可以從公立紀念館或紀念塔跳出去飛行」，或「我可以從舉世最高的摩天大樓之一的窗戶往外跳出去飛行」，或「我可以搭飛機至白雪覆蓋的瑞士山區高空往外跳出去飛行」，只是另一個更小的框架，用以填入「人類可以使用翼形服來飛行」的大框架。

　　框架有形形色色、大大小小，你可以在一個較大的框架中填入幾乎無數的更小框架，近似層層套疊的俄羅斯娃娃。

　　開始使用我們的五步驟創意流程後，你很快就會發現這種大框架內可以填入中框架，中框架內可以填入小框架的情形。伴隨你創造愈來愈多「框架內的框架」，它們會引領你產生更多的聚焦目標和更多有用的點子。*

　　在這些不同層次的框架中創造更多較小的框架時，你必須使用我們的五步驟流程，不斷地重新檢視與修改你的思維。每當你創造出另一個核心框架時——或是在一個框架裡創造出另一個框架時，你至少做出了一個觀念的改變（通常是做出多個觀念的改變），這些改變是創意的燃料。

　　在本章及探討情境規劃的下一章，我們將敘述我們在商界看過的一些「在新框架內思考」的最實際應用。第一個應用就是前述所謂的「核心框架」，組織常問我們：「我們的下一個大事件將是什麼？我們如何更廣泛地利用我們的品牌價值？我們未來應該把心力聚焦於什麼？我們該如何創造一個新的大願景？」

　　在應付這類課題而建立一個新框架後，可能會引領出策略的大改變或是較微妙的改變。有時候，一個新框架雖和原框架密切相關，但這個新框架把組織推向其領域中的新事業或新方位，例如，米其

---

*　最終，你將會進入區分開來的個別但相關的創新流程中：你和同事針對一個特定框架——例如某個點子或流程改進或應用，並繼續這種在框架中創造框架的流程，直到你們把點子化為現實，並在日後繼續改進它。

林（Michelin）和 IBM 轉變至新框架的路徑，是從產品或技術方位轉向服務或解決方案方位，但並未丟棄原有的核心產品或技術。輪胎製造商米其林把它的大框架改變為「道路安全專家」，使該公司變成美食及旅遊指南的出版商；IBM 改變其大框架後，跨入提供解決方案的顧問服務事業領域。它們的例子顯示，建立新框架可資補充核心事業，必要時，可以取代核心事業。

不過，有時候，在新框架內思考指的是更徹底地修改一個框架（以及公司的性質）。例如，食品業巨人達能集團（Danone）大大修改該公司的自我定義，從「美味」導向的願景改為「有益健康」導向的願景，在徹底改變其基本策略展望後，該集團把啤酒、餅乾、調味料等事業賣掉，開始專注於嬰兒食品、優格和其他的健康食品線。

蘋果公司原本是個人電腦製造商，後來利用其專長，擴展至多媒體事業，起初並無明顯理由去挑戰索尼及其無所不在的隨身聽，但在蘋果公司創造了一個新框架，從「懂電路及位元的多媒體公司」這個不同的透鏡來看待自己後，發展數位音樂播放器的構想就變得完全合理了。這種模式的轉變凸顯了顧客研究能提供的助益有限，顧客研究仍有其價值，但不夠。賈伯斯曾說：「若顧客從未見過稍稍類似的這種東西，他們很難告訴你他們想要什麼。」[2] 他當時指的這東西，是電腦上的視訊編輯，但這句話也適用於 iPad 或 iPhone。*

在建立了一個新的大核心框架後，你可以再使用五步驟創意流程來創造填入此大框架內的較小框架，就像 BIC 在其「可拋棄式物

2　Steve Jobs, "Apple's One-Dollar-a-Year Man," *Fortune*, January 24, 2000, http://money.cnn.com/magazines/fortune/fortune_archive/2000/24/272277/.

*　亨利・福特常被引述說過類似的話，例如「要是我問人們想要什麼，他們會說他們想要更快速的馬匹」。但根據派翠克・夫拉斯柯維茲（Patrick Vlaskovitz）的研究，亨利・福特其實沒說過這樣的話。

件」的新框架裡填入打火機和刮鬍刀。這包括使用五步驟流程來想出大量的新點子，幫助實行一個更大的使命或策略願景。

常有人問我們：「我們的產業裡已經好一段期間未出現令人興奮的創新了，我們怎樣可以成為推出這種大創新者？」或是：「我們的競爭者發展出各種新的商業模式及產品，我們怎麼辦？」或是：「我們發明出一種很棒的新技術，我們可以發展哪些能較快且較容易推到市場上的應用？」

在這類情況下，我們的做法是針對一個較大的框架，幫助組織想像能填入其中的較小框架。

舉例而言，想像一個假想的快樂咖啡公司，該公司的一群主管說：「我們是世上最棒的連鎖咖啡店之一，我們要如何在我們的店裡賣更多的咖啡呢？」他們可能立即想出種種新的咖啡相關產品點子：產自世界各地的咖啡（峇里島咖啡、瓜地馬拉咖啡、通布圖咖啡……）；烘焙度不同的咖啡（超深烘焙、極淺烘焙……）；加味咖啡（豆蔻口味、波本奶油口味、辣椒口味……）。這種腦力激盪也許能產生一個幫助他們賣更多咖啡的新點子。

但是，這種腦力激盪其實是試圖在現有框架的框外思考，就快樂咖啡公司而言，這個現有框架是：「我們是賣咖啡的」。

現在，設若這其中有位主管先提出一個疑問：「快樂咖啡公司究竟是一家怎樣的公司？」若這些主管使用五步驟創意流程，對此疑問提出種種出乎意料的回答，他們可能會想像出怎樣的新產品與服務？也許，他們針對這個疑問，提出了很多回答，在思考後否決了其中一些，並針對其他答案做進一步修改，最後決定使用其中的幾個大框架來激發新產品及服務的點子，這幾個大框架可能是：「快樂咖啡店是世上最大的辦公室」，或：「我們租用大量的房地產」，或：「快樂咖啡店是雅痞總部，是年輕人和富裕者暫時離家的去

處」。

在想出這些大框架後，這些主管便可開始想像各種真正有新意的產品與服務點子，而不是和現有產品與服務「大致相同」的東西。舉例而言，在「快樂咖啡店是世上最大的辦公室」這個新的大框架下，他們可能想到在快樂咖啡店裡提供 Skype 形式的視訊會議服務、文件掃描服務、隨需列印服務、iPod 及其他隨身器材的充電服務、甚至設置隔音會議室。這些主管可以針對每一個新的大框架來想像各種可能的新產品與服務。事實上，我們最近讀到一篇報導，莫斯科有家名叫「Tsiferblat」（英譯為 Clockface Café）的咖啡店，按顧客在店裡待的時間長短收費，店裡的飲料、點心、列印服務、WiFi 等等，全部免費。

任天堂一開始是一家製造花札紙牌的公司，它如何演進成全球知名的高科技電玩遊戲機（終極遊戲公司的創辦人小時候大概玩過）和遊戲軟體與應用程式開發公司呢？蒂芙尼（Tiffany & Co.）如何從一家文具公司轉變成銷售高級珠寶？樂金集團（LG）原本是一家化學業製造公司，它的領導人的心智模式如何轉變，使他們決定這家公司應該變成現今這個創新的高科技家電、電子及行動通訊器材公司？這些公司的轉變是因為思考新框架，若非它們的領導人先顯著修改他們的一或多個基本假設，它們不可能出現如此徹底的轉型。

在這些領導人大大修改了他們的基本假設後，他們便得以自由地創造新框架，也許，他們創造的新框架立刻合理，或者，更常見的情形是，新框架再激發了幾個填入其中的新框架，甚至又進一步激發更多較小的新框架。*

---

* 尤里卡時刻可能出現於創意流程的前面階段（例如經由發展出非常富有想像的公司新願景，立即激發產生出色的新產品點子，BIC 公司的情形就是一例），也可能出現在創意流程的較後面階段（例如法國郵政公司的例子），甚至可能在你歷經一回合、兩回合或無數回合的五步驟創意流程後，才出現尤里卡時刻。

當然，舊的創新創意模式也可能產生一些不錯的點子，若任天堂的主管只是提問：「我們是一家製造花札紙牌的公司，我們應該考慮做點新的東西，該做什麼呢？」也許他們會成功想出一些新點子，但更可能的情況是，他們會繞著「我們是一家製造紙牌的公司」這個現行框架打轉。他們將會陷入他們的舊偏見與假設的牢獄裡，這是他們過去思考任天堂這家公司時行得通的思考模式。

五步驟流程遠遠更有助於改變你的思維，它始於最重要的懷疑流程，懷疑你的最重要框架（「任天堂到底是一家怎樣的公司？」「何謂遊戲？」「怎樣的小孩會想要我們的產品？」），這將使你擺脫束縛，產生 Wii 或最暢銷的「超級瑪利歐兄弟」（Super Mario Bros）之類的制勝點子。*

如同我們在步驟 5 所言，持續不斷地重新檢視你的舊框架，讓你的觀點得以演進，這是延續創造力的最佳途徑。

芝加哥公立學校──從警戒到預防

在一些情況下，觀點的改變可能攸關生死。

擁有超過 40 萬名學生的芝加哥公立學校（Chicago Public Schools, CPS）體系面臨許多嚴峻挑戰，但這其中最急迫的挑戰，莫過於每年遭槍殺的學生數目多得嚇人。2007 至 2008 學年，有 211 名 CPS 學生遭槍擊，其中 23 人死亡；次一學年，遭槍擊的學生增加至 290 人，32 人死亡。兩年間有五百多名學齡小孩遭槍擊，五十

---

* 我們總是提醒人們，成功很容易把你領向失敗或滅亡，在成功之下，你必須繼續使用五步驟流程，不斷地重新評估你的框架，修改它們，或是以新框架取代它們。任天堂的 Wii 遊戲機雖取得巨大的初步成功，但該公司近年遭遇愈來愈大的競爭，尤其是那些為平板電腦、手機和其他個人數位助理（PDA）器材設計遊戲和應用程式的開發商。

多人死亡！這些槍擊事件不是發生在校區，其中 35% 發生於暑假期間，33% 發生於週末和學校放假日，撇開這些，仍然有不少學生在上學或放學途中遭槍擊，使得許多學校瀰漫高度恐懼氣氛。

芝加哥應付這種暴力現象的既有策略是**警戒**，基於許多這類槍擊事件可能是流氓幫派所為的假設，持續多年的傳統智慧之見認為 CPS、芝加哥警方和整個社區必須提高警戒，建立改進的保全基礎建設。於是，大量人手和經費投入於在高犯罪區裝設監視器、增加警衛等等。

這些措施當然有幫助，事實上是很重要，但在槍擊事件和死亡人數上升之下，CPS 的領導人開始懷疑這些措施夠不夠，他們思忖：「我們是否應該想出更有創意的方法來保護我們的學生？」

CPS 和 BCG 芝加哥分公司合作，完成了這項重要任務。我們全都了解，這些領導人以及其他城市的學校領導人必須先改變他們的觀念，才有可能想出創意的新措施。他們長久以來的心智模式聚焦於加裝監視器來嚇阻犯罪者，我們和他們合作時，開始更聚焦於**預防**，亦即如何使學生避開傷害。

在研究這五百多件槍擊案的大量資料後，我們和這些高層共同研議方法，辨識處於危險中的小孩，**防患於未然**。針對每一件先前的槍擊案，我們思考：這發生於何處？何時？發生於怎樣的地區？我們檢視每一個受害人的背景及其他資料：年齡、性別、種族、家庭狀況、學校出勤紀錄、學業成績、是否曾受過學校懲戒、就讀學校類別（一般學校、特許學校，抑或矯正輔導類學校）。最終，我們總計檢視取自廣泛資料來源的五十多項因素，用這些因素來分析總計約 11 萬名高中生。

我們開始建立一個新的暴力防範模式，根據的概念是：若能夠確實預測哪些學生最有可能遭到槍擊，就可以用更積極有效的方式

保護他們。

和 CPS 合作下，我們發現多項因素與學生遭槍擊有高度關聯，接著，我們聚焦於 CPS 能控管的那些因素。我們辨識出四項重要風險因素：學校出勤率（那些遭槍擊的學生平均缺席 40% 上課天數，明顯高於全部學生平均缺席 15% 上課天數）；學業成績（受害人無法順利畢業的可能性高出五倍）；在校行為（受害人在校出現暴力或激烈行為的可能性高出八倍）；學校類別（受害人大都就讀「另類學校」，CPS 行政人員把社區正規學校無法應付的學生送至這類學校）。

有了這份聚焦的素描，一般人可能會去謀求在另類學校改善出勤率、學業成績及在校行為的解決方案，但我們採取的做法不同。CPS 領導人開始改變他們的觀念，轉向更積極性的及早防範觀念後，我們一致同意使用模型來預測學生遭槍擊的可能性。我們發展出一種模型，使用因素資料來預測每個學生遭槍擊的可能性，辨識出一群風險程度最高的學生。根據這模型的預測結果，我們把所有學生區分為四大類，第一類是「超高風險群」，約有 200 名學生，他們遭槍擊的可能性大於 20%，比平均可能性高出 50 倍；第二類是「很高風險群」，約 1,000 名學生，風險介於 7.5% 至 20%；第三類是「高危險群」，約 8,500 名學生，風險介於 1% 至 7.5%；其餘 10 萬名學生遭槍擊的風險低於 1%。

這模型顯示，遭槍擊者當中有 10% 落在「超高風險群」，20% 落在「很高風險群」，這意味的是，我們預期 30% 的槍擊事件將發生於那 1,200 名學生身上，占 CPS 高中生人數約 1%。

CPS 建立了這個「預防」的新框架後，便可以在這框架中填入保護學生的種種策略及方案，而非對所有學生施以相同程度的保護。那些方案持續實施，例如，直接在學校課程中實行的提升意識

方案，包括一對一輔導在內的其他實驗性方案。我們的分析顯示，這些年輕人多數沒有和任何成人建立有意義的關係，不意外地，他們通常是曠課逃學者，縱使現身學校時也常惹麻煩。因此，在風險評估之外，CPS 也推出更積極的干預，在風險特別高的街坊社區增強保全，以及「安全通過」方案，幫助學生安全行經幫派活動範圍。研究顯示，擔心個人人身安全的學生多半學業成績不佳，形成了向下沈淪的惡性循環，因此，CPS 幫助一些學生轉學至更安全的學校。

2009 至 2010 學年，槍擊案減少 16%，芝加哥的 120 所高中開始形成新的合作氛圍。CPS 在「預防」這個框架中再填入另一項措施：根據每所學校的所在地，使用學生資料計算出這所學校的「安全性指標」。這種把所有社區標準化的做法，使相關單位及人員可以比較各所學校的最佳實務，也提高各所學校的當責制，因為安全性指標差的學校現在必須考慮「我們位在治安差的社區」。CPS 發現，那些安全性指標評分差的學校通常仰賴警衛和監視器，沒有使用其他預防性措施（例如社工及個人輔導），反觀安全性指標評分優異的學校採取積極性預防作為，幫助它們的學生應付容易導致暴力事件發生於他們身上的社會性情緒問題。

雖然，槍殺暴力問題依舊常見諸全美報端，CPS 的暴力預防計畫是它可以引以為傲的新框架，全美各地許多城市現在紛紛借鏡此創新的新模式。*

許多轉變，許多框架

框架有大有小，同樣地，為修改或創造框架，你可能且必須產

---

* 美國大都會學區委員會（Council of Great City Schools）執行總監麥克‧凱瑟利（Michael Casserly）表示，這個新計畫「規劃極其得宜」，他沒見過比此方案更予人指望的其他相關行動。

生的觀念改變也有大有小，這些認知改變當中，有些可能比較激進。一些認知的改變可能突然間幫助你看到新機會（這可能發生在我們的五步驟流程的任何時候），有些認知的改變可能是改變你的觀點角度，激發你的創意，但你仍然需要繼續使用五步驟流程，直到你及你的團隊決定哪個點子應該是你們的下一個重要新框架。

　　一些認知的改變促成了「全貌」的改變，例如，你改變了你的基本觀念，從原本認為某件事不可能做到（「白血病鮮少能夠治癒」），改變成很可能做到（「白血病往往能夠治癒」）；或是從一個不能違背的規則（「所有音樂必須遵循基本的調性規則」），改變為可以挑戰的規則（「音樂可以打破這些規則，可以變成無調性」）；或是從荒謬可笑（「咱們來製造並銷售一種寵物石吧」），變成非常賺錢（1970年代初期，一位名叫蓋瑞‧戴爾〔Gary Dahl〕的廣告公司主管真的用這新奇的點子，賣出超過150萬顆的寵物石）。不論是哪一種情形，你都是粉碎了一個成見或假設，打破了一個看似不能打破的規則，或是用全新角度或方式去看一個情勢。

　　有些觀念的改變可能更特別或微妙，或者，至少看起來是如此。你可能原本以較簡單、獨一的方式去看一個點子（「我們製作百分之百牛肉的漢堡」），改變為稍廣或更複雜或不同的方式去看（「我們製作餡餅」，或「馬肉很不錯」）。但是，這種觀點的輕微改變有可能使你的餐館收入提高為三倍，例如，注重健康的人們大排長龍購買你用大蘑菇、火雞肉、雞肉或扁豆製作的餡餅。或者，你原本認為兩個事物是**不相關**且**不相容**的，現在，你把它們視為**相關**且**互補**的東西，從而創造出一個非常有趣且賺錢的新框架。

　　「嗯～巧克力！」街上一位金髮帥哥春風得意地邊走邊吃巧克

力棒，忍不住讚嘆。

「嗯～花生醬！」垂直的另一條街上，一位褐髮美女手上拿著一桶花生醬，邊走邊用手指沾來吃，忍不住讚嘆。

兩人在街角碰撞，帥哥的巧克力棒掉進美女的花生醬桶裡。

「你的巧克力掉進我的花生醬裡！」美女驚叫。

「妳的花生醬沾了我的巧克力！」帥哥也喊。

　　在這支數十年前的廣告裡，買下銳滋（Reese's）糖果事業的好時公司（Hershey's），把兩個過去不相關的食物結合起來，再用這支令人難忘的廣告推銷「花生醬巧克力杯」的新框架。

　　羅塞塔石碑（Rosetta Stone）碑文的解譯方式也類似如此。法國考古學者商博良（Jean-François Champollion）以英國學者湯瑪斯・楊（Thomas Young）的研究為基礎，在 1822 年發表羅塞塔石碑上象形文字的解譯，指出這套文字系統結合了「表意」及「表音」符號。若你以為它是純粹的表意文字系統，或純粹的表音文字系統，你將永遠無法解譯這些符號；換言之，你必須把你的框架從「或」改為「以及」、結合兩種理論，才能解譯你眼前的東西。[3]

　　再舉另一個簡單的例子。我們認識一位相當健壯的企管顧問，熱愛騎自行車及大自然，但女兒出生後，他熱中於把所有閒暇時間拿來和女兒相處，便很少再騎自行車了。在他看來，他的核心理念：「我應該把工作之餘的時間盡量用來和我的女兒相處」，似乎和「我真的需要投入更多時間於自行車運動上」的理念相抵觸。幾個月後的某天，他看到一位男士騎著自行車呼嘯而過，後面的嬰兒座椅載了個男嬰，他突然間看到了把兩個不同的框架結合起來的可能性。幾天後，他開始每週騎幾小時自行車，載著女兒一起享受田野風光。

3　http://en.wikipedia.org/wiki/Jean-Fran%C3%A7ois_Champollion and http://en.wikipedia.org/wiki/Rosetta_Stone.

以下是一些其他例子：

- 多數電腦公司傳統上先製造電腦，而後銷售；戴爾的即時生產模式是：「我們先銷售電腦，然後再製造。」*
- 「樂芝牛」（Apéricube）起司的問世，以及行銷活動中把它定位為一種點心，使歐洲的傳統框架「起司是飯後吃的東西」改變為「起司也可以在餐前吃」。
- 因為全球氣候暖化及魚群減少而感到驚慌的格陵蘭島漁夫們後來發現，冰蓋快速融化使他們可以轉而採礦。
- 多數人會說，電視台的框架是娛樂觀眾，但法國一家電視台的執行長派翠克・李雷（Patrick Le Lay）曾說：「我們的職責是幫助廣告客戶賣它們的產品。」

有無數的觀念改變可引領你產生有價值的新框架，幾乎在任何情況中，你都能夠藉由改變你的觀點來創造出新框架。下表是一些真實生活中的例子：

Before	After
不重要或非優先等級 「沒有人會想在螢幕上閱讀一本書！」	重要或高優先等級 「我們最暢銷的小說，銷售量有一半來自電子書……誰是我們的數位策略策劃者？」
荒唐 「史特拉汶斯基（Igor Stravinsky）怎麼會寫出這麼可怕的曲子！咱們向演奏者丟雞蛋！」**	很有道理 「我們請樂團來演奏《春之祭》（The Rite of Spring）吧！」

---

* 譯註：接單後生產模式。
** 譯註：《春之祭》當年在巴黎首演時曾引發台下聽眾抗議及暴動。

不自在或無法接受 「美國軍中的女性不能上戰場。」	自在或能接受。 「我們在阿富汗的基地,有些最優秀的人才是女性。」
適用別人的領域 「半導體晶片非常合用於電腦和手機之類的硬體事業。」	適用我們的領域 「半導體晶片可用於我們的生技公司,幫助進行人類基因組的排序工作。」
只能這麼做 「我們開發的雙筒望遠鏡只能在白天、有光線時使用。」	相反的情況也行 「我們也能開發夜間、完全黑暗時使用的特殊望遠鏡。」
風險太大或太愚蠢,不能做 「我們不能採取解救人質的行動,萬一我們這麼做卻失敗了,會非常難看。」	風險太大或太重要,不能不做 「如果人質繼續留在敵人手中,會被用來脅迫勒索我們多年。咱們派海豹部隊去解救他們吧,我們會成為英雄的!」
不是我們的業務,或還嫌太早了 「我們不是視訊網站,況且,現在也還沒有夠多的人擁有上傳個人影片的技術。」	這正是我們該做的事,而且現在是好時機 「來創立一個名為 YouTube 的服務吧,人們很快就會開始使用這種服務,商機只會愈來愈大。」

　　我們希望你能受到啟發,開始思考種種可能幫助你釋放創意的認知改變。視你試圖創造新框架的境況而定,你也許可以思考上表中的建議,或者,你也許能想出你自己的清單。長久以來似乎沒有價值的東西,現在也許看起來珍貴無比;你曾經說「絕不」的東西,現在你可能會說「經常」或「有時」,或者「每個月的第二個星期四」。重點是,你已經向創造力開啟大門。

大自然美妝品公司——從個人願景到集體願景

　　若你有機會造訪大自然美妝品公司（Natura Cosméticos）位於巴西聖保羅州卡雅瑪鎮（Cajamar）郊區那優美的總部，進入現代化帷幕玻璃的主辦公大樓後，首先映入眼簾的東西之一是刻在石牆上的公司座右銘：「Bem Estar Bem」，直接英譯為：「well being well」，或者也可譯為：「being well by doing good」（造福得福）。

　　整個總部有幾棟大片帷幕玻璃建物，讓員工能飽覽青翠的周遭環境——廣闊的綠色草坪，棕櫚樹，尤加利樹，連室內也處處可見。

　　巴西是當今世上快速發展的經濟體之一，人口約兩億，包括高數量的年輕人，但其教育體制存在嚴重問題：約 370 萬名學齡年輕人目前並未上學，就讀高中的學生當中能夠如期畢業者不到 50%；該國教學品質差（尤其是較高年級），以閱讀和數學能力符合基本要求的學生比例來看，巴西學生的表現在全球排名最差的 65 個國家之列。

　　大自然美妝品公司是巴西最大的美妝品銷售商，美妝品和教育之間的關聯性似乎不明顯，但該公司卻是在其母國堅持不懈地致力於改變觀念，力圖對教育成果及水準做出貢獻。

　　該公司製造及銷售大都使用天然和有機成分的美妝產品，並且計算它的生產與事業活動對環境造成的生態影響，它的每個產品包裝上都附有一張「環境影響圖」。該公司也透過其他措施來減少其碳足跡，例如限制產品使用的包裝量，許多產品讓消費者可以選擇使用可再填充式容器。

　　大自然美妝品公司捨棄傳統的實體店零售模式，改採直銷模式，公司總計只僱用 7,000 名員工，但在全巴西有一百多萬名「顧問」或直銷員（在其他地區則有二十多萬名這種直銷人員）。創立

於 1969 年的這家公司，2010 年的年營收已經超過 30 億美元。

　　大自然美妝品公司似乎真心致力於服務其所有利害關係人——員工、銷售顧問、消費者、供應商及其社區，該公司主管表示，「造福得福」是這家公司存在的根本理由，這句座右銘意指你不僅為自己、也為社會和地球造福。該公司致力於製造對環境友善的天然產品；捨棄知名模特兒，改用平凡女性拍攝廣告（後來多芬〔Dove〕的「True Beauty」廣告活動仿效此策略）；和供應商及當地社區密切合作於減輕環境影響，提倡永續。該公司也鼓勵並支持其員工在他們自己的社區的志工活動，尤其是在卡雅瑪鎮。該公司相信，你此生中最重要的事是促進你的所有最重要的關係，這也是該公司做每件事時抱持的核心價值觀。

　　為促進實踐「造福得福」，大自然美妝品公司在 2010 年設立一個姊妹組織「大自然機構」（Natura Institute），這個非營利性質的基金會負責督導該公司的社會責任行動，例如建立社群，促進該公司在當地的永續行動，改善巴西各地鄉鎮的教育情況與水準。在此機構尚未設立前，該公司就已經推動了幾項大型的教育相關計畫，經費來自其「Crer Para Ver」（Believing Is Seeing，相信就能看得見）產品線收入，在設立此機構後，這條產品線的所有獲利全部交給此機構管理及運用，對巴西的公共教育有顯著投資。

　　大自然美妝品公司的領導層在 2011 年請我們協助釐清該機構的策略願景，他們告訴我們，針對這機構如何能發揮最大成效，各方意見甚多，我們的主要工作是幫助其高階經理人和其他重要利害關係人（包括參與此機構活動的政府單位），能針對這個組織的性質、目的和願景，達成一致共識。

　　換個方式來說，我們要幫助這些主事者做出重要的觀念轉變：從「我的方式」轉變為「我們的方式」。與會者包括三位公司創辦

人中的兩位，此機構的總裁，以及一名前聖保羅州的教育局長在內，我們知道這些人的背景與觀點非常不同，他們將會提出種種分歧的構想。這也意味著他們各有不同的教育框架，有些人最關心的是巴西的初級教育和中等教育：如何改進教學方法、測驗流程和課堂資源；其他人則是以更宏觀的方式看待教育：人們在整個人生中如何發展對世界的知識及他們本身的種種方式。

我們進行了一次「信念稽核」，並深入訪談此公司的創辦人和執行長，這幫助我們辨識出與會者目前使用哪些心智模式來思考巴西的教育，我們請他們思考下列深層的機構性質疑問：這機構的使命和初始焦點是什麼？這機構的指導原則是什麼？你們如何確保這個機構持續發揮影響力，切合社會需要？有哪些可能途徑令你們最感興趣？

幾位與會者說他們很希望這機構是大自然美妝品公司的延伸，能反映此公司的價值觀，推進此公司的使命和願景。他們認為，這機構應該推動能夠鼓勵所有教學相關單位共同合作提升巴西教育水準的計畫，尤其應該應付社區、振興、永續等課題。

反觀那些從政府角度來看課題的與會者，則是採取較傳統的看待教育方式，因此較側重如何使更多人獲得教育資源，他們尤其關心如何使巴西的年輕人達到最基本水準的讀寫及數學能力，學校、書籍、教學人員，以及其他這類基本資源能公平分配至巴西全國各地。

我們要如何幫助這兩派從「我的方式」轉變為「我們的方式」呢？

我們首先檢視巴西的初級教育和中等教育相關資料——學校的品質與績效，學生的表現（尤其是在學習的早年），我們也邀請幾位教育界的思想領袖提出簡報說明，藉此來量化和更加了解巴西的

教育體制面臨的許多嚴重挑戰。這些專家也告訴我們一些在其他國家已被證明有效的教育計畫，他們討論有關以下層面的最佳實務：支援脆弱的學校及社區；使用科技來促進學習與合作；激勵和訓練教師；促使家長更有效且持續的參與。

我們在該公司創辦人位於聖保羅州的辦公室舉行一天的研討會。一開始，基於前述「懷疑」和「探索」階段的結果，大家同意應該聚焦於促進巴西的初級教育，發展針對該公司營運的所有巴西地區的教育水準改善計畫。當我們開始更具體地探討與會者對於這個機構的最基本想法時，他們發現他們有明顯的共同觀點，他們全都認為應該全面性地檢視教育，這牽連到許多相互關聯及依賴的角色，包括教師、學生、家長及其他家人、行政人員、政策決策者、社區領導人。他們全都希望大自然美妝品公司能在巴西各城鎮的實際教育所在地實地參與，而非只是和巴西教育部及各州教育局共事。他們全都同意，不僅增進教育的成效很重要，訴諸更創新的方法也很重要，應該號召學校校長及其他行政管理者對巴西的教育有更進步且一致的展望，並形成整個社會的意識和參與。

這些初步討論幫助大自然美妝品公司的高層領導人覺察，他們用哪些框架來思考這個機構以及它能夠和應該做的事，我們的目的主要並不是要暴露這些觀念有何謬誤，而是要讓所有人更明顯地看出它們，希望能藉此克服他們的一些重要歧見，建立一個能團結此機構領導人的新願景聲明。

接著，我們開始討論他們用以思考巴西教育的一些現行框架。為激發討論，我們提出一個開放式疑問：「在現今世界，**教學**的真正含義是什麼？」我們播放英國新堡大學教授蘇格塔·米特拉（Sugata Mitra）的一段研究短片：他在印度某貧民窟的一面牆上嵌裝了一台可以上網的電腦，並觀察貧民窟裡未受正規教育的小孩如

何教自己學會使用電腦和上網。[4]

　　這激發與會者熱烈辯論現代教育的性質,以及誰是現代教育中的核心角色。有些與會者覺得這影片的前提很荒謬,他們認為教師仍然是教育的要角;其他與會者則對於幫助貧窮小孩自我學習的可能性感到好奇。一些與會者談論現代的「教學」含義,現今課堂上使用的種種教材和工具(書籍、講義、iPad、互動式電子白板〔smart board〕等),比較傳統和較先進的課程內容。接著,他們討論該如何改變巴西人對教育的心態,使他們不再那麼偏重政府及學校能為小孩做什麼,改而建立重視終身教育的深層意識。雖然,他們進行了許多主題方向的討論,最終聚焦於一個共同的了解:離現今較遠的以往,教育主要是一種師生關係,但如今,學生也透過螢幕上的資訊與見解交流來學習,因此,教育已經從雙向(學生／教師)關係變成三向關係(學生／教師／螢幕)(參見右圖)。此框架讓我們看到此機構的一個新方式,與會者思忖,將來會不會演變成學生主要仰賴透過螢幕的學習,而教師只是輔助和促進此流程。無論如何,他們同意必須把「學生／教師」的舊框架換成新框架,新框架應該反映電腦螢幕教學愈來愈重要。他們也同意,「教育」、「教師」和「學生」等概念全都必須重新定義。

　　因此,在擴散性思考階段,我們首先針對未來的「教學」和「學習」的可能含義提出種種看法,期間出現激烈辯論;事實上,在吃午餐時,我們還不是很清楚該如何在聚斂性思考階段中「趨同」。不過,與會者仍然遵循研討會規劃,我們轉向擴散性思考此機構的策略願景,以及在願景說明中使用的語詞。

　　我們希望能產生一些材料,供我們在聚斂性思考階段中,幫助與會者擬出能夠適當且具有說服力地表達此機構願景的句子。這部

4　http://www.greenstar.org/butterflies/Hole-in-the-Wall.htm and http://www.bbc.co.uk/news/technology-10663353.

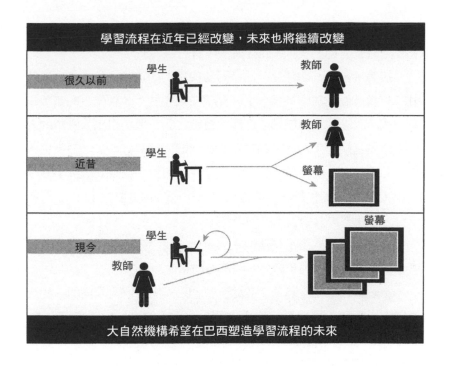

分的擴散性思考分為三部分：

1. 「to do」部分——找一個**動詞**來敘述教育流程；
2. 「doer」部分——定義前述動詞的對象；亦即「to do」是為誰而做；
3. 「影響」部分——定義期望行動產生什麼成果；換言之，就是動詞的目標。

針對第一個部分，與會者提出「改變」、「連結」、「促進」、「改進」、「創造／形成／設立」（create）、「促使」、「使入迷」等等動詞。

針對第二個部分，他們從不同角度思考主詞，包括教師、學生、學校行政管理者、政府、此機構、所有巴西人。

接著，在第三個部分，他們討論後提出期望達成的成果，以及用以評量是否成功的指標。這些期望成果不是「改善學生的測驗成果」或「改善學生的成績」之類的泛泛之詞，他們以出人意料的方式陳述，包括：（1）愈來愈多巴西人願意教導其他人；（2）更多學生想要學習；（3）這國家的頂尖學生中有更多人成為教師；（4）巴西人變得更尊重老師，老師更加認知他們的重要性；（5）有朝一日，巴西不再有學習未成的學生。

與會者把這些廣泛想法攤在桌上後，我們鼓勵他們展開聚斂性思考，決定這機構的新願景的明確方向。

在聚斂性思考步驟的一開始，我們辨識出這群人認同的一些大項目，有兩個重要目標是他們立即一致贊同的：（1）**讓巴西人知道在教育其國民方面可能做到的境界**；（2）**使用廣泛的人才志工來提供這個國家需要的種種教育技巧**。

我們接著討論核心疑問：「你認為這機構應該做什麼？」與會者踴躍提出想法。一位與會者說「宣導」與「催化」，另一人說這機構應該「創造促進品質教育的環境與條件」。其他與會者堅持「教師和家長應該成為教育者」，並且認為「我們應該改變跟學習有關的年齡、時間、地區等等觀念，學習是一種持續的流程」。

但是，當大自然美妝品公司的創辦人之一提出「學習社群」這個名詞時，會議室終於響起一致贊同。這是神奇的一刻，大家明顯鬆了一口氣，我們開始探討這有何含義，以及它如何有助於整合大家的觀點，並且使這個機構有別於其他的基金會。

這階段的討論結束時，與會者的結論是他們希望這個機構能在巴西塑造學習流程及教育，其中，「學習」和「教育」具有很廣的

含義。大家一致同意，此機構應該闡釋一個現代教育觀，認知到社會、文化和科技快速改變。他們強調，應該丟棄「一體適用」的教學，改換更靈活的教育制度，認知到個別學生學習方式的差異性。他們也強調，此機構應該塑造有良知的「主角公民」，他們不僅知道自己的行動將影響自己所屬的社區，也會影響整個地球。大自然美妝品公司的主要創辦理念之一是「個人和大自然息息相關，同屬一個體系」，這個機構也應尊重並鼓勵研究個人與知識創造之間的關係。

接著，我們更加聚焦於決定此願景說明使用的字句，我們舉行了六回合投票。第一回合很困難，因為涉及動詞部分，每位與會者有兩票，但不能投給自己提出的建議。舉行兩回合後，他們決定使用「創造」這個動詞，他們覺得這個動詞的含義更深長，比「促使」及「連結」這類動詞更靈活，比「改進」這個動詞更好（他們覺得「改進」隱含逐漸的意思），他們一致希望這機構帶來更徹底的改變，創造新東西。

他們接著決定「對象」，亦即此機構的努力行動將使誰獲益。經過一些辯論，他們決定不以學生或教師為主要對象，而是以這個國家的全體人民（「巴西人民」）為對象，他們共同的期望是，有朝一日，巴西不再有學習未成的學生。

再經幾回合投票後，研討會的與會者得出結論，他們將致力於使巴西變成一個終身的「學習社群」。因此，研討會結束時，此機構的領導階層決定，這個基金會的明確願景說明應該是：「**創造使巴西人民成為一個學習社群的環境**」。雖然，他們在研討會一開始抱持較頑固的個人觀點，但最終，他們形成了一個共同願景。

幾個月內，該機構研擬出策略計畫，它將推出旨在改變巴西教育的方案，幫助人民學習如何學習，辨察及發展他們的獨特才能。

該機構也將鼓勵所有人擁抱一個觀念：並非所有學習都是來自教學，很多學習是來自課堂外廣泛的親身經驗。

大自然機構的新願景和策略計畫為此組織的領導提供未來多年的重點原則，就連本來已經在推行中的工作也可用此透鏡來檢視，例如，在此策略計畫推出不久後，巴西教育部同意擴大一項現行的全國小學童讀寫能力促進方案。大自然機構已經在 310 所學校推行此方案，和這些學校合作發展更好的教材，提升教師訓練的品質。此計畫深獲好評，如今已成為全國公共教育政策的一部分，在兩千多個城市實施，很快就將推及 72,000 所學校、14 萬名教師，和三百多萬名學童，對巴西的前景和學習社群的概念創造龐大的潛在效益。

打造新的策略願景

如前例所示，我們的五步驟流程最常見的應用之一，是用它來打造一個新的策略願景，這是一個改變觀點的好例子。

針對定義策略願景的最佳方法，以及應該如何區別組織的策略願景和組織的使命（或目的或性質），辯論文獻甚豐，本書不打算化解此辯論，但我們及許多這個領域的同事大致定義策略願景如下：**一個有關於未來的遠大景象或框架，明顯比現行框架更合適（或是必要的更換）**。我們為企業提供顧問服務的經驗顯示，一個組織願景應該要推及事業的每個層面，因此也推及每個員工。一個好的策略願景應該夠概略且簡單到能讓每個人了解，但也應該足夠深廣而使組織的每個領域清楚其行動含義。

我們見過許多組織有類似如下的糟糕願景說明：

我們的願景是藉由超越顧客對……（請在此插入產品或服務）的期望，為我們的員工提供充實人生的機會，尊重我們營運所在地的環境與社區，來創造最大的股東財富。

這樣的願景沒有什麼幫助！它或許能暫時滿足一些利害關係人，但它不是一個清楚或有特色的未來景象。你的策略願景不應該是換上你的競爭者的名稱（甚至是隨便一個產業的隨便一家公司名稱）後也同樣適合的聲明。

以下舉兩個這樣的願景例子。其一是 AT&T 實驗室（AT&T Lab）在 2012 年底時的願景聲明：「在這十年間設計與建立新的全球網路，擁有及提供自動化程度最大的平台，能夠把人力資源重新分配到更複雜且具有生產力的工作上。」[5] 其二是波音公司在世界剛邁入商務航空旅行領域的 1950 年代提出的願景：「在商用飛機領域稱霸，引領世界進入噴射客機時代。」

策略願景的要素

一個架構得宜的策略願景聲明應該包含的最重要要素是：（1）願景本身——公司對未來的最根本抱負；（2）**價值觀**——公司及其願景的根基信念；（3）**承諾**——公司對其員工、顧客及其他利害關係人的承諾。

1. 願景

策略願景是一個用以訴求廣泛及不同人群（尤其是組織的員工和顧客）的號召。一般人很容易對組織的願景和組織的使命（或

5　http://www.corp.att.com/attlabs/about/mission.html.

目的）混淆不清，實際上，這兩者都是組織的核心框架（或心智模式），具有一些重疊性質，但我們通常視願景（亦即「我們立志成為什麼，達成什麼，及創造什麼」）為建立於組織的使命（亦即「我們代表什麼，以及我們存在的理由」）之上。[6] 在我們的架構中，使命或目的往往是比較靜態的東西，歷經時日，改變得相當慢或極細微，彷彿它是組織的內在本質，是組織的 DNA；反觀願景則是組織領導人想在較短期間或中程期間採行的方向（例如五年期、十年期或二十年期的策略願景）。願景可供回答「我的組織和我渴望從這裡朝往何處？」之類的疑問，願景是我和我的團隊現在可以研擬的一個宏大新框架，未來，我們可以在這大框架裡填入大量的新框架。

2. 價值觀

願景必須呈現你的公司秉持的基本價值觀——或是我們信奉的理念。一些常被引用的價值觀包括：誠信、顧客滿意度、團隊精神與真實。安維斯標捷汽車租賃集團（Avis Budget Group）以其承諾、誠信及責任的價值觀為基礎而打造的願景聲明是：「我們藉由聚焦於顧客、我們的人員、成長、創新及效率，追求成為汽車租賃業的領先者。所有這些要素將驅動我們的業績成功，證明安維斯租車和標捷租車結合起來將比它們單獨營運更為強壯。」[7]

藍雷公司（Land O'Lakes）的願景是：「成為我們的顧客的第一選擇，我們的員工的第一選擇，對我們的股東負責，在我們的社區成為領導者，藉由這些，成為世上最優秀的食品及農業公司之

6　Sooksan Kantabutra, "What Do We Know About Vision?" *Journal of Applied Business Research* 24, no.2 (2008), citing J. C. Collins and J. I. Porras, *Built to Last: Successful Habits of Visionary Companies* (London: Century, 1994).

7　http://www.avisbudgetgroup.com/company-information/our-mission-vision-and-values/.

一。」根據藍雷公司網站，該公司的核心價值觀是：人員、績效、顧客承諾、品質及誠信。[8]

下表編列一些價值觀，幫助你思考你的公司或組織。在開始思考研擬願景聲明及其根基的價值觀時，首先參考下表，從中挑選三個、五個或十個你認為目前最適用的價值觀（日後，你也可以再探討你認為你的組織未來應該秉持的價值觀）。

55 種價值觀

創新	速度	績效	差異化	服務
誠信	忠誠	人性	全球化思維	熱誠
客戶滿意度	效率	創造價值	單純	夥伴關係
團隊精神	奮鬥精神	卓越	坦誠溝通	可得性
尊重	開放	成功	洞察力	個人發展
品質	愉悅	適應力	真實	膽識
創業精神	競爭力	信心	才能	多元性
責任	熱情	親近	自豪	勇氣
自由	抱負	創造力	健康	主動進取
專業精神	謙遜	社會責任	體貼	傳統
親和力	永續	平等	果決	機密

除了使用這張清單，你和你的團隊也可以花些時間製作你們自己的價值觀清單，思考哪些價值觀最能反映你們的組織。事實上，你們可以安排專門的擴散性思考和聚斂性思考會議來做這些事。

另一種思考你的公司的基本價值觀的方法，是探討類似以下的疑問：我的組織和我願意為什麼而**奮鬥**？我希望看到我的組織向

8　http://www.landolakesinc.com/company/philosophy/default.aspx.

我的孩子傳達什麼基本觀點？我希望人們如何記得我的公司和我？我的公司的哪些基本信念若是消失的話，我將不想再任職於這家公司？

　　當然啦，就算你做此深入思考，提出了看似至高無上的價值觀清單，你也未必能針對它們代表什麼以及它們對你的願景聲明的含義形成共識，任何一個價值觀可能對不同的利害關係人有不同的含義。不過，盡你所能地辨識出一套共同的價值觀，你不僅能開始了解你的組織現狀，也可以開始思考你認為這個組織的未來狀態或景象應該是什麼模樣。

3. 承諾

　　你的願景聲明，應該是表達你想對組織的利害關係人做出的承諾。你的大計畫是什麼？你最重要的抱負是什麼？你希望在哪一段期間達成什麼？名列財星 500 大企業的進步汽車保險公司，說明它的願景是：「降低車禍導致的創傷及經濟成本，對我們的顧客提供旨在幫助他們盡快重返生活秩序的服務。」[9] 通用汽車公司提供很明確的承諾：「過去一百年，通用汽車公司是全球汽車業的領先者，未來一百年也一樣，通用汽車公司致力於成為汽車業中替代能源推進系統的領先者。」

　　一個好的策略願景具有下列特徵：

* **改變你及你的同仁看待你們的組織的方式。**例如，索尼公司曾經提出一個著名的願景：「成為一家因為改變了日本產品品質差的全球形象而變得出名的公司」，這個願景想像明顯

9　　http://www.progressive.com/progressive-insurance/core-values.aspx.

揮別過去，清楚劃分「過去」與「未來」。

- **容易了解，具有喚起作用，可信，可行。** 例如，3M 的願景是：「創新地解決尚未解決的問題。」

- **對於受到其影響的人，很容易傳遞，且能夠驅動其利害關係人。** 例如，微軟最早的願景是：「家家戶戶的每張書桌上都有一台電腦」，這願景遠優於諸如以下的願景：「我們想成為舉世第一的製鞋公司」，或是：「我們將致力於成為全國牆板製造業的龍頭」。微軟很明確地陳述它希望達到的境界，而且提供一個反映此境界的想像畫面。「成為第一（或是第二）」是一個隨人詮釋、不明確的句子，因為它取決於「成為」（to be），「第一」或「第二」到底意味什麼？是指年營收嗎？還是市場占有率？我們鼓勵公司在它們的願景聲明中使用動作動詞，非常清楚地陳述他們想要達成什麼。

- **以明確方式創造你和競爭對手之間的差異。** 班傑利冰淇淋（Ben & Jerry's）的「產品願景」，是使用有益健康的材料製造出高品質的冰淇淋；其「經濟願景」聚焦於可續、具有獲利性的成長，並為其員工拓展機會；但是，最具差異化的是它的「社會願景」——以創新方式，在當地、全國和國際上改善生活品質。

- **內含衡量成功的質性元素，有別於傳統的衡量方式。** 舉例而言，索尼公司的昔日願景不是「使我們的市場占有率倍增」或「達到 10 億美元的營收」，而是非常具有說服力的質性目標。該公司沒有訂定財務績效目標，而是提出一個非常顯著且不凡的承諾：改變全世界對於日製產品品質的認知。

- **獲得組織的重要利害關係人認同。** 例如，以組織的核心價值觀為基礎，在道德面被接受，可付諸實行，經濟上可行，有

助於團結和鼓舞所有參與者及相關者。如同本書從頭至尾所強調，一個好的新框架有助於團結組織內外的利害關係人，用一個共同的主題、觀念、目的感或可能性，使他們的觀點趨於一致。

　　打造一個共同願景是相當大的挑戰，因為不僅需要創意，也需要非常有條理且仔細的思考。當你和你的團隊展開此流程時，目的地未知；對那些習慣聚焦於演繹性思考、邏輯、可證明之事物的組織成員來說，這流程可能特別困難。如前所述，許多組織側重短程要務，往往使它們明顯傾向高度分析性質、聚斂性質的思維。但是，在為你的組織研擬策略願景時，需要你與你的團隊運用歸納性思考和演繹性思考，使用前瞻心態，聚焦於長程的可能性，不僅思考可能展現於眼前的未來面貌，也思考你們可以自己打造的未來面貌。

　　想想看，什麼對你們而言最重要？你們想解決什麼問題？只有你們才能解決的問題是什麼？思考你們究竟想朝向何處，當你們抵達該處時，你們想做的又是什麼。

CHAPTER
9

想像未來

今天的科幻小說，往往是明日的事實。
——知名物理學家、作家、宇宙學家　史蒂芬‧霍金 Stephen Hawking

　　情境規劃是在新框架內思考流程的一種強而有力的應用，其改善策略思考及長程規劃的功效已廣為人知，但這項工具仍然未被充分利用。因為我們看到企業界許多人使用這個名詞的方式不同於我們的使用方式，因此，我們將在本章中解釋我們所謂的「情境」（scenarios），並說明如何使用五步驟流程來建構及使用情境，為你預測的未來做出更好的準備。

如何想像多種可能的未來

　　想像你是 AMC 連鎖電影院（AMC Theatres）的高階主管，在密蘇里州堪薩斯市的公司總部和你的同事舉行一整天的研討會，探

討電影事業的未來。看電影習慣的結構性變化致使該公司的營收前景堪憂，無數人現在不進電影院了，待在家裡使用耐飛利之類的影片出租或線上看片服務。想像這一整天的研討會結束時，你的團隊得出了三、四種可能的未來情境：2025年時，人們看電影的體驗可能變成什麼面貌。

非常相仿於AMC電影院螢幕上放映的影片，每種情境得描述一個獨特的故事，對未來提出非常不同的觀點。在你們的研討會結束時，你們發展出的情境之一名為「健康家庭世界」，想像未來至高無上的要務是使全家人熱愛電影且身體健康。在此情境下，「看電影」可能不再是坐著猛吃爆米花的活動，而是為全家人提供健美與健康益處。第二種情境名為「客製化休閒世界」，想像未來的娛樂世界是：一切都是量身打造以滿足個人喜好與渴望。在這種情境下，AMC可能提供個人化的多感官看電影體驗，雖然是經過修改以迎合每位電影觀眾的個人喜好與興趣，但仍然是在公共場合觀看，觀眾選擇自己想看的影片，不需要配合朋友或家人（也許也不必為保母服務傷腦筋）。或許，每位觀眾可以選擇個人化的虛擬實境頭戴設備（以及其他後來發明出的感官器材），享受高度個人化的視聽體驗。此外，戲院人員提供看顧小孩的服務，讓家長能心無旁騖地看電影；並且，每家戲院針對個人看電影的開始與結束時間安排，能讓家人同時抵達電影院、同時離去。

再想想看，2025年時的看電影體驗還有其他可能的情境嗎？你能再想出一、兩種雖有點難以置信、但不是不可能發生的情境嗎？

這就是情境思考，是我們的新框架發展方法中最引人入勝、最活潑的應用之一，它涉及建立新框架（或是強化現有框架），為未來做準備。人們常想知道：「下一個危機將來自何處？我該如何為它做準備？」他們想了解跟他們相關的市場的未來走向，但他們不

知道如何發展出種種假說，他們思忖：「我的未來只有在新興市場嗎？我的組織在本國仍有潛在的擴展空間嗎？」

在這些情況下，我們常進行情境規劃，使用「若……會怎樣？」（what if）和「但，若是……」（but if）的情境——根據很不尋常的假設而想像的未來版本，形塑新框架，或是對現行框架做壓力測試。我們全都會面臨出乎意料、甚至非常不可思議的未來發展，因此，最堅實的新框架必須能幫助公司在非常出乎意料的境況下生存與繁榮。讓新框架接受最廣泛的可能事件的測試，將幫助你把它們打造得更堅實，以應付現在及未來。

舉例而言，2001 年的 911 恐怖攻擊事件對航空業帶來大衝擊，幾家大航空公司沒有多少轉圜空間，全美航空（US Airways）在利息償付率甚低的情況下，不得不申請破產，其他多家航空公司也陸續跟進。但西南航空的負債低，手上握有可觀現金，使該公司更能應付市場需求和燃料價格的意外變化。換個方式來說，該公司懷疑，因而重新評估，結果，它在 2001 年至 2003 年期間仍然維持獲利局面，在全美的觸角也繼續成長。情境規劃是一種能幫助組織做出更佳準備的工具。

情境規劃通常會建構出三、四種非常不同的情境，一種情境的所有細節全都發生的可能性很低，實際上，未來的實際面貌可能包含了所有情境的部分元素。儘管如此，每種情境的每個元素都具有可能性，因此，你可以盡量想像你及你的組織在每一種情境下可能如何變化。每一種情境激發不同的思考，建議不同的機會與威脅。藉由考慮這些種種可能的未來，你對於可能發生之事的思考將會變得更廣、更深、更有想像力。藉由建構種種情境（每種情境可被視為一個新框架），你可以幫助你的組織做出更好、更穩健的決策。情境規劃也可以幫助你和你的同事發展出一個共通語言及觀點，亦

即當你們討論和規劃未來時，你們將有一個較廣泛的共同框架可資共同思考。

在決定了要聚焦於哪幾個情境後，你們可以討論並研擬你們的組織如何因應及利用每一種情境的各種途徑，藉此來指引組織的策略，為未來事件做出更好的準備。舉例而言，針對「健康家庭世界」這個情境，你們發展出戲院翻修計畫，撤掉座椅，改裝健身腳踏車。或者，你們可能在戲院販售部撤掉高脂肪垃圾食品，改販售健康有機素食珍饌。或者，你們可能設立一座巨大運動場，有戶外跑道，四周有螢幕播放電影，人們可以一邊慢跑，一邊觀看電影。

依據我們的術語，一個情境指的是一個新框架或心智模式，和一個特別的、往往是很不尋常的未來有關。一個情境是一個概略想像的未來，描繪如何從現在走到那個未來的情節。情境並不是一個解決方法或結果，但是，個人、企業及其他組織可以運用情境而產生很大助益，可以仰賴它們作為發展出特定新策略、產品、方法或其他創新的架構及參考點。「健康家庭世界」是一種情境，而設置健身腳踏車、販售有機食品、邊慢跑邊看電影的運動場等等，這些是組織（在此例中指的是 AMC 連鎖電影院）可能對此情境做出反應及利用的例子。如前所述，你可能會使用（及捨棄）你創造出的每種情境中的部分元素，例如，身為 AMC 連鎖電影院的高階主管，你可能決定根據兩種或更多種情境裡的某些景象來設計未來的看電影體驗。你可能建議在所有電影院販售健康的有機食品（根據「健康家庭世界」情境），也鼓勵為個別觀眾發展高度個人化的虛擬實境體驗（根據「客製化休閒世界」情境）。

在高度複雜的現代世界，各種趨勢的結合引發不斷出現的新變化與挑戰，情境規劃往往能帶給你簡化與釐清。同時追蹤 20 種或 30 種趨勢，再試著想像種種可能發生的結果，而且這些結果得取決

於哪些趨勢最終最具影響性，這是很困難的工作。反觀情境則是「內建」了你已經研判而認為的最迫切的趨勢，以及你對於這些趨勢在未來幾年可能造成的一些最極端影響的分析。最重要的是，每一種情境描繪一個有關於必須發生哪些步驟才會使想像的新世界實際發生的情節。舉例而言，你建構的「健康家庭世界」情境可能是基於你對以下趨勢的分析：都市化，孩童肥胖症，環保技術，以及在這些趨勢下可能發生的離奇事件。這個情境的背後情節可能如下：「城市吸引愈來愈多人離開市郊，他們遷居城市，或是晚上及週末在城市裡享受娛樂及其他體驗。伴隨孩童肥胖症的日趨嚴重，家庭愈來愈尋求健康飲食和一起做運動的機會。空氣、水及土地污染風險的提高，促使人們對他們從事的所有活動尋求環保解決方案，於是，環保意識餐廳、運動場所及電影院等應運而生。」

　　一言以蔽之，一個情境描繪一種未來面貌，以及達到此未來面貌所需歷經的步驟。

情境規劃的發展史

　　情境規劃這項工具的使用，在軍方有相當久遠的歷史。荷蘭皇家殼牌集團（Royal Dutch/Shell）的主管皮耶・魏克（Pierre Wack）在 1970 年代把它引用於企業界。殼牌集團跟它的許多競爭者一樣，出乎意料地遭到石油輸出國家組織（OPEC）卡特爾勢力崛起和第一波環保運動的襲擊，殼牌集團迫切想要發展出廣泛的選擇策略，藉由使用情境規劃（例如預見石油業產能過剩），多年來，面對市場變化時，該集團的主管一貫地比其他競爭者做出更好的因應準備。

後來，從奇異集團到許多顧問公司，很多其他組織也跟進使用情境規劃這項工具。汽車製造商想像各種車禍結果；噴射引擎製造商探索它們的產品在面臨種種風險（水、風、海鷗群）時的效能；香水製造公司在模擬各地（例如西伯利亞、亞馬遜叢林、撒哈拉沙漠）氣候的房間內進行人體測試，以得知各種香味的持續時間。許多企業做出非常認真詳盡的情境規劃，投入幾星期、甚至幾個月於詳細研究和數字運算。

不過，基於許多理由，我們相信情境規劃這項工具仍然未被充分利用。一些主管認為，情境規劃太花時間與金錢，也有主管認為市場變化太快，情境規劃幫不上什麼忙。有些人聲稱，情境規劃的**規劃**字眼使它太過強調演繹性思考，但這項工具的角色其實應該是要伸展我們的想像與思考。不過，除了這些理由，我們相信，許多領導人對於情境規劃的探索與煽動性質感到不自在，有些人不想過度伸展他們的認知。就算是那些願意這麼做的人，也還有另一個疑慮困擾他們，那就是情境規劃本身必然帶有的不確定性，畢竟，它比較偏向是一門藝術，不是科學，你無法演繹地證明一個情境的正確度或價值，你無法事先知道它的實際影響將是什麼，你無法知道一種情境最終是否比另一種情境好，唯有歷經時日，你才能看出它的實際牽連性。

但是，我們相信，應用五步驟的新框架內思考流程所創造出的想像、不確定的情境將非常有價值。你不僅將變得自在於情境的模糊不清屬性，你也將變得熱中於情境規劃，視之為開啟種種新框架與新機會的鑰匙。你想像的情境將滲入你的思考和你訴諸的策略，幫助你做出更好的集體決策。我們見過許多公司藉由建構、思索和因應情境——哪怕是最牽強的情境，變得明顯更善於為未來做準備。當然，最終提供價值的並不是情境本身，而是在規劃情境過程

中的提出疑問，探討有效因應之道，為可能的未來做出更好的準備，情境思考，以及把情境和策略關聯起來。

建構情境並不一定得花很多時間。你必須做好事前準備，接著，我們建議你至少用半天時間進行本章敘述的情境規劃流程，你也必須採取後續行動，但我們介紹的方法是相當有效率的流程。*

在建構情境時，我們鼓勵你邀請你的團隊或組織中有職權做出及執行重要決策的成員參與，而不是成立一支專門的情境規劃小組閉門造車。我們發現，相較於成立情境規劃專門小組的傳統情境規劃方法（密集、花很多時間的研究與分析），邀請重要決策者和決策執行者參與，能夠產生更大的影響力。由你和你的同事一起建構情境，你們對情境的所有權感將顯著提高，這意味著你們將更可能從情境中汲取實用價值。我們相信這道理適用於許多類型的組織與機構，例如執行長及其主管團隊、事業單位的經理人、小企業或家族企業的領導。

至於情境規劃的價值，請耐心以對。我們發現，情境規劃鮮少立即或明顯呈現回報，其回報也鮮少產生自明確的預測；情境規劃的價值，將來自你在過程中的學習，以及來自探討它們對你的世界的含義。誠如前美國最高法院大法官小奧利佛·霍姆斯所言：「一個人的思考拓展至一個新領域後，就再也不會回到原來的範疇了。」

傳統的情境規劃方法和在新框架內思考的情境規劃方法還有一個差別：多數傳統方法仰賴分析大趨勢得出的資料點，但在我們的方法中，分析外卡和極端可能性的重要程度不亞於分析大趨勢。舉例而言，請思考這個問題：「五年後你必須付費使用 Google 搜尋服務的可能性有多高？」

---

* 情境規劃方法有幾種，例如劃出特定的不確定軸線，讓情境在各象限中浮現；或是「型態分析法」，列出特定的不確定性，再針對每一種不確定性，探討其種種可能結果。這些在情境規劃領域很著名的方法不同於我們在本章介紹的方法，但我們也非常真誠地建議你把創意和延伸思考帶到這些方法中。

多數人可能會回答「零」。

現在，再思考這個問題：「假設，五年後，你真的必須付費使用 Google 搜尋服務，為何會發生這種變化？」這些人會快速提出種種可能性：缺錢缺很兇的政府被迫找尋新稅源；全球燃料短缺導致能源飛漲，迫使使用龐大數量伺服器的 Google 必須開始對其服務收費；一種改變賽局的新運算法使 Google 能夠對選擇優質搜尋服務的使用者收費。

你瞧，轉瞬間，不可能變成事實。若你再問一次第一個問題，這些人的回答可能會改變。情境思考拓展了我們心中可能性的界限。*

建構你的未來情境

為建構情境，你將仰賴五步驟流程，不論是為情境規劃做準備的階段或是實際建構情境的階段，你都將不只一次歷經其中的某些步驟。你可能需要花幾天、甚至幾週（在某些情況下將需要幾個月）來進行研究，並做一些預備性的腦力激盪。

建構情境的主要基石有四個：

1. **投入要素（例如趨勢）**——很可能發生、將影響你的產業的重大長期趨勢。例如，社交網路的興盛和資訊數位化；特定天然資源的匱乏；全球暖化；巴西、俄羅斯、印度、中國之類國家的勞動及消費者市場如預期地呈現指數型成長。透過顧客研究、競爭情報及其他工具，可以看出某些

---

*　這個思考練習也再一次例示預測性思考和前瞻性思考的差別，前者是演繹地思考未來，後者是歸納地思考未來。

趨勢。

2. **外卡或極端可能性**——雖然非常不可能發生、但萬一發生將對相關趨勢產生顯著影響的事件。例如災難性核子事故風險；美國分裂成兩個國家的可能性；石油價格上漲得太高，導致所有大眾運輸改而仰賴天然氣的風險；到了 2025 年時，最有權力的企業領導人當中有 75% 是女性的可能性；科學概念的突破使得人人的壽命都能超過 100 歲；亞洲勢力的崛起使得近乎全球都以華語溝通。基本上，這類外卡是用以檢驗你所考慮的大趨勢的重要性和關聯性。

3. **變數**——想像真實生活中可能受到大趨勢影響的情況。例如，你的組織是一家全國性報紙，發生第一個基石中提到的那些重要大趨勢，那麼，你的組織面臨的變數，可能是「2025 年時出席一場白宮記者會」，或「2025 年時報導每天天氣」，或是「2025 年時招募記者和特派員」。

4. **假說**——針對前述每一個變數（可能受到大趨勢影響的真實生活狀況），腦力激盪一番，想像可能發生什麼，以及可能接踵而來的情形。舉例而言，針對「2025 年時報導每天天氣」這個變數提出的假說之一可能是「4-D 地球儀」：立體影像動畫地球模擬，呈現於你的 iPad 或其他平板器材上，你只需要用手指點觸地球儀上的地點，就可以得知該地當天的天氣。也許，這立體影像會對危險的天氣型態和長期風險（例如聖嬰現象）發出警訊。我們通常鼓勵情境規劃的參與者針對每個變數提出四種假說。

在使用新框架方法來建構情境時，你和你的一群同事將會列出趨勢及外卡清單，接著使用這些趨勢及外卡來想出一些變數，再針

對每個變數，發展出一些假說，然後經過腦力激盪和討論，把它們建構成概略情境。之後，你們對這些情境的「材料」做出必要修改，建構完整情節，對內容進行溝通，辨識出這些情境對組織策略及主要決策的含義。

我們的模型有相當大的彈性。你們可能決定光是流程的一個部分就需要花幾小時，或是設法在其他部分節省時間。你可以和一群同事一起做準備，和一小群值得信賴的同事一起進行情境規劃研討會，然後才探討情境的含義。我們的一些客戶選擇舉行兩場、三場或四場系列研討會，例如，一場研討會專門探究大趨勢，另一場研討會建構概略情境，其餘研討會用來探討情境的含義及應該採取的行動。若你舉行情境規劃研討會，最好找一個主持人，此人應該在會議一開始說明方法，並主持接下來的討論。主持人應該要熟悉此方法以及你所做的事前準備，並且擅長激發與會者討論，最好是與計畫無關者（例如來自公司另一個部門，或是非公司內部人士）。

重點在於必須讓情境的最終使用者以某種形式參與情境規劃流程，最起碼要讓他們協助辨識趨勢及探討情境的含義，不過，更理想的是，也讓他們參與情境建構流程。

情境規劃——歐洲鐵路行業協會的例子

2008 年和 2009 年初，金融危機和後續的不景氣對幾乎所有企業構成空前壓力，政府掌政者換人，關門歇業的企業多不勝數，若你從事的是金融服務業，你可能沒把握你的公司在幾星期後是否還存在。若你當時在歐洲的鐵路業任職，你會讀到報紙報導火車貨運

量減少25%，[1]預期乘客載運量將下滑10%至20%。[2]更廣面來看的可能發展是，商業型態將改變，新競爭者出現，政府管制將變嚴，非必需品消費將更趨蕭條。一言以蔽之，此時不僅得快速急迫地因應危機，也必須創意地思考。

就短期而言，你會力圖增加鐵路載客及貨運量；想得稍長遠些，你會急於了解和鐵路業有關的重要大趨勢，以及這些趨勢可能如何影響你。至於長程方面，你很想了解從現在起到2025年，這個產業可能如何發展，其未來將會是怎樣的面貌？為此，歐洲鐵路行業協會（UNIFE）需要進行情境規劃。

歐洲鐵路行業協會代表設計、製造、維修及翻修鐵路運輸系統和相關設備的歐洲公司，其會員包括艾斯敦（Alstom）、龐巴迪（Bombardier）、西門子（Siemens）之類的大公司，以及歐洲的許多大型全國性質鐵路公會，例如法國的鐵路工業聯盟（Fédération des Industries Ferroviaires, FIF）、德國的電子電氣製造業公會（ZVIE）、瑞士國鐵（Swiss Federal Railways）等等。

歐洲鐵路行業協會組成一個工作小組，成員是來自歐洲幾家大型鐵路公司的主管，這個小組花四週時間為一天的情境規劃研討會做準備，邀請我們擔任研討會主持人。我們和歐洲鐵路行業協會使用下文敘述的五個步驟來建構情境。

步驟 1：懷疑一切

在鐵路運輸工業，確定性是至高無上的要素；火車應該準時，

---

1 Fabrice Amedeo, "Le fret ferroviaire s'effondre," *Le Figaro*, February 18, 2009.

2 Christopher Hinton, "Drop in Business Travel Slams Airlines, Hotels," Market Watch, April 16, 2009, http://articles.marketwatch.com/2009-04-16/news/30778714_1_high-end-hotels-iata-business-travelers.

不能出任何差錯。就某種程度而言，情境規劃正好抵觸這要素：情境規劃充滿不確定性，並且鼓勵懷疑。

在新框架中思考的第一步是懷疑一切，事實上，我們認為，願意展開情境規劃流程，就已經展現某種程度的懷疑了。思考可能發生什麼情形以及多種可能的未來，基本上就是承認很多事是你無法預測的，但你仍然想為這些做準備；你承認你對未來的看法並不充分。

和歐洲鐵路行業協會的合作案中，我們首先訪談重要的利害關係人，以了解他們對未來的看法，以及他們的現有框架和限制。我們說明「在新框架內思考」的流程，詳細解釋我們的情境規劃方法，並使用謎題、錯覺及其他的練習題來為與會者暖身，鼓勵他們質疑他們的觀點，讓他們開始懷疑。我們請他們思考一個未來世界（例如 2025 年），在這世界中，各地的人們拒絕搭乘火車！雖然，多數與會者不認為這是很可能發生的情形，我們的目的是幫助他們釋放他們的心智，分析為何會發生這種情形，思考這對他們和他們的公司有何含義。

步驟 2：探索可能性

這個階段的主要目標是辨識重要的大趨勢，開始思考可能的「外卡」，亦即一些更出奇而可能影響這些趨勢發展的因素或事件。在研討會之前，我們鼓勵歐洲鐵路行業協會先辨識出他們認為高度可能發生、將影響整個社會體系的長期趨勢。在研討會上，我們鼓勵與會者討論這些大趨勢，它們的相對重要性及可能影響，然後聚焦於較少數的趨勢。

在歐洲鐵路行業協會考慮的重要大趨勢中，一些趨勢和鐵路業的關聯性較大，包括：

- 都市化。
- 人口成長及老齡化。
- 化石燃料匱乏。
- 移動力提高。
- 全球化及貿易障礙的變化。
- 產品的個人化。
- 印度、中國及其他快速發展經濟體的力量增強。
- 通訊技術的發展。
- 替代能源。
- 對恐怖主義的益趨關切。

在情境規劃中，辨識這類趨勢是非常重要的工作，為什麼？因為趨勢為情境提供現實基礎，激發進一步思考種種有用的主題。不過，就算辨識出非常多的趨勢，也還不足以建構情境，因為再怎麼周延仔細，我們仍然會忽視未來的某些層面。就算我們辨識出涵蓋所有可能性的全部趨勢，我們仍然會受到我們的認知及判斷偏誤的影響，我們不會完全客觀地檢視任何一個趨勢，我們總是必須解讀趨勢，解讀則必然帶有主觀性。

此外，在建構情境時，你必須考慮外卡、極端可能性、以及我們所謂的「假設的連續性斷裂」（hypothetical breaks in continuity），包括：

- 發生顛覆破壞性事件的風險，例如出現新的商業聯盟，或是

遊戲規則的改變。

- 其他相關計畫的影響，例如競爭者把製造廠遷移至低成本國家。
- 重大的不確定性，例如出現新疾病，出現大規模恐怖攻擊事件，颶風及水災的發生率提高。

　　根據這些因素，你接著展開腦力激盪，想像種種發生可能性雖低、但萬一發生將產生大影響的情況。你也應該探討一些可能影響你的見解的煮蛙（容易被忽視的逐漸變化），或房間裡的大象（被忽視的常識問題）。

　　在歐洲鐵路行業協會的研討會上，與會者考慮了幾項高風險外卡，例如歐盟國家的合作衰減，個別國家的力量再度升高；中國在非洲的影響力漸增之下，一些非洲國家改用人民幣。

　　在探討了可能性，檢視許多趨勢並研判決定哪些趨勢看起來最重要之後，你就可以進入步驟 3 了。不過，我們得在此強調一點，針對你的組織應該聚焦於哪些趨勢和外卡，欲達成共識，通常有某種程度的複雜性。由於人們往往在這方面的看法分歧，我們通常會進行民意調查，或是請與會者就各種趨勢投票，使他們能夠縮減到只剩下看起來最重要的趨勢。你也可以考慮辨識出那些最具爭議性的大趨勢，亦即一些人強烈認為極重要、但其他人認為它們沒這麼重要的趨勢。事實上，我們曾經在一些案例中讓決策者投票決定，他們認為哪些趨勢和外卡的影響程度最大（或是他們覺得他們和他們的組織對哪些趨勢及外卡的準備程度最差），然後，我們把歧見最大的項目拿來作為步驟 3 及步驟 4 的探討主題。有時候，這些爭議性高的趨勢雖看似很牽強且不太可能發生，但到了建構情境時，反倒是最具關聯性的趨勢。為何會這樣？這裡舉個例子：想像幾年

前，若大型航空公司的主管在情境規劃會議中，考慮到火山灰雲可能如何影響空中交通達數週的話，將在日後產生多大的助益。但在當時，把「火山再噴發」視為重要趨勢，恐怕會被斥為荒謬。但是，最終發生的卻是可能性很低的這個外卡，2010 年春天，冰島艾雅法拉冰蓋（Eyjafjallajökull）下的火山兩度噴發，火山灰雲導致西歐和北歐空中交通大亂超過一個月，各家航空公司倉促開闢替代航線，並且蒙受相當大的財務損失。

步驟 3 與步驟 4：擴散性和聚斂性思考

在新框架內思考的方法應用於情境規劃時，有一個重要的差異：將有三回合的擴散性和聚斂性思考，第一回合提出變數；第二回合針對每個變數進行腦力激盪以建構幾種假說；第三回合則是使用這些假說來建構情境。

擴散性和聚斂性思考——第 1 回合：構思變數

變數是基本要素，因為人類最擅長想像景象，為激發創意，必須想像有清楚限制的特定景象。根據你及與會者對趨勢的研究，以及你們考慮的外卡和極端可能性，構思能幫助你們想像情況的變數。舉例而言，我們最近為一個客戶提供諮詢服務，在都市化、人口老齡化、新興市場愈來愈重要等趨勢下，我們提出的一個變數是「2020 年在印度班加羅爾的家庭午餐」。這個變數讓研討會可以清楚地在相關的大趨勢上進行討論，也使與會者能夠想像班加羅爾的家庭以及一家人一起吃午餐的景象。

在歐洲鐵路行業協會的研討會中，我們探討與全球大環境有關的趨勢和主題：地緣政治、人口結構，以及經濟狀況的可能變化。接著，我們檢視整個運輸業的發展情勢。最後，我們探討鐵路業重要產品供應商的經營模式以及這些企業的健全性。在擴散性思考階段，我們構思了 10 到 12 種可能的變數，接著在聚斂性思考階段決定聚焦於四個變數，用這些變數來激發創意思考，請參見右頁的圖表。

　　針對全球大環境／地緣政治因素，與會者決定思索的變數是 2025 年《經濟學人》（The Economist）耶誕節特刊封面會是什麼。他們也思索 2025 年的某個週一早上抵達紐約市賓夕法尼亞車站時的景象。為評估整個運輸業的可能發展變化，他們決定思索的變數是 2025 年從辛巴威首都哈拉雷（Harare）運出香蕉至西班牙巴塞隆納的情景。至於鐵路業的可能變化，他們決定思索的變數是在 2025 年為一項大型鐵路計畫撰寫投標文件時，可能會包含哪些資訊及因素（註：這裡的投標文件指的是「提案徵求書」，一家鐵路公司說明它將如何完成此計畫、需要的經費及其他成本、完成計畫過程的重要里程碑等等）。

　　就歐洲鐵路行業協會的例子來說，它不需要去探索和全球大環境有關的許多變數（例如，2025 年《經濟學人》耶誕節特刊封面；2025 年在印度班加羅爾的家庭午餐；2025 年發生在德國的大罷工情景），因為許多變數的探索結果將不會和該協會有足夠關聯性。它也不需要探索和運輸業有關的許多變數（如右頁圖所示，大概從四個中選出兩個就夠了），因為很多變數的探索結果會太狹隘。我們通常建議對全球大環境這領域聚焦於一個變數，對產業這一環聚焦於兩個變數，對公司／團隊這一環聚焦於一個變數。此外，不要探索太多跟同一組趨勢有關的變數（例如全都是跟人口結構或替代

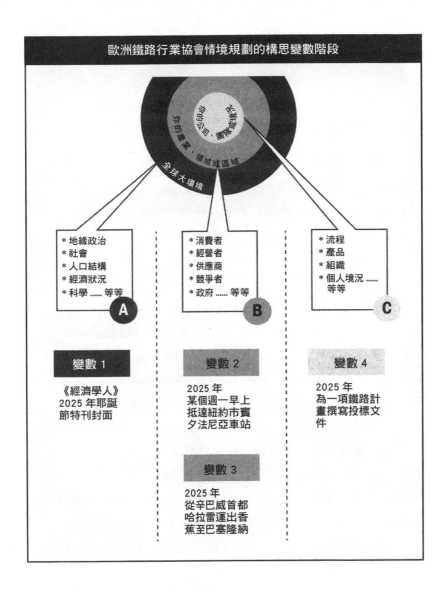

歐洲鐵路行業協會情境規劃的構思變數階段

你的公司、團隊或事業

你的產業、領域或區域

全球大環境

* 地緣政治
* 社會
* 人口結構
* 經濟狀況
* 科學 …… 等等

A

* 消費者
* 經營者
* 供應商
* 競爭者
* 政府 …… 等等

B

* 流程
* 產品
* 組織
* 個人境況 ……
  等等

C

變數 1

《經濟學人》
2025 年耶誕
節特刊封面

變數 2

2025 年
某個週一早上
抵達紐約市賓
夕法尼亞車站

變數 4

2025 年
為一項鐵路計
畫撰寫投標文
件

變數 3

2025 年
從辛巴威首都
哈拉雷運出香
蕉至巴塞隆納

能源有關的變數），你應該觸及更多不同的趨勢，這樣才能擴展可能性的範圍。

右頁的圖表則列出歐洲鐵路行業協會決定探索的四個變數，以及和每個變數有關的一些重要趨勢。

擴散性和聚斂性思考──第 2 回合：對每個變數建構幾種假說

第 2 回合的擴散性與聚斂性思考是針對每個變數進行腦力激盪，以精修或建構新奇的假說，最終，這些假說將被用來建構情境。

以上一個步驟為基礎，現在，你針對每個變數，建構生動的假說（假說 1、假說 2、假說 3 等等），反映極限、顛覆破壞點、痴心妄想、混亂、榮景等等。每一個假說必須看似有理，但又不確定。一份理想的假說清單應該包含種種明顯不同的假說。

在流程的這個部分，把與會者分組，每組約三到六人，每組處理一個變數（視與會人數而定，若與會人數較少，每組可能不只處理一個變數）。每組應該討論相關趨勢，提出廣泛的假說（擴散性思考），進行討論之後，針對每個變數，決定四到五個假說（聚斂性思考）。各組完成分別負責處理的變數後，所有與會者可以共同討論結果。

你及其他與會者應該針對每一個變數提出種種疑問，舉例而言，針對歐洲鐵路行業協會決定探討的第二個變數（2025 年的某個週一早上抵達紐約市賓夕法尼亞車站），與會者可能探討的疑問包括：此時的火車是什麼模樣？車站裡頭繁忙嗎？有開往哪些城市的火車？火車和其他哪些運輸工具聯運？從人口結構的角度來看，此時的乘客是哪些類型的人？

在歐洲鐵路行業協會的研討會上，討論第三個變數（2025 年從

變數 1：2025 年《經濟學人》
耶誕節特刊封面

- 生態意識
- 都市化
- 人口結構
- 工程產能不足
- 資源匱乏
- 地緣政治

變數 2：2025 年的某個週一早
上抵達紐約市賓夕法尼亞車站

- 聯運合作
- 技術創新
- 都市化
- 人口結構
  （老齡化／人口成長）

變數 3：2025 年從辛巴威首都哈
拉雷運出香蕉至西班牙巴塞隆納

- 互通性
- 聯運競爭
- 生態競爭
- 地緣政治

變數 4：2025 年為一項鐵路
計畫撰寫投標文件

- 消費者類型（政府、私人）
- 服務／產品／技術的範圍
- 合約類型（興建－營運－移轉的
  BOT 模式；統包模式……）
- 價格及融資選擇
- 規範／標準
- 競爭
- 流程／組織

辛巴威運送香蕉至西班牙巴塞隆納的情景）時，負責此變數的小組提出了幾種假說。其中一個假說是：投資以及和較富有國家的貿易使得非洲經濟發展興旺，這種榮景可能促使非洲興建了更好的運輸系統，尤其是在中國輸出的低成本技術下建造的鐵路運輸。另一個假說是：廉價航空旅行變得更加普遍，取代了很多火車旅行，說不定，將來很少人會考慮使用相對較昂貴的鐵路運輸服務來運送容易腐爛的貨品（例如香蕉）。或者，基於碳排放量的考量，航空旅行將顯著受限，使用太陽能的火車可能變成未來的主要運輸系統。或者，氣候變遷造成更容易在歐洲種植香蕉，歐洲對非洲香蕉的需求將銳減，甚至不再需要進口非洲香蕉。

建構好假說後，為它們取簡短、容易記得的名稱，這有助於鞏固與會者對這些假說的印象。以下是歐洲鐵路行業協會針對四個變數所建構的奇特假說。

變數 1：2025 年《經濟學人》耶誕節特刊封面

- **虛擬耶誕節晚餐**。透過網路攝影機共進耶誕節晚餐，在線上和虛擬家人交換耶誕節禮物，人人都有一個虛擬身分和一個實質身分。

- **白金年代**。這是一個有無限的綠色低成本能源的黃金年代，運輸工具使用可充電電池，因此發展出新經濟模式。

- **北京 1，紐約 0**。中國變成世界經濟強權，囊括 90% 全球最頂尖經理人、大學及人才，中國工程師比加州較廉價的工程師更受青睞。

- **最後存活者**。地球生命條件的破壞使得人類面臨滅絕威脅，城市興建於水下及太空中。

變數 2：2025 年的某個週一早上抵達紐約市賓夕法尼亞車站

- **逍遙行。**無紙票；巴士／火車／地鐵車票完全互通；更快速的火車旅行使得車站人潮更多，但人們有效率地通行。

- **宛如監牢。**執著於安全至上，封閉管式的運輸，乘客從火車的一端上車，從另一端下車，車站裡沒有服務或商店。

- **高聳的城市。**整個城市都是摩天大樓，賓夕法尼亞車站也是其中一部分；火車只營運遠距離。

- **幽靈。**市中心空蕩蕩，賓夕法尼亞車站已經廢棄，紐約是個「鬼城」，有許多市郊，但市中心沒有生命跡象。

變數 3：2025 年從辛巴威首都哈拉雷運出香蕉至西班牙巴塞隆納

- **美好的非洲香蕉榮景。**歐洲責任感催生的公平貿易在非洲創造財富與機會，帶動運輸的興旺，尤其是在中國輸出的低成本技術下建造的鐵路運輸系統。

- **快速香蕉。**消費者需求快速供應且廉價新鮮的產品，低成本且能持久的航空交通和更多的航空樞紐取代了鐵路運輸。

- **電氣香蕉。**為避免增加碳排放，火車使用太陽能，包括遍布非洲的高速火車，摩洛哥北部坦吉爾（Tangier）到直布羅陀之間興建了海底隧道，這更稠密的鐵路網對非洲的發展大有幫助。

- **本地食物。**對在地消費的渴望，對本地和地區性產品的信心提高，再加上保護主義和全球暖化效應，這些因素結合起來促成在歐洲種植香蕉，這意味著不再需要從非洲運送香蕉至歐洲了，長程火車貨運業務大幅衰退。

變數 4：2025 年為一項鐵路計畫撰寫投標文件

- **點選與購買。**火車製造商提供只有有限選項的標準規格火車，透過型錄銷售，客戶直接在線上購買。
- **大象。**每隔十年舉行一次泛歐洲的大型投標涵蓋整個歐洲大陸，贏家通吃。
- **全面行動解決方案。**火車製造商全套服務解決方案，不僅提供產品及維修，也包含營運和基礎建設，它們處理和其他形式運輸工具之間的介面與連結，管理所有風險，免去客戶承擔職責。
- **鐵幕。**對投標採行國家主義方法，優先考慮本土公司，工程及製造大都在地化，為城鎮及地區創造附加價值，合約使用本地語言。

你可以注意到每個變數的各種假說有相當大的差異性，這很重要，你應該為每個變數建構非常不同、可以想像、但發生可能性不高的假說。

擴散性和聚斂性思考——第 3 回合：使用假說來建構情境

最後一回合的擴散性與聚斂性思考要研擬情境。在這階段，應該栩栩如生地說明假說，使與會者能看出共同主題，開始研判當這些假說交錯在一起時，如何暗示不同的可能未來景象。假說是建構情境的重要基石，但這第三回合的擴散性與聚斂性思考也很重要，這是全體討論階段，所有人都必須做出大量的擴散性思考及討論，交流想法，考慮未來可能面貌的種種論點。與會者共同構思情節，把來自每個變數主題的一個假說（或幾個假說）串連起來。

每一個符合邏輯、條理連貫的假說鏈將變成一個情境的材料。

只有一條途徑可以把各種假說轉化成有助益、有意義的情境，那就是立即開始——必須有人提出第一個想法：一個條理連貫的情節，把幾個假說連結起來。接著，所有與會者透過一些擴散性的「對，而且……」討論，最終產生完全不同的構想。前面階段為大約四種情境準備的所有材料浮現後，最終將會匯聚起來。

下頁圖顯示歐洲鐵路行業協會如何把這些假說合併起來，形成各種情境。與會者決定，「逍遙行」假說（賓夕法尼亞州車站現代化、有效率的火車旅行）可能發生於使用太陽能動力火車的世界，而且，這樣的火車也把香蕉運出哈拉雷。在非洲經濟繁榮發展的未來，紐約可能也豎立了更多的摩天大樓。有些假說被使用了兩次，也有假說完全未被用到，一些假說被合併或調整。有時候，這可能看似反直覺，但我們的最終目的是建構情境，假說和變數很快就會變得不再重要。舉例而言，在變數 2 中，「高聳的城市」被用於兩個情境，而「幽靈」這個假說則完全未被使用到；變數 3 中的「快速香蕉」和「電氣香蕉」被合併起來。

建構了情境之後，下一步是為每種情境取一個富於想像的名稱。此外，也要檢驗每種情境，一個好的情境必須生動且令人感到驚奇，必須切題，條理連貫，貌似有理，後果顯著，明晰易懂，容易講述，甚至舉例說明。

身為情境規劃者，你們的創意應該投入於富有想像力地結合假說，建構出逼真且條理連貫的情境。

理想上，應該建構三、四種結構或性質不同的情境，而非只是把一種情境簡單變化成幾個版本。這一套情境應該盡可能涵蓋更多不同的未來面貌，以及通往這些未來的不同路徑，也要凸顯種種問題及壓力，並提出各種計畫。

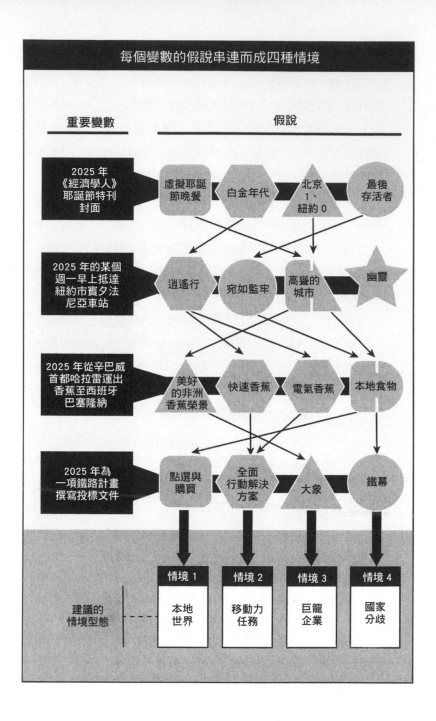

每個變數的假說串連而成四種情境

重要變數　　　　　　　　　假說

2025 年
《經濟學人》
耶誕節特刊
封面

虛擬耶誕
節晚餐　　白金年代　　北京
1、
紐約 0　　最後
存活者

2025 年的某個
週一早上抵達
紐約市賓夕法
尼亞車站

逍遙行　　宛如監牢　　高聳的
城市　　幽靈

2025 年從辛巴威
首都哈拉雷運出
香蕉至西班牙
巴塞隆納

美好
的非洲
香蕉榮景　　快速香蕉　　電氣香蕉　　本地食物

2025 年為
一項鐵路計畫
撰寫投標文件

點選與
購買　　全面
行動解決
方案　　大象　　鐵幕

情境 1　　情境 2　　情境 3　　情境 4

建議的
情境型態

本地
世界　　移動力
任務　　巨龍
企業　　國家
分歧

歐洲鐵路行業協會的研討會與會者建構了下列四種情境。

- **本地世界**。歷經金融危機衝擊後，世界出現通訊技術榮景，虛擬世界變成社會骨幹：全球的虛擬方式通訊連結。我們變成更都市化的社會，富裕城市和較貧窮農村地區的差異更趨明顯。行動對人們而言變得較不重要，乘客運輸量減少，貨物運輸量增加，但一些貨物（例如食物）的運輸量減少了，因為相較於以往，我們現在購買更多本地食物。

- **移動力任務**。能源科學的一項重大發現促成環保技術革命，進而終結金融危機。無限量的環保能源引領環保運輸技術的密集發展，汽車、甚至飛機都變成使用環保能源，人與貨物的全球移動力提高。鐵路業改變：如今，火車和其他種類運輸工具的競爭加劇，鐵路運輸業者發展出結合航空、汽車及火車的運輸選擇；鐵路運輸、航空運輸、汽車運輸爭相變得更快速、更便宜、更便利。

- **巨龍企業**。西方國家歷經數十年停滯成長的同時，中國宰制全球的經濟、產業和金融市場；吸引最優秀的人才，擁有舉世最優秀的大學；有規模龐大的企業，開採及利用非洲和南美洲的資源；中國政府用繁榮經濟賺得的巨額現金收購大型公司。中國的鐵路企業領先全球，西方的鐵路公司只能靠著削價和提供更多服務來謀求生存。

- **國家分歧**。數十年的低成長導致世界許多地區興起保護主義，經濟因素導致歐盟和國際貨幣基金（IMF）瓦解；國家主義變成全球各地盛行的政治意識型態，地方和國家層級的經濟結構改變，全球貧富差距加劇。在國家與國家之間出現新經貿障礙之下，運輸業務變成以本地為主，國際交通量銳減，沒

有互通性；供應商大都是本地廠商，並且獲得補貼。

為每種情境取名及摘要後，情境的材料將變得清晰，若否，可以增加說明，或是做出一些修改。最重要的是，你們將會辯論及增色每一個情境，每一個新框架，使情節及其潛在含義變得有血有肉。在這麼做的同時，探討每種情境演進的全球背景，以及每種情境和預期的大趨勢如何關聯。試著了解每種情境將對你的組織的不同領域產生什麼影響，探討每種情境的潛在機會、利益、優勢、可能挑戰、風險與不利。還可以增加什麼情節內容，使這個情境變得更具說服力？有什麼觸發因素（觸發因素可能是黑天鵝，或是一些更自然演進的事件）將促使這個情境確實發生？運用你的想像力來幫助你想像可能導致一或多種情境確實發生的情況、事件、環境。

在歐洲鐵路行業協會的研討會上，我們為每種情境增添情節以及可能觸發它們實際發生的因素：

- **本地世界**。情節聚焦於一個歐洲大城市，高度連結，充滿摩天大樓，詳細描繪 2025 年時的生活型態。觸發因素：eBay 收購沃爾瑪（Wal-Mart）。
- **移動力任務**。情節聚焦於一所美國大學校園，充滿環保和替代能源文化。觸發因素：工程師開發出新的廉價環保電池。
- **巨龍企業**。主要著眼於中國人無處不在的非洲，情節描繪影響世界的新經濟力量。觸發因素：在電子產品的生產方面，中國超越英特爾。
- **國家分歧**。情節探討三個歐洲首都（主要是布魯塞爾），政治人物辯論歐盟和多國籍企業的未來。觸發因素：不同歐洲國家內的三個地區同時宣布獨立。

每種情境的完整情節可能包含數千字的描述，不過，有句箴言說得好：「少即是多。」在完成情境的建構後，接下來需要簡潔地溝通它們，有效且令人信服地使用它們，在多數現代組織內傳閱長達四千多字的情境詳盡描述，將是缺乏效益的做法（事實上，典型的情境規劃之所以被使用得少，原因之一可能就是這種過度做法）。清楚、有趣、容易理解的情境溝通，更有助於讓沒有直接參與情境規劃工作的人從這些努力結果獲益。以下四頁將分別列出歐洲鐵路行業協會最終建構的每一種情境，扼要說明情節，對鐵路業的利害關係人的含義，以及迎合「右腦」的生動漫畫。

　　這些圖表只是用以表達情境的方法之一，歐洲鐵路行業協會最終在其年報中包含這些情境，也有組織地把建構的情境列為機密文件，使用虛構的 2020 年報紙或類似媒介，在內部溝通它們。不論你使用怎樣的溝通方法，在建構了情境之後，接下來務必聚焦於如何溝通和使用它們。切記，情境不是行動計畫，你應該把情境當成工具，用來在組織中促進建設性、及時、且往往迫切需要的思考流程。理想的情形是，情境變成每個組織層級的每個人在思考有關於未來的疑問或未來可能發生什麼情況時的寶貴參考點。情境可用以檢驗經營方法，挑戰觀點，確保策略願景盡可能穩健，評估把策略應用於不同境況或不尋常境況時的適當性。

情境 1：本地世界

- 金融危機後，出現通訊技術榮景，改善成本效率及環境便利性。
- 虛擬世界變成社會骨幹：通訊發展，人們透過網路會面及生活。
- 高度都市化使得富裕城市和較貧窮農村地區的差異更趨明顯。
- 人們變得更敏感於環境疑慮和營養品質，使得對本地生產的食物需求增加。
- 乘客運輸減少，貨物運輸增加。

對鐵路業的重要含義

消費者	• 虛擬通訊是日常生活核心，人們的交通量大減，但貨物宅配增加。 • 環保意識更強烈，需求本地食物。
管制當局	• 由於人們對鐵路運輸服務的需求大減，政府對鐵路業的支援減少。 • 只有有利可圖的鐵路運輸路線得以生存。
鐵路業者	• 客運：小市場，高價優質區隔。 • 貨運：非常高速，都市及地下服務。 • 大型聯運業者和專營最後一段運輸路程的業者。
供應商	• 整體市場衰減導致加速整合。 • 中國廠商在大型國內市場繁榮。 • 標準化是關鍵，火車變成在線上銷售與購買的商品。
技術	• 整合的通訊系統。 • 鐵路業所有區隔出現自動化系統。 • 研發活動聚焦於貨運：速度，效率，成本，環保。
商業模式	• 超高效率供應鏈。 • 為創造規模經濟與範疇經濟而展開整合。 • 資訊和聯運管理很重要。

漫畫來源：Tonu of CartoonBase。

情境 2：移動力任務

- 能源科學的重大發現促成環保技術革命，進而終結金融危機。
- 新的環保能源引領環保運輸技術的高度發展（尤其是汽車）。
- 人及貨物的移動力提高；期望提供全面且結合多種運輸工具的聯運服務。
- 鐵路業面臨挑戰：
  - 和其他運輸方式激烈競爭；
  - 運輸業者擴大並結合不同的運輸方式（航空，道路，鐵路）；
  - 在速度、服務品質、價格等方面的差異化壓力增加。

對鐵路業的重要含義

消費者	• 乘客想要整合與客製化的解決方案；結合所有運輸方式的充分移動力服務。 • 鐵路業和其他形式運輸業激烈競爭。
管制當局	• 相對於其他形式的運輸，政府對鐵路業的支援誘因降低：無需再顧慮二氧化碳排放量。 • 整體而言，對政府的含義甚少。
鐵路業者	• 貨運：國際整合和聯運整合。 • 更加施壓供應商改善互通性、速度、品質、成本。
供應商	• 西方國家供應商在聯運方面有先發者優勢，直到中國發展出破壞性創新概念而獲得新優勢。
技術	• 開放源碼，互通性，各種運輸方式結合，運輸時程安排整合軟體。 • 非常快速的創新：快速創新的能力是關鍵。
商業模式	• 每個層面都有新進的競爭者，甚至是來自其他產業。 • 整合幾種運輸方式的能力是關鍵。

漫畫來源：Tonu of CartoonBase。

- 全球區分成幾個區域，西方國家變窮，中國變成領先者。
  - 宰制全球的經濟、產業和金融市場；
  - 利用非洲及南美洲的資源，繁榮經濟賺得的巨額現金；
  - 以舉世最優秀的大學取得「腦力稱霸」地位；
  - 中國企業在全球各地收購公司。
- 在鐵路業，中國公司是全球領先者。
  - 龐大的中國市場，有最先進的技術；一在成本與技術方面領先；
  - 西方市場停滯成長。

對鐵路業的重要含義

消費者	● 需求低成本的貨運及客運解決方案。 ● 服務商品化，有限的客製化，低量服務。
管制當局	● 高度自由化，業者彼此激烈競爭。 ● 以低成本且標準化的解決方案提高獲利力。 ● 政府的財務支援減少。
鐵路業者	● 新競爭者提供商品化的基本運輸服務。 ● 全球性業者利用標準化促成的規模。 ● 已開發國家的貨運量減少。
供應商	● 中國的供應商生產低成本的鐵道運輸車輛。 ● 中國的企業在競爭激烈的西方市場上積極購併。 ● 少數西方業者聚焦於服務和品質。
技術	● 中國的供應商透過購併取得高階技術。 ● 中國發展新技術，訂定新標準，但大致上降低創新程度。
商業模式	● 供應鏈上的每個環節（鐵路業設備、鐵路業運輸服務）都有中國業者，並收購現有資產。 ● 低成本火車推動租賃服務的發展。

漫畫來源：Tonu of CartoonBase。

- 歐盟和國際貨幣基金瓦解，區域貿易障礙不復存在，國際貿易減少。
- 金融危機餘波持續影響歐洲國家，保護主義抬頭，不安全感瀰漫。
- 國家主義成為所有地區的主流政治意識與政策。
- 在國家之間和地區之間出現新經貿障礙之下，運輸業務變成以本地為主（都市運輸、大眾運輸、地區運輸）。
  - 一沒有互通性，國際交通量極少；一國際和諧與自由化程度降低；
  - 一本地供應商獲得本地政府補貼。

對鐵路業的重要含義

消費者	• 需求地方和地區性移動力，對國際移動力的需求銳減。 • 需求運輸及公共區域的安全性。 • 發展成熟國家和貧窮國家之間的財富與需求差距擴大。
管制當局	• 自由化程度降低，保護主義政策與措施增加。 • 政府支援本地及公營鐵路業。 • 管制當局應付運輸安全性課題。
鐵路業者	• 減少全球業務拓展；長程貨運量減少。 • 回到地方性營運者的年代，一個區段只有一個業者。
供應商	• 由於保護主義抬頭，業者的採購量必須有一定比例來自本地供應商。 • 全球性供應商想要取得訂單，只能收購當地企業。 • 由於必須採用當地標準，導致高成本和欠缺效率。
技術	• 各國採行的技術明顯差異。 • 整體而言，創新減少（因為缺乏創新誘因）。 • 發展應付安全性課題的技術。
商業模式	• 更多的本地競爭者，必須有當地內容。 • 只有受國家保護的業者得以生存。 • 整個產業的成長緩慢。

漫畫來源：Tonu of CartoonBase。

在試圖了解一種情境的實務含義時，你和其他的決策者應該考慮諸如以下的問題：

- 若你們知道這個情境將發生，你們將面對什麼機會與威脅？
- 你們會採行什麼策略？這將會如何改變你們的現行方法？
- 有什麼線索或領先指標能警示你們將發生此情境？
- 在此環境下，需要做什麼才能使組織有成功表現？這情境將對組織的每個部分產生什麼影響？對你們的顧客產生什麼影響？對你們的競爭者產生什麼影響？
- **你們現在必須做什麼準備？**

你可以使用本書介紹的技巧來探討這些疑問，例如，你可以站在不同的利害關係人（競爭者、顧客、管制當局等等）的角度來思考，他們可能對每種情境做出什麼反應。你也可以運用擴散性思考，例如，使用想像「合資企業」的方法，列出每種情境下發展新產品或服務的潛在機會。

開始使用情境作為新框架後，你的組織被意外狀況衝擊的脆弱度將會減輕，你的組織將變得更能調適，你遇上尤里卡時刻的可能性將大於遇上卡蘭巴時刻。你的組織的心智模式將延伸，以更廣的視野去了解環境。你和你的同仁在試圖預期和因應不確定的未來時，將有一個共通語言可資使用。

歐洲鐵路行業協會的會員發現，在應付不斷變化的世界時，情境既前瞻且實用。基於這些情境，該協會對以下六個主題做深入分析：中國之類的快速發展競爭者崛起；未來的政府管制；新的破壞性創新技術；鐵路業者的經營環境變化；商業模式的潛在變化；整合與客製化運輸服務的需求。這些情境使個別會員能夠改以更深入

的方式來檢視其事業機會，情境和深入分析為它們的策略提供寶貴參考，它們現在聚焦於新興市場進入障礙較高的區隔，擴大它們的維修服務項目範圍，調整它們的研發流程以縮短問世時間。此情境規劃研討會結束後，在華沙舉行的一場大型會議中，20 位之前的情境研討會與會者和近 200 位鐵路產業領導人（大都是各家公司的執行長）分享這些情境及深入分析。

西門子鐵路系統事業單位的策略總監尤根・梅伊爾（Juergen Meyer）表示：「在進行策略規劃時，我們仍然使用情境，我們也在日常營運中使用情境來檢視我們是否忽視了什麼，也檢視每種情境如何演進。很顯然，情境規劃改變了我們思考未來的方式。」

步驟 5：不斷地再評估

跟任何框架一樣，就算是最出色、最前瞻的情境，也不可能恆久令人信服。在歐洲鐵路行業協會的研討會上，與會者普遍覺得「巨龍企業」這個情境太極端。此情境的詳細描繪是：「中國的鐵路企業領先全球，以先進技術吸引最大市場，並且具有規模經濟。西方業者只能靠提供服務來求生存。」不過，這情境仍然對歐洲鐵路業者有所幫助，在研討會後，它們共同研商如何因應世局變化時，許多業者不再認為中國進軍它們的後院是不重要、可輕忽的事了。

事實上，在那場研討會後，現實印證了「巨龍企業」情境裡的許多元素。中國最近投資三千多億美元興建高速子彈列車網絡，承諾把中國各大城市之間的交通時間縮短達一半。預期這種更便利、更快速的運輸將助長貿易，帶動建築、商品及觀光等產業的成長。[3] 中國已經有一條高鐵連結上海與北京，全長 820 英里，只需

五小時（在其他許多國家，這距離得花 18 小時的火車車程），預估這項工程將在 2020 年前完工。[4] 中國如今在土耳其、委內瑞拉及沙烏地阿拉伯協助興建高速鐵路，另外還在包括美國在內的七個國家開拓這類工程計畫。[5] 美國的領導人憧憬在德州、佛羅里達州和加州興建高鐵走廊，歐洲鐵路行業協會的幾個會員對此商機極感興趣，想提供興建和營運的關鍵技術，但是，如同「巨龍企業」情境所想像的，中國的高鐵業者是巨大的競爭者，很可能和歐洲鐵路行業協會會員形成激烈競爭。

儘管「巨龍企業」情境的很多部分可被視為已經實際發生，我們仍然忠告歐洲鐵路行業協會會員保持警覺，當你為你的組織建構各種情境時，我們同樣也對你提出這項忠告。跟任何其他框架一樣，你建構的每一種情境也可能變得過時、不完整，或根本就應該廢棄。步驟 5 要求你不斷再評估你的現行框架，注意趨勢的演變、房間裡的大象、煮蛙，或其他顯著的新未來轉變。

小心：若卡蘭巴時刻已經發生，別因此投降。舉例而言，若波音公司發展出「火車引擎」——不昂貴、有效率、超快速的飛機引擎，可用於火車，速度媲美或勝過目前的子彈列車引擎，而且，若這項新技術使得波音公司在中國及其他建有高鐵的國家擁有及掌控 75% 的長途大眾運輸產業，你就該建構新的情境來取代「巨龍企業」情境了。

你也要留意矛盾現象。歐洲鐵路行業協會會員現下可能應該質疑：在中國及其他地方，是否有愈來愈多人捨棄高鐵，選擇搭乘廉

3   Brian Spegele and Bob Davis, "High-Speed Train Links Beijing, Shanghai," *Wall Street Journal*, June 29, 2011.

4   Keith Bradsher, "High-Speed Rail Poised to Alter China," *New York Times*, June 22, 2011.

5   Keith Bradsher, "China Is Eager to Bring High-Speed Rail Expertise to the U.S.," *New York Times*, April 7, 2010.

價航空？對許多顧客而言，高鐵票價是否太貴，致使他們選擇搭乘傳統低速火車及高速公路巴士等其他交通工具？

還有，別忽視那些顯示你目前仰賴的情境可能需要修改或更換的「微弱訊號」。舉例而言，儘管中國已經在興建高鐵網絡方面展示了驚人的初步成功，但這項工程計畫本身並非沒有問題，這些或許可被視為「微弱訊號」，顯示「巨龍企業」情境對歐洲鐵路行業協會會員的重要性，可能很快就不如其他新的情境。除了難以回收的龐大興建成本，已經有無數第三方報導指出，和此計畫有關的政府貪腐情事、技術品質問題、嚴重的乘客安全疑慮。這些問題全都可以被視為訊號，顯示「巨龍企業」情境畢竟也只不過是一個框架、一個心智模式，到了某個時點，它的合適性與助益將不如其他的新情境。

事實上，伴隨世界的演變，你可能會覺得你不久前認為重要且相關的大趨勢以及你因應這些趨勢所建構的情境，已經沒那麼可靠了。應付這種不確定性的方法之一是丟棄目前使用的情境，建構新的情境取而代之。另一種方法是把目前使用的情境之一拿來衍生出幾個具有更清晰啟示作用的情境，舉例而言，隸屬歐洲鐵路行業協會的鐵路公司如今比建構「巨龍企業」情境的當時，更加了解中國的鐵路產業，這其中的一些公司現在可能發現，光是參考「巨龍企業」情境本身還不夠，它們也許需要進一步分析中國在此領域的特定優勢層面可能如何影響它們。以「巨龍企業」情境為基礎，衍生建構更多的情境框架，它們可以得出三、四種高度聚焦的新情境，為它們提供更細部、更具體的洞見。

你也需要注意你的組織績效指標的細微變化。還記得我們在前文中把監視績效指標比喻為直升機駕駛注意許多不同的儀表指針嗎？重要的儀表指針是否開始預示危險？若你是隸屬歐洲鐵路行業

協會的一家高鐵事業的高階主管，你可能需要密切監視諸如以下的指標：

- 你的公司在高鐵興建工程國際市場上的占有率。
- 在最感興趣於興建高鐵網絡的國家，重要客戶的決策是否有所改變？這些國家是否愈來愈轉向取得第三方的產品與技術，而非購買你的產品與技術？
- 相較於你的競爭者，你公司的資本及其他成本是否明顯提高或是維持明顯較高水準？

若這類「指針」當中有幾個同時偏動，或許該是建構全新的情境，取代「巨龍企業」情境的時候了。

最後，就算你眼前的所有跡象與訊號看起來都很不錯，我們也希望你不會變得志得意滿！就算你建構的情境目前看來非常準確，你仍然必須持續密切監視它們，在變化出現時能夠及時修改它們。切記，沒有任何一個點子是恆久的好點子。

聽愛因斯坦的忠告：別做過頭！

在為情境規劃做準備時，我們的客戶詢問我們的問題之一是：殼牌石油公司如何知道石油業會產能過剩？或是歐洲鐵路行業協會如何知道中國會加倍下注於鐵路業？這兩個例子的答案都一樣：它們並不知道。它們只是使用情境作為模型，為它們無法詳細預測之事做出更好的準備。情境規劃絕對不是用以知道未來的妙方，重要的是預備不明確性，或者，最起碼，接受不明確性，認知到你的框

架（在此指的是情境）代表以歸納性思考來應付這種不明確性。

下圖顯示如何在情境規劃流程中遵循五個步驟，反覆地歸納你眼前的世界，聚斂形成你心智中的構思：

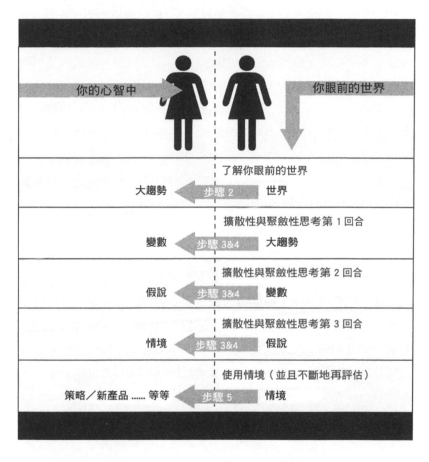

最理想的情形是，這是一個簡單流程：你盡全力從大趨勢構思出變數，從變數構思出假說，用假說建構出情境，再用情境來建構你的新策略、產品、點子、模型及其他框架。你不是試圖找到唯一的答案，而是發展出大的、開放的、有彈性的心智模式，這些是你

接下來可用以解讀、精煉、使之變得務實的指引概念。或者，我們喜歡這麼說：你是在創造接下來可以填入東西的框架。

話雖如此，我們知道，一些人的心智總是會被細節與複雜性吸引。我們有不少客戶是高度分析類型的人，他們難以應對不明確性，但在只使用一些大趨勢、變數、假說和情境的簡化事物過程中，必然存在不明確性。儘管他們的組織致力於情境規劃，他們仍然不斷地試圖加入秩序，他們常覺得必須花大量時間於剖析大趨勢，列出數百個趨勢，區分成數十類，每個趨勢得詳盡分析說明。這麼做也許有用，但到了一個程度，必然會開始報酬遞減，尤其是在無可避免的「未知的未知數」之下，試圖辨識出「所有正確的趨勢」根本是徒勞無益之事。在構思變數的擴散性與聚斂性思考階段，為縮減他們的趨勢和外卡清單，必然涉及不明確性，他們應該要認知並接受這點，但他們對此感到不自在、不放心，試圖列出一長串清單，詳盡分析以得出「最佳變數」。儘管這麼做往往能產生很不錯的變數，但非常費時且缺乏效率。在接下來構思假說和建構情境的擴散性與聚斂性思考階段，他們害怕遺漏重要東西的心理往往導致民主形式的癱瘓，他們害怕使用任何一套假說與情境，結果往往是得出大量的情境（例如六到十種情境），這將使他們接下來更難以聚焦，尤其是在試圖研判針對每一種情境應該採行的策略或其他因應方法時。

當然，建構多於四種的情境仍然是有價值的，比完全不做情境規劃要好太多。但是，一般而言，我們希望你別做過頭。人的心智和記憶無法一次同時處理八種情境，我們發現，通常，建構三、四種情境是最穩健、最有成效的方法。若你試圖用所有可能性來建構出最可能發生的情境，那就猶如當你被問到彩虹有幾種顏色時，試圖證明「七種」的答案比「八種」好；你多花了很多時間與工夫，

卻不會因此增加半點好處。情境規劃應該是幫助你擁抱不明確性和不確定性，而不是強調它們的存在。我們贊同愛因斯坦的名言：「凡事應盡可能簡化，但切莫過於簡化。」換言之，在情境規劃流程中，你應該盡可能簡化事物，但別因此忽略重要細節。適當的簡化指的是保留絕對必要的複雜性，但同時也讓自己能夠便捷行事，這包括捨棄一些很好的點子。

情境的影響與價值並不在於它們的完美，情境規劃的益處取決於你如何解讀情境，取決於你和你的同仁如何使用它們來有創意地、務實地、有效地應付未來的變化、風險與機會。

我們認為我們用以規劃情境的新框架方法非常有助於質疑、調整和充實你的策略。情境規劃並不是追求準確、斬釘截鐵的高成本流程，它是一種低成本、高報酬的流程，用以擴展你對可能性的認知，擺脫你向來處理事情方式的束縛，用高度創意的、開創性的、活潑的新方式來為潛在威脅做準備，掌握可能出現的機會。

新的開始——如何為你的境況量身打造五步驟

你已經知道五步驟創意流程，了解它的潛在應用廣度，現在，針對如何把這個流程應用於你的境況，我們想提供一些實用建議。以下是應用此流程的一般原則，但不是你必須遵守的一體適用方法。

你可以單獨使用此流程，但通常會包含其他人的參與

我們知道，你可能準備來一場獨自思考，當然，你可以獨自使用本書介紹的任何一種創意思考技巧。當你想為個人問題思考點子時，例如應付一位麻煩的上司，或是應付影響你個人（而非整個組織）的特定狀況，這種獨自思考可能非常有幫助。不過，就算是這種個人情況，找一小群朋友或同事幫助你進行擴散性思考，也許能產生最佳解決方法。我們經常為客戶舉辦有很多人參加的研討會，但我們也目睹只有三、四人一起進行創意思考時產生神奇成效。應

該邀請多少人參與，其實並沒有一定的起碼數量，純粹只是邀請他人參與以發揮集思廣益之效，盡可能產生更廣泛的點子。持續創造力的最重要必要條件之一是：持續不斷地產生大量的新點子（或是舊點子的新觀點），因此，我們建議你和他人一起實行五步驟。

多樣性與坦誠溝通是關鍵

在使用我們的方法舉行創意思考會議時，或只是和一群朋友嘗試一些練習時，建議你盡量包含背景和觀點不同的人。經驗與個人觀點的多樣性（公司裡不同層級、不同角色的人，不同性別、年齡、教育背景的人）將能產生更多數量、更廣泛的點子，因而產生更大的想像力和生產力。你的配偶或最親近的友人也許有幫助，但他們的觀點可能跟你的觀點太接近。在工作上，事業領導團隊成員，或是研發部門主管崔斯坦，或是人力資源部門主管切爾西，這些人未必是能提出新點子的最佳人選。

為促進創造力而坦誠溝通，指的是建立讓人人發言且被傾聽的氛圍，不論他們在團隊裡的身分地位。若你舉行正式的研討會，慎防讓太多上司直屬關係的人一起與會，因為有這種層級關係存在時，往往會抑制點子的產生，除非你能粉碎所有的虛偽矯飾，讓所有人無拘無束地暢所欲言。促進坦誠溝通的最佳方法是精心安排一些暖身與破冰練習，事實上，我們鼓勵你在研討會的一開始向所有與會者明白表示（或是讓最高階的與會者做出此表示），在研討會過程中，他們應該撇開資歷和位階的差異性，人人都有相同的參與機會，尊重並擁抱所有人提出的所有點子。

此外，若有可能的話，盡你所能地邀請高階領導人參與。若你

的組織規模小，可能所有人（或近乎所有人）都會參與，但不論如何，從變革管理的角度來看，當所有相關的決策者都參與點子的研議過程時，那些點子成功實行的可能性更大。

先就目的達成共識，並提出好問題

這是一個簡單的存在性問題：若你不知道你的最終目的是什麼，你將無法嘗試通往那目的地的各種可能途徑。因此，在展開實際的創意流程之前，最重要的先決條件之一是先就你們的最終目的達成共識。為此，你可以使用一張白紙仔細思考，或是訪談組織的重要相關人員，發給他們一份「目的說明」，讓他們能根據他們的最佳思考，做出修改。接著，你可以把訪談摘要，或是探索步驟所做的研究，或是一份打算思索的問題清單發給將參與會議者。不論你採行哪種方法，重點在於事先釐清你最希望達成的目的。

在成果方面，你是想產生一長串的點子以供稍後排列優先順序嗎？抑或必須把點子縮減到只剩下前五個點子（亦即在同一場研討會中先進行擴散性思考，緊接著進行聚斂性思考）？

在主題方面，你想找出新產品點子，取代某項產品，抑或想為公司構思新願景？你想改善組織的營運、生產力，抑或整個商業模式？

換個方式來說，在展開創意流程之前，你必須先知道你實際想解答什麼疑問，並且以有助於激發最大量點子的方式來架構這些疑問。舉例而言，若 BIC 公司的高階主管在舉行擴散性思考會議時，認為關鍵疑問是：「我們該如何想出更多有關於筆的點子？」他們大概只會產生有關於筆的新點子（有特殊性能的筆、不同顏色的筆、

各種形狀與大小的筆等等）。但若他們提出的疑問是：「BIC 到底是一家怎樣的公司？」以及：「我們該如何改變或重新定義 BIC 公司所做的事，使得五年後，我們的產品陳列於世界各地的每家雜貨店、藥房、香煙販售店、報攤？」那麼，他們產生的點子恐怕就會大不相同了。這類疑問將會激發很可能促使公司改變其模式的前瞻性思考，例如使 BIC 公司從相當有限的「廉價、可拋棄式原子筆公司」，轉變為更廣義的（而且更賺錢的）「製造各種廉價、可拋棄式產品的公司」。

盡可能明確知道你們的目的，清楚重要限制及相關標準，共同事先決定「成功達成目的將是什麼模樣」（愈詳細愈好），這些將有助於決定你們的議程和如何推進議程。不斷地自問及詢問與會者：「我們詢問的這些疑問是正確疑問嗎？」問對問題攸關至要，因為就算是最出色的創意思考會議，事前做了大量準備，但若你們針對一個不切題、不重要，或是把你們陷入過時且愈來愈不適合的舊框架裡的疑問或問題，提出了大量的新點子、策略或方法，恐怕也是白費工夫，產生不了多少影響。

挑選適當的實體環境

能促進創意思考以建構新框架的理想環境通常是公司外、舒適、盡可能是你及其他參與者不熟悉的地點，新環境提供新眼界，有助於刺激新思考。若資源許可的話，找個有趣的精品旅館，或是蒼翠大自然環境的某個僻靜地，或是運動場的私人空間，或只是某個不錯的當地餐廳。我們曾在波札那的荒野、巴基斯坦山區、滑雪場白雪皚皚的山坡上，以及無數較沒那麼迷人的地點舉辦過創意

思考研討會，也在我們的辦公室舉行過，至少這是我們的客戶不熟悉的環境，可為他們提供新眼界。若受限於資源，你仍然能很容易找到不熟悉的環境，例如當地公園或花園的安靜角落，某人家裡，辦公室某個令人意想不到的角落，或是當地藝術館裡的一個有趣空間。

讓人們離開他們平日所處的環境，擺脫一切，往往有助於激發他們的想像力。

此外，要擺脫的日常熟悉東西不只是實體環境，最好是能夠要求與會者暫停使用電子器材和手機。愈能幫助與會者擺脫平日壓力、義務及分心的事物，效果愈好。

後勤作業準備

若你和一群人進行創意思考，事前的後勤作業準備也很重要。有兩項重要考慮：第一，在討論點子的過程中做紀錄，以供與會者在稍後會議中察看與思考。你可能需要使用便利貼或活動掛圖加麥克筆（可讓與會者把他們的構想貼在牆上），可以擦拭及重新使用的白板，筆記型電腦、iPad，或其他器材以記錄點子。第二，我們鼓勵你使用各種方法及材料來幫助與會者消除或擺脫他們的平日習慣與期望，甚至有點震撼他們。例如，在提出基本資訊時，不使用他們平日常用的圖表和備忘錄形式，改用其他呈現方式如漫畫、內含與會者相片的自製冊子，或是你和幾位勇敢的同仁一起表演。

我們主持這類研討會時，喜歡使用活動掛圖來說明概念和記錄點子；使用 PowerPoint 投影片來展示圖像，提醒與會者重要資料（例如趨勢），展示會議過程中產生的東西，在聚斂性思考階段展

示與會者就各種點子達成的共識。這些是我們通常提供給客戶的建議，旨在使東西視覺化，並使我們的心智在發展新框架時有更好的運作。

安排足夠的時間

在安排創意思考流程時間方面，我們的基本忠告是：避免趕時間。一些最佳點子往往出現在會議快要結束時，有時候，每個課題花 30 分鐘或 45 分鐘比只花 10 分鐘更能產生許多點子。話雖如此，我們見過非常有成效的兩小時會議，也見過很棒的兩週會議。若不受限於特定研討會日期或個人行事曆的話，也可以讓構思在你的心智中沈浸發酵幾星期。

我們的多數客戶在舉行這種研討會時，花一整天在創意流程的前四個步驟上，至少安排三小時給擴散性思考階段，一至兩小時給聚斂性思考階段（通常，在研討會結束後，這部分還會繼續）。給自己至少半天時間（或是一整天，若時間與資源許可的話），盡可能深入創意流程，讓所有人有足夠時間對你們探討的所有重要課題及問題產生種種想法。

投入充分時間於創意思考流程（尤其是擴散性思考階段）的主要理由之一是：在公司舉行這種會議時，與會者通常在一開始抱持保守、抗拒心態，他們往往有點不情不願，彷彿認為維持現狀是最有道理、最有成效的做法。很多人都曾經參加過最終沒有建樹的研討會或腦力激盪會議，在我們看來，這通常是因為會議跳過了「懷疑」階段，沒有讓與會者充分了解並開始懷疑他們的既有心智模式。若你為創意思考流程安排充分時間，在會議開始一段時間後，與會

者漸漸放鬆，開始看出他們過去可能未注意的事，進而卸下心防，擺脫束縛，點子才會開始湧現。

新典範以及你面臨的挑戰

在新框架內思考是要你改變你的思考方式，或者，更精確地說，是要你更加覺察包括你在內的所有人全都時時在創造並使用框架。在新框架內思考是一種新的創意模式，聚焦於大框架和其內的較小框架之間的相互作用。我們提出的五步驟流程功效無窮，你能使用它們來達成無限的成果。

在讀完本書後，你面臨的挑戰是：釋放自己，擁抱意料之外，擁抱驚奇，擁抱訝異。挑戰自己，勇於冒險創造，也讓你在工作上或家中周遭的其他人這麼做。擺脫束縛你的現有框架，形成一個能夠不斷地重新評估你的心智模式的環境，以有益的懷疑心態來探索新的可能性。若你成功做到了，那很好，但你仍然得不斷地重新評估，確保你持續這麼做。

本書以一隻名為沙特的狗追求自由的故事起頭，現在，讓我們以哲學家沙特的名言來為本書畫下句點：「自由是你對於加諸於你的事物採取的作為」。我們的世界現今面臨的課題不勝枚舉，從氣候變遷及政府赤字到癌症及普通感冒，從反制運動禁藥到減少與另一半吵架，或是努力賺取你人生中的第一桶金。不論你的目標為何，引領你朝目標邁進的是你的心智和你的框架，這意味著你有機會和自由可以打破限制，擺脫束縛，以全新的方式看待你眼前的世界，為你自己、你的公司及這個世界塑造未來。

你面臨的挑戰是什麼？你要如何使用框架的力量來改變你眼前

的世界？你能做出什麼貢獻？

　　我們期望你能利用每一個可能的機會，在新框架裡思考，我們挑戰你在這麼做的同時能夠改變世界。本諸不斷重新評估我們自己的框架的精神，我們非常歡迎並期待你造訪本書網站 TINBcomments.com，提供你的見解。

Glossary

詞彙表

　　這份詞彙表並非依照字母順序列出本書中使用的所有術語，只是定義本書探討的一些重要概念，並依主題來分類，可作為你在新框架內思考時的一個簡單工具箱。

I. 框架理論——尋求了解你的心智模式，以及這些心智模式和你眼前世界的交互作用

　　框架（box）：在本書中，框架指的是心智模式。

　　心智模式（mental model）：你的心智中對事物的意義解釋的方式，把你眼前的現實簡化，以易於理解。心智模式使你能夠思考，接著採取行動。心智模式是現在的抽象，是用以塑造未來的基石。概念、刻板印象、範疇、想法、架構、模式等等，這些都是心智模式。

　　思考（thinking）：思考活動在你的心智中進行，思考把事實、資料，以及對你眼前世界的觀察結合起來，建立連結，然後使用此資訊。第一類型的思考（歸納性思考）創造出一種有意義的形式或

型態，亦即一個框架，再使用此框架重返你眼前的世界，確認、否決，或修改此框架（演繹性思考）。

歸納（induction）：歸納是一種思考形式，從眼前世界觀察到的片段細節，轉向對一種情況做出關聯觀點，建立一道法則，最終形成一個理論，一個暫時性假說，一個框架。類比是最典型的演繹性思考方法。

演繹（deduction）：演繹是一種思考形式，把一個現有框架（例如架構）應用於眼前世界中觀察到的細節，檢驗此框架詮釋這些細節的能力。邏輯是演繹學。

概念（concept）：一個概念一種框架，是心智整合了幾個元素而形成的。這種抽象化（abstraction）和一般化（generalization）係以常見特徵為基礎，不理會差異及量的衡量。例如，「正方形」概念是一種二維形狀，四邊等長，有四個直角。

判斷（judgement）：判斷是一種框架，用幾個字或幾句話來簡化一個事實。判斷可能是一種事實判斷（例如溫度在零度以下）；或是價值判斷，含有個人對事實的認知（例如天氣很冷、加拿大人很友善）。刻板印象是一種價值判斷（評價）。

典範（paradigm）：最堅實、複雜的框架類型之一。典範是一個較大、被廣為接受的理論，這個大框架可填入許多其他的理論和架構。例如相對論或民主便可稱為典範。

尤里卡（Eureka），我發現了！：尤里卡時刻指的是你及時突然覺察、領悟，或理解到一種向前邁進的可能途徑；你及時改變你的觀點，想出一個新框架。

卡蘭巴（Caramba），哎呀，糟糕！：卡蘭巴時刻指的是你突然覺察、領悟，或理解到你的一個或多個現行框架過時了，致使你陷入麻煩。卡蘭巴時刻是認知到你的周遭世界已經改變，這改變可

能是發生而呈現於你眼前，或是經由你發生的，你必須趕上這改變。

II. 五步驟：我們在新框架內思考的方法

認知（perception）：試圖把在現實中觀察到的一些元素拿來和你既有的一或多個框架相匹配。

認知偏誤（cognitive bias）：認知偏誤扭曲你的思考（歸納或演繹性思考），它就像透鏡或稜鏡，導致從你眼前世界到你心智中的框架的歸納性思考途徑複雜化，或是導致你使用這些框架來應付眼前世界的演繹性思考途徑複雜化。

懷疑（doubt）：在本書中，我們所謂的懷疑係指記得你的所有框架都是暫時性假說，代表你的眼前世界，但不代表「正確」或「真實」。

不明確性（ambiguity）：不明確性指的是當你無法在一群可能幫助你了解或應付眼前世界的框架中做出選擇時的那種感覺。不明確性並非例外，它是通例；我們常聽到「情勢不明確」或「情勢很明確」之類的話，其實，情勢／狀況就是一個存在現象，絕對不會不明確，只不過，不同的人有不同的歸納性解讀，因而產生歧義、不明確性。

矛盾（paradox）：當沒有框架吻合你眼前世界的一個特定狀況時，就出現了矛盾。為處理這種情況，你必須創造一個新框架，或是修改一或多個現有框架。跟不明確性一樣，一個狀況就是一個存在現象，絕對不會矛盾，矛盾存在於你的心智中。

擴散（divergence）：擴散性思考是創意流程中的一個步驟，用以產生廣泛的概念、點子及可能性，以找出可能幫助你的組織達成特定願景／目的／目標的新框架。先產生大量的點子是非常有助

益的做法，因此，這個階段的關鍵重點在於先別做出任何評斷，把挑選好點子的工作留待後面階段。

聚斂（convergence）：聚斂性思考是運用你的推理和判斷技巧，聚焦，過濾篩選，最後根據大家同意的限制與標準來決定使用及推進哪些框架。

限制（constraint）：潛在框架受到的特定牢固限制。在擴散性與聚斂性思考階段（特別是聚斂性思考階段），限制是用來侷限你的結果的一項工具，例如：「我們的花費不能超過 1,000 元」。

標準（criteria）：幫助你做決策的一套準則，或用以評估新框架的一套原則。標準可能是量性標準（例如使用「成本」作為決定你的工廠使用什麼材料的標準），可能是用以提高嚴格程度的質性標準（例如納入「個人偏好」作為決定是否競標一幅畫的標準之一）。

III. 商業應用

大趨勢（megatrend）：一種大趨勢是強勁廣泛、但相當可預測的變化，預期將影響你的眼前世界（通常是指影響你的顧客、競爭、市場等等）。大趨勢的發生不是你的公司或你的問題造成的，大趨勢可作為尋找新框架的點子源頭。

情境（scenario）：一個情境是一個可能的未來情節；情境是一個框架，其構成元素包括：描述一個最終狀態，解讀這狀態和目前現實的關聯性，說明世界如何從一個狀態演變至另一個狀態。企業主管可以使用一套情境來思考各種可能的未來環境，以及他們的決策在這些環境中可能產生什麼結果；情境使他們為無法預測之事做出更好的準備。

策略願景（strategic vision）：一個宏大的未來景象或框架，建立此框架者明顯偏好這新框架（願景）勝過目前的框架（願景），或者認為有必要以這新框架取代目前的框架。這個框架變成公司的參考，作為一種指引，使所有員工更有效地處理他們的工作。

價值觀（value）：一個信念或框架，表達你認為應該之事，例如「誠實」或「團隊合作」。

不確定性（uncertainty）：思考不確定性就是懷疑你眼前的世界。使現有框架變成一種束縛框限或導致你遭遇卡蘭巴時刻的原因，往往是你忽視或低估這世界的不確定性。不確定性類別的一種分類法是：（1）已知的未知數（known unknowns）——你知道你無法有把握地預測的事物，例如一場運動比賽的結果，在交通繁忙的十字路口闖紅燈而出車禍的可能性；（2）未知的未知數（unknown unknowns）——直到發生之前，你並不知道的事物，例如地震（黑天鵝或外卡的例子），或是你的競爭者做出的意外宣布（可能導致你的卡蘭巴時刻）。應付不確定性是管理和領導企業必然面臨的課題之一。

黑天鵝（black swan）／外卡（wild card）：黑天鵝或外卡事件有三個特徵：無法預料；造成顯著影響；事後可以看出一個明顯解釋，使得這事件變得其實並非那麼隨機，亦即其可預測性其實更高。

創意／創造力（creativity）：改變對現實的認知或觀點，因而創造出各種類型與大大小小的新框架。有創意並不一定得出創新，例如，一個點子可能無疾而終。

創新（innovation）：改變現實，亦即把一個新框架（例如新產品、服務或商業模式的點子）化為現實（例如營收、獲利、市場占有率）。沒有創意也可能得出創新，例如拷貝別人的點子。

BCG 頂尖顧問教你轉型思考術——用 5 個步驟挑戰舊規則、啟動新未來！/ 魯克‧德布拉班迪爾（Luc de Brabandere）、亞倫‧伊恩（Alan Iny）著；李芳齡譯 -- 初版 .-- 台北市：時報文化，2014.12；　面；　公分

（BIG 叢書；253）譯自：Thinking in New Boxes: A New Paradigm for Business Creativity

ISBN 978-957-13-6135-2（平裝）

1. 企業管理　2. 創意　3. 創造性思考

494.1　　　　　　　　　　　　　　　　　　　　　　　　　　　　　　　　　　103023305

BIG 叢書 0253

BCG 頂尖顧問教你轉型思考術——用 5 個步驟挑戰舊規則、啟動新未來！

Thinking in New Boxes: A New Paradigm for Business Creativity

作者　魯克‧德布拉班迪爾 Luc de Brabandere、亞倫‧伊恩 Alan Iny｜譯者　李芳齡｜主編　陳盈華｜校對　呂佳真｜美術設計　陳文德｜執行企劃　楊齡媛｜董事長　趙政岷｜出版者　時報文化出版企業股份有限公司　108019 台北市和平西路三段 240 號 3 樓　發行專線—(02)2306-6842　讀者服務專線—0800-231-705‧(02)2304-7103　讀者服務傳真—(02)2304-6858　郵撥—19344724 時報文化出版公司　信箱—10899 台北華江橋郵局第 99 信箱　時報悅讀網—http://www.readingtimes.com.tw｜法律顧問　理律法律事務所　陳長文律師、李念祖律師｜印刷　勁達印刷有限公司｜初版一刷　2014 年 12 月 12 日｜初版五刷　2022 年 8 月 17 日｜定價　新台幣 380 元｜版權所有　翻印必究（缺頁或破損的書，請寄回更換）